大连海事大学研究生系列教材

微流体
WEILIUTI JIANCE JISHU

检测技术

主　编◎张洪朋　白晨朝　李　伟

主　审◎孙玉清

大连海事大学出版社
DALIAN MARITIME UNIVERSITY PRESS

Ⓒ 张洪朋　白晨朝　李　伟　2024

图书在版编目 (CIP) 数据

微流体检测技术 / 张洪朋，白晨朝，李伟主编.
大连：大连海事大学出版社，2024. 12. — ISBN 978-7-
5632-4639-7

Ⅰ. O441.5

中国国家版本馆 CIP 数据核字第 2024P8Y192 号

大连海事大学出版社出版

地址：大连市黄浦路523号　邮编：116026　电话：0411-84729665(营销部)　84729480(总编室)

http：//press.dlmu.edu.cn　E-mail：dmupress@ dlmu.edu.cn

大连金华光彩色印刷有限公司印装　　　　　　　**大连海事大学出版社发行**

2024 年 12 月第 1 版　　　　　　　　　　　2024 年 12 月第 1 次印刷

幅面尺寸：184 mm×260 mm　　　　　　　　　　　印张：13.75

字数：348 千　　　　　　　　　　　　　　　印数：1~500 册

出版人：刘明凯

责任编辑：张　冰　　　　　　　　　　　　　责任校对：刘宝龙

封面设计：张爱妮　　　　　　　　　　　　　版式设计：张爱妮

ISBN 978-7-5632-4639-7　　　定价：41.00 元

内容提要

　　本书基于微流体检测的相关知识，结合微流体检测芯片制作方法以及该技术在各个研究方向的应用进行了系统全面的阐述。本书在内容上循序渐进。首先，介绍了微流体检测技术的背景及研究思路。其次，结合硅、石英、高分子聚合物等材料的特点，介绍了微流体检测芯片的制造工艺。再次，根据微流体操控及动力来源，详细介绍了微流体控制与驱动技术。然后，结合微流体进样实例介绍了样品前处理技术、微液滴技术以及具体的微流体检测方法。最后，介绍了微流体检测芯片在生物医疗领域、机械工业领域、环境检测领域以及其他关键领域的应用。

　　本书包含各种微流控芯片的制作流程图与操作图供读者参考，书中的实验根据环境要求、仪器需要、材料配比等对步骤进行详细透彻的划分，以便读者复现和查阅。

　　本书适合没有微流体检测技术基础知识的读者使用。学习本书后，读者将建立自己的微流体知识体系框架并对该技术在各个领域的应用有一定的了解。本书可作为轮机工程、土木水利以及船舶工程专业相关课程的教学用书，也可以作为微流体检测方面的工程技术人员和管理人员学习和工作的参考用书。

前言

　　本书主要介绍了微流体检测技术的相关知识、微流体检测芯片制作方法以及该技术在各个研究方向的应用;分析了微流体检测芯片研制的材料选取、制作,微流体控制、驱动技术,不同形态样品,以及各项相关微流体检测技术;阐述了当前微流体检测技术的新理论和新方法,并介绍了该项技术在生物医疗领域、机械工业领域、环境检测领域等研究中的应用。本书基于"微流体芯片检测技术"课程进行编写,该课程已列入轮机工程学科专业研究生的培养方案,面向轮机工程专业或领域的研究生使用。

　　微流体(Microfluidics)指的是使用微管道(尺寸为数十到数百微米)处理或操纵微小流体的系统所涉及的科学和技术,是一门涉及化学、流体物理、微电子、新材料、生物学和生物医学工程的新兴交叉学科。因为具有微型化、集成化等特征,微流体装置通常被称为微流体检测芯片,也被称为芯片实验室(Lab on a Chip)和微全分析系统(Micro-Total Analytical System)。本书基于微流体的相关知识,然后结合微流体芯片制作方法以及该技术在各个研究方向的应用进行了系统全面的阐述。本书在内容上循序渐进。首先,介绍了微流体检测技术的背景及研究思路;其次,结合硅、石英、高分子聚合物等材料的特点,介绍了芯片的制造工艺;再次,根据微流体操控及动力来源,详细介绍了微流体控制与驱动技术;然后,结合进样实例介绍了样品前处理技术、微液滴技术以及具体的微流体检测方法;最后,介绍了微流体检测芯片在生物医疗领域、机械工业领域、环境检测领域以及其他关键领域的应用。通过对本书的学习,学生可了解微流体芯片技术的前沿知识,掌握库尔特计数原理,掌握微流体电阻抗脉冲法检测技术、微流体电感/电容脉冲法检测技术、微流体光阻/散射法检测技术、激光诱导荧光检测等技术,实现发现科学问题、提出技术思路的目标。

　　本书的建设及出版得到了国家自然科学基金(批准号:52271303、52301361)、大连市科技创新基金(批准号:2022JJ11CG010)、辽宁省兴辽人才计划(批准号:XLYC2002074)、中央高校基本科研业务费(批准号:3132022219)、中国博士后基金(批准号:2023M730454)和优秀博士培养计划等资助;同时也得到了"大连海事大学研究生教材资助建设项目"的专项资助,是"大连海事大学研究生系列教材"之一。

　　本书反映了微流体检测技术的相关最新成果,具有较强的实用性和较高的学术价值,可作为使用微流体检测技术进行实验及相关领域研究的教学用书,也可作为从事研究微流体检测技术的工程技术人员和管理人员的学习和参考用书。

　　本书由张洪朋教授、白晨朝副教授、李伟副教授主编,孙玉清教授主审。研究生刘翰霖、胡斌、罗丽婷、丁嘉祺、刘超等参与了编写和校对工作。编者反复推敲与审核了各章节的内容,力求完美呈现在读者面前,但书中难免存在疏漏和不妥之处,欢迎广大读者批评指正。

编　者

2024 年 6 月

目 录

第 1 章　绪 论 ··· 1

第 1 节　微流体检测技术的研究背景 ··· 1

第 2 节　微流体检测技术的发展历史 ··· 3

第 3 节　微流体检测技术的理论研究 ··· 4

第 4 节　微流体检测技术的整体框架 ··· 5

第 5 节　微流体检测技术的功能单元 ··· 6

第 6 节　微流体检测技术的战略意义(展望) ································ 12

本章小结 ·· 13

参考文献 ·· 13

第 2 章　微流体检测芯片制作材料与技术 ··· 17

第 1 节　芯片制作材料 ··· 17

第 2 节　芯片制作环境 ··· 21

第 3 节　典型微流体检测芯片制作 ··· 24

第 4 节　新型芯片制作方式 ·· 37

本章小结 ·· 40

参考文献 ·· 40

第 3 章　微流体控制与驱动技术 ·· 44

第 1 节　微流体控制 ··· 44

第 2 节　微流体驱动 ··· 51

本章小结 ·· 64

参考文献 ·· 64

第 4 章　进样及样品前处理技术 ·· 68

第 1 节　微流休进样 ··· 68

第 2 节　样品预处理 ··· 74

本章小结 ·· 77

参考文献 ·· 78

第5章　微液滴技术 ·· 80

   第1节　微流体液滴芯片 ·· 80

   第2节　微液滴技术的特点 ··· 81

   第3节　微液滴操控技术 ·· 82

   第4节　微流体检测芯片数字液滴 ··· 86

   本章小结 ··· 93

   参考文献 ··· 93

第6章　微流体检测方法 ·· 96

   第1节　检测要求 ··· 96

   第2节　微流体检测芯片检测器分类 ·· 97

   第3节　微流体检测芯片对比 ·· 112

   本章小结 ··· 113

   参考文献 ··· 113

第7章　微流体检测技术在生物医疗领域中的应用 ······························· 118

   第1节　核酸 ·· 118

   第2节　蛋白质 ··· 125

   第3节　细胞 ·· 130

   本章小结 ··· 137

   参考文献 ··· 137

第8章　微流体检测技术在机械工业领域中的应用 ······························· 141

   第1节　颗粒检测(计数)方法 ··· 142

   第2节　颗粒材质微流体检测 ·· 165

   第3节　微流体检测优化 ·· 167

   本章小结 ··· 177

   参考文献 ··· 177

第9章　微流体检测技术在环境监测中的应用 ····································· 180

   第1节　水质检测 ··· 180

   第2节　空气检测 ··· 186

   第3节　其他污染物检测 ·· 190

   本章小结 ··· 193

   参考文献 ··· 194

附录Ⅰ　部分术语及中英对照 ·· 200

附录Ⅱ　推荐的参考书籍 ·· 211

第 1 章

绪论

第 1 节　微流体检测技术的研究背景

在现代化的工业生产中,提高效率、减少成本是企业追求的目标,所以技术的微型化、集成化和智能化,逐渐成为现代科技发展的一个重要趋势。伴随着微机电系统(MEMS)技术的发展,电子计算机已由当年的"庞然大物"演变成由一个个微小的电路集成芯片组成的便携系统,甚至是一部微型的智能手机。与之发展类似[1],本章要介绍的微流体检测技术,是一种使用微通道(尺寸为数十到数百微米)处理或操纵微小流体(体积为纳升到阿升)的科学和技术,是一门涉及化学、流体物理、微电子、新材料、生物学和生物医学工程的新兴交叉学科,具有将生物、化学等实验室的基本功能缩微到一个几平方厘米芯片上的能力,如样品制备、反应、分离和检测等,其最大优势是将多种单元技术在整体可控的微小平台上灵活组合、规模集成[2]。

微流体检测技术早期也是从 MEMS 技术发展而来的,通过微加工工艺在硅、金属、高分子聚合物、玻璃、石英等材质的基片上,加工出微米至亚毫米级的流体通道、反应或检测腔室、过滤器或传感器等各种微结构单元[3],而后在微米尺度空间对流体进行操控,配合流体控制或分析仪器自动完成生物实验室中的提取、扩增、萃取、标记、分离、分析,或者细胞的培养、处理、分选、裂解、分离、分析等过程。

因为几乎任何台式常规实验都可以被小型化,近似相当于微流体检测实验,所以微流体检测技术应用十分广泛。从地下研究到太空以及介于两者之间的任何内容,都可以使用微流体检测技术,最典型的便是石油和天然气工业,从研究原油和盐水通过多孔介质的行为,一直到国际空间站的微重力检查,微流体检测技术都是其中的重中之重。然而相比于其他应用领域,生物学才是微流体检测技术的研究热点。从药物研究到药物输送,从抗体研究到抗原检测,从器官芯片到生育检测,从基因测序到基因传递,从 C-线虫微环境到海洋环境[4],从单细胞裂解到人工器官的 3D 打印,微流体检测技术都为实验科学和工程打开了许多崭新的大门,而其中的核心便是微流体检测芯片。

微流体检测技术自诞生以来,一直受到学术界和产业界的极大关注,甚至被认为是改变未来的七大技术之一[5]。数据显示,2019 年全球微流体检测芯片相关检测产品市场规模达到 99.8 亿美元,微流体设备市场规模达到 34.8 亿美元,预计到 2024 年年底微流体产品市场规模将达到 173.8 亿美元,微流体设备市场将达到 58.1 亿美元[6]。

我国的微流体检测技术应用广泛,尤其与体外诊断有着很深的关联。微流体检测与体外诊断的绑定已经从政策层面得到了认证,国内近 83% 研发微流体检测芯片的公司都将其应用到体外诊断领域[7],而在细胞捕获及细胞技术领域应用相对较少,占比分别为 10% 和 3%。随着老龄化问题在世界范围内的延续及发展中国家对医疗健康的重视,基于微流体检测技术的体外诊断将承担越来越重要的角色[8]。数据显示,2019 年,中国体外诊断市场规模已突破 700 亿元,达 713 亿元,同比增长 18.05%[9]。

目前,国内的体外检测主要致力于临床即时诊断,微流体检测市场由头部企业微点生物领跑,其余的企业比如新格元生物、博晖创新和融智生物等,正处在快速融资成型阶段。随着国内生物技术的进一步发展,微流体检测技术的应用场景也将不断扩展,未来微流体检测芯片批量生产的需求提高后,先占据上游的微流体检测芯片研发企业就占据了更大的优势。虽然微流体检测技术在我国起步较晚,但已经被写入了十三五规划[10],目前产品开发及研究主要集中在生化、核酸及免疫的临床快速检测领域。在新冠疫情下,我国科技部发布现场快速检测应急项目,征集可以实现"样本进、结果出"的核酸快速检测产品。同样,在新冠疫苗出现后对人体内抗体水平及抗体效价的评估都需要依靠免疫检测技术[11]。因此,一种便携、快速、准确、特异性及灵敏度高的核酸及蛋白快速检测技术是时代迫切需求的,微流体检测技术无疑是优选方案之一。

放眼全世界,微流体检测技术的出现给很多领域都带来了具有革命性的冲击。在生物医学领域,除了上述的核酸检测,微流体系统广泛用于毛细管电泳、免疫测定、流式细胞术、质谱中的样品注射、聚合酶链式反应(PCR)扩增、DNA 分析、细胞分离和操作以及细胞图案化等程序[12]。另外,作为微流体检测技术重要组成部分的液滴微流体技术,可以达到超高通量筛选,将对新药研发、生物工程酶的改进、结构生物学研究起到关键的推进作用[13]。在机械工业领域,微流体检测技术在现阶段广泛应用于大型机械设备的油液监测,对油品成分检测、油液中磨粒检测、油液老化监测、油液性能评定等方面提供科学参考,实时监测油液状况,确保机械设备的正常运行。在环境监测领域,微流体检测的高灵敏度、高分辨率、快速反应的特点使其可以广泛应用在水质检测、大气监测、土壤检测等方面[14],同时即时检测能够为突发环境事件提供及时准确的反馈,使解决方法更加有针对性。截至目前,微流体检测技术已经逐渐成了环境监测的一种重要工具[15]。

除了在上述领域的应用,微流体检测技术的市场前景同样被广大学者看好。微流体检测技术不仅可以降低成本,在实验室中使用极少量的样品和试剂达到相同的结果,减少昂贵试剂的使用,与实验室中的大型机器相比,减少了分析和诊断系统的占地面积,也节约了分析时间,提高了检测效率,另外在微观尺度上也可以更好地控制实验参数和样品浓度。在未来十年、二十年内,微流体检测技术注定成为一种被深度产业化的科学技术,世界范围内的关于微流体检测技术的科学研究及产业竞争也将日趋激烈。

第 2 节　微流体检测技术的发展历史

　　微流体检测的概念是由瑞士科学家 Andreas Manz 教授在 20 世纪 90 年代初首次提出的,应用于芯片毛细管电泳分离,当时将其称作微全分析系统。1994 年,美国橡树岭国家实验室的研究人员 Mike Ramsey 在原有研究基础上,改进了芯片毛细管电泳进样方法。1995 年,Wolley 和 Mathies 使用其自研电泳芯片系统,成功地进行了 DNA 测序,在 540 s 内读出了 150个碱基,准确率达到 97%[16,17]。1996 年,Woolley 等又将基因分析中有重要意义的聚合酶链反应(PCR)与毛细管电泳集成在一起,展示了微全分析系统在试样处理方面的潜力,从而为微流体检测芯片在基因分析中的实际应用提供了重要基础[18]。2000 年,国际期刊《电泳》上刊载了 Whitesides 课题组采用软刻蚀方案实现在聚二甲基硅氧烷(PDMS)上进行通道刻蚀[19],该方案降低了微流体检测设备制作的复杂程度和制作成本。直至今日,许多微流体领域的科研人员仍将 PDMS 材料作为微流体设备制作的首选材料。21 世纪后,微流体检测芯片研究已从早期的电泳分离等发展到即时诊断、器官芯片、现代生化分析、材料筛选等不同应用领域。2002 年 10 月,《科学》上刊载了 Quake 课题组的"微流体大规模集成芯片",文章介绍了集成有上千个阀以及几百个反应器的芯片,展示了芯片由简单的电泳分离到大规模多功能集成实验室的飞跃[20]。2010 年,哈佛大学 Ingber 等进行了一系列芯片器官的研究工作,并发表了关于芯片肺的代表性文章[21]。2014 年,Spivey 等通过 3D 打印制作出一种几何结构复杂、高通量、微米量级的微流体检测芯片,用于酵母的单细胞分析和抗衰老研究[22]。2015 年,美国哈佛大学工程与应用科学学院的研究人员开发出一种基于微纳米加工技术的微流体检测芯片,用于检测血液中的白细胞计数[23]。2019 年,德国弗赖堡大学的研究人员开发出一种基于微纳米加工技术的微流体检测芯片,用于检测水中的重金属污染物[24]。2020 年,英国爱丁堡大学的研究人员开发出一种基于微流体检测技术的芯片,用于检测新冠病毒的抗体[25]。2021 年,香港中文大学机械与自动化工程学系的研究人员开发出一种基于电化学检测的微流体检测芯片,用于检测水中的污染物[26]。

　　在微流体检测技术快速研究发展的背景下,与微流体领域相关的国际会议和科技公司也迅速发展起来。1994 年,世界首届国际微全分析系统学术会议在荷兰恩斯赫德举行,微流体检测芯片全面进入大众视野。1995 年,全球首家专门从事微流体检测技术的公司 Caliper Life Sciences 在美国马萨诸塞州成立。1999 年,HP(Agilent)和 Caliper 公司联合推出首台微流体检测芯片商品化仪器,最早应用于生物分析和临床分析领域[27]。

　　如今微流体检测技术已被列为 21 世纪最重要的前沿技术之一。2001 年,《芯片实验室》杂志正式创办。2003 年 10 月,微流体检测技术被《福布斯》杂志评为影响人类未来 15 件最重要的发明之一。2004 年 9 月,美国《商业 2.0》杂志将微流体检测芯片实验室列为改变未来的七大技术之一。2006 年 7 月,《自然》杂志发表了一期题为"芯片实验室"的专辑,从不同角度阐述了微流体检测芯片实验室的研究历史、现状和应用前景,并在编辑部的社评中指出:微流体检测芯片实验室可能成为"这一世纪的技术"[28]。

　　国内科研团队对于微流体检测技术领域的研究起步于 20 世纪 90 年代中后期,其中具有代表性的是中国科学院大连化学物理研究所林炳承教授团队。2002 年,首届全国微全分析系统会议在北京举办。此后国内微流体检测技术开始蓬勃发展。2016 年,国务院印发了《"十三五"国家科技创新规划》,明确提出"体外诊断产品要突破微流体检测芯片、单分子检测等关键技术,开发全自动核酸检测系统等重大产品,研发一批重大疾病早期诊断和精确治疗诊断试剂以及适合基层医疗机构的高精度诊断产品"。2017 年,科技部印发了《"十三五"生物技术创新专项规划》,明确将微流体检测芯片纳入了新一代生物检测技术当中,并称其为颠覆性技术。2022 年 5 月 10 日,国家发改委印发了首部《"十四五"生物经济发展规划》,明确提出,加强微流体、高灵敏等生物检测技术研发。另外,2006 年,由中国科学院大连化学物理研究所林炳承、秦建华承担并最终完成的《微流控芯片实验室》这本专著的撰写和出版工作,极大地推动了我国微流体检测的发展。

综上所述,微流体检测芯片实验室从早期的微全分析系统已经发展到现如今的多学科交叉领域的技术平台,这一重要的技术平台正在给我们的生活带来革命性的改变,并将进一步地深化发展下去。作为微纳米技术的重要组成部分,微流体检测芯片实验室所具有的多种单元技术灵活组合、整体可控和规模集成的特点,使其在研究过程中呈现出很多单一的单元技术无法比拟的优势,特别是微流体检测技术所体现的整体性和系统性[29],以及由此产生的难以估量的潜在能力。

第 3 节　微流体检测技术的理论研究

与林林总总的芯片实验室对应的是关于微流体力学的研究。在微流体检测芯片研究的第一阶段,基础理论极易被忽略,对微流体力学理论问题的关注也出现了些许滞后,但随着研究的深入,以及微米尺度下的流体行为与宏观尺度下的流体行为在连续性方程框架内的基本一致性[30],这块空白逐渐被填补。在过去的几年中,国内几位研究微流体检测芯片中流体力学的同人,承担并最终完成了《微流体检测芯片中的流体流动》这本专著的撰写和出版工作,为推进我国下一阶段微流体检测芯片的发展迈出了重要的一步。这些学者努力从力学家的视角较为系统地向第一线的研究设计人员介绍微流体检测芯片中流体运动的特点,阐述相关的微流体力学,寻求力学家和化学家、生物学家之间沟通的桥梁,对我国微流体检测芯片研究及其产业化具有战略性的意义。

而这些流体运动特点在生物流体力学中也有十分广泛的应用,作为微流体检测技术应用最主要领域的生物学,微流体力学的应用同样有着开创性的意义,上面提及的微流体检测芯片仿生实验室就将会是通过芯片研究生物微流体力学的重要平台。生物体的模拟最终都会涉及它的循环系统。循环系统通常是一个由大小和形状不同的管道连成的网络,在这种网络中,流体被从生物体的一个部分转移到另一个部分[31]。流体在细胞内部和细胞之间、器官内部和器官之间流动的行为和状态,对于生物体的正常运转极为重要。现有研究表明,血管内剪切力的正常与否直接影响到很大一批疾病的发生。鉴于此,在微流体检测芯片上模拟生物体,开展仿生研究,必须充分重视生物体内流体流动的力学问题。在生物体中流体的流动行为和状态视流体所处管道的大小、形状,流体中所带的物料,以及流体承载的功能的差异有所不同[32]。流体在大动脉这样的大管道中呈现的是紊流,而在毛细血管内呈现的则是层流;对于带有大量废弃物的肠内体液或者细胞中的细胞质而言,其流动可以被视为是高度非牛顿的,但是普通的排泄物,则可被看成是近似牛顿的;对于带有细胞或凝块的血液或淋巴,或者带有病原体的循环血液,可以被看成是多分散相的流体,反之则是均一的。学者期待着通过基于微流体检测芯片仿生实验室的生物微流体力学的研究,对人类自身体内的物理力微环境有更为全面的认识。

在基础层面上还需要被关注的另一个重要问题是纳流动和纳流控。纳流动研究的是特征尺度在 1~100 nm 范围内的流动。关于连续性流体的尺度界限,学术界尚在讨论之中,倾向性的看法是:在管道特征尺度大于 10 nm 的情况下,连续介质方程依然有效,而在 10 nm 以下,流动控制方程将以离散化的方程为主。事实上,管道特征尺度降低到 100 nm 以下,在接近壁面处已是范德华力和库仑静电力的作用范围,一旦小于 10 nm,线张力作用明显,壁面化学键力的作用也已无法忽略[33],它至少会在双电层、吸附和滑移作用三个方面对表面与纳流动的关系产生影响。双电层使溶液离子在壁面附近形成密度分布,密度分布造成近壁的某一种离子浓度增大,在纳米尺度下需要考虑密度分布的涨落性质以及导电性能,此外纳米通道内分子(离子)横向自扩散更容易造成与壁面接触或碰撞,壁面的吸附性会影响自由分子的数量,对纳流动传输带来影响;吸附特征对液滴前驱线运动的影响也已被观察到,表明除了物理作用力外还需要考虑壁面化学吸附的作用。第三方面的影响将会反映在滑移上,10~100 nm 的滑移长度,正是纳流动的研究范围。尽管目前人们对于流体在直径为 1~100 nm 的通道内流动特征并不十分清楚,但是"其中的流体行为更多受其表面的支配"的可能已是学术界的一种共识,纳米尺寸的界面流动对诸如能源储存、润滑、腐蚀、传感、黏附、分子识别和生物可比性等一系列核心技术的重要性不言而喻,学术界对此也充满期待。

第 4 节　微流体检测技术的整体框架

1999 年末,林炳承团队在为国家自然科学基金委员会重点基金撰写标书时,曾提出了一个关于微流体检测芯片研究的总体框图,这一框图致力于从更高的层面上概括当时能考虑到的微流体检测芯片研究的整体方案,实际上指导了课题组在此后的全部研究工作,起到了顶层设计的作用。该框图的基本正确性也被而后的发展实践所证明,略加修正后的总体框图如图 1-1 所示。该框图主要包含两个大方面,即微流体检测技术和微流体检测芯片应用。

1.4.1　微流体检测技术

芯片加工:微流体检测芯片的加工包含制作材料和制造工艺。目前加工微流体检测芯片的材料包括硅、玻璃、石英、PDMS、PMMA 和水凝胶,而加工流程包括刻蚀、注塑、封接和打孔。

单元操作:微流体检测芯片的单元操作包括控制驱动、样品处理、混合反应、分离和细胞操作。

检测技术:检测技术包括激光诱导荧光技术、紫外线吸收、化学发光、电化学和质谱法。

1.4.2　微流体检测芯片应用

分子水平:在分子水平可以利用微流体检测芯片进行核酸检测、蛋白质检测、小分子和离子检测。

细胞水平:在细胞水平可以利用微流体检测芯片进行细胞状态、细胞结构、细胞功能和细胞组分的研究。

其他应用:微流体检测技术在疾病诊断、药物筛选、环境检测、食品安全、司法鉴定、体育竞技、反恐和航天等领域也有应用。

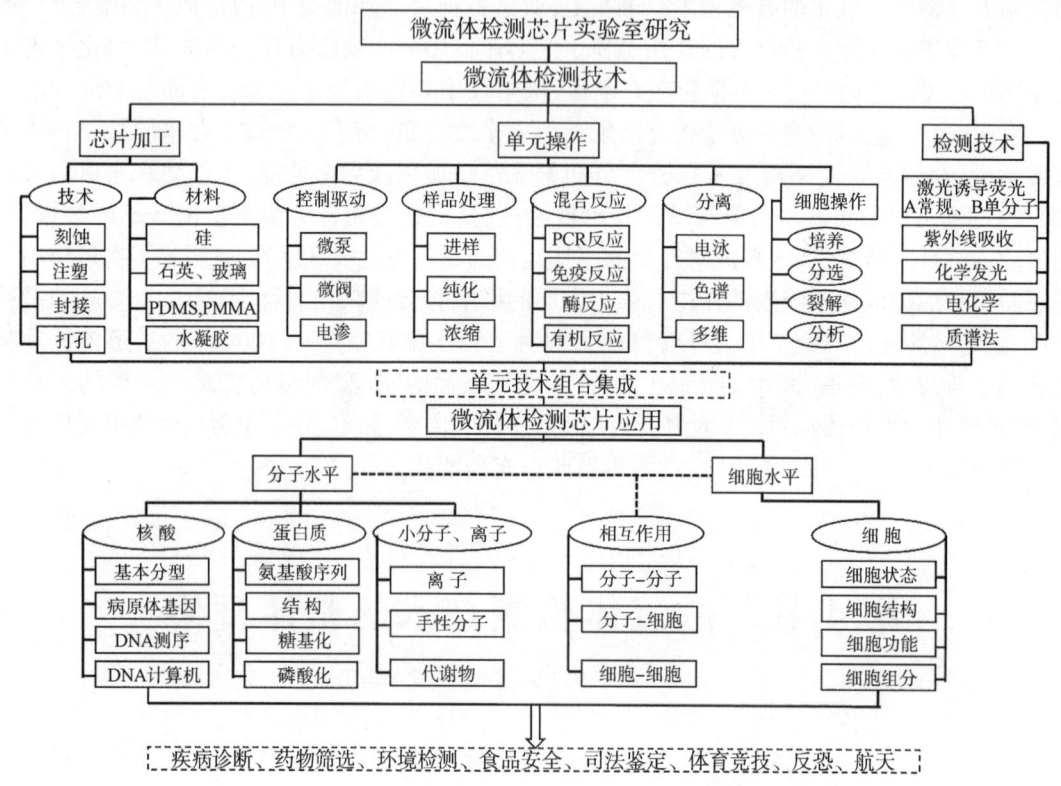

图1-1　微流体检测芯片研究整体框图[34]

第5节　微流体检测技术的功能单元

1.5.1　流体驱动控制单元

流体在微流体检测芯片微米级通道中,由于尺度效应而导致了许多不同于宏观体系的特点:流体的流动特性发生变化、分子间扩散距离短、微通道的比表面积大、传热和传质速度快等[35]。鉴于上述特征,常规驱动方法在微管道中的实际应用效果较差,并在部分状态下出现失效现象,所以通常使用微流体驱动技术来控制微管道中的流体。深入理解该技术驱动机理,不仅可以发现新的驱动机制,而且能大幅提高已有的流体驱动与控制方法性能。

根据目前微流体检测技术分析发展的情况,微流体分析系统对其驱动系统(微泵),主要有体积、流速控制、泵压三方面的要求。如何设计加工体积小、流速稳定的微泵,并且将其集成到微流体检测芯片中,是未来主要的研究方向。目前微流体检测芯片中的微泵有很多种,可以分为机械微泵和非机械微泵。

1.5.1.1 机械微泵

机械微泵(Mechanical displacement micropump)的工作原理是把机械能转化为被驱动流体的流动动能。机械微泵能够提供与芯片微通道匹配的低流量流体输送,并能够通过某种简易的操作界面与微分析系统进行组装,尤其适合高分子材料类(例如 PDMS)芯片的简易界面组装。但是由于不可避免地需要机械结构,因而其微型化具有相当的难度,不易直接集成到芯片上[36]。机械微泵多数为薄膜往复式结构,分为有阀和无阀两种类型。按驱动方式划分,机械微泵包括离心力微泵、热动力微泵、静电微泵、气动力微泵、电磁微泵等,本书后续在流体驱动中会详细说明。

目前,商品化的机械微泵已经十分成熟,以物理原理分类,主要有以下三种方式:

(1)活塞式:活塞直接和流动相接触,含动态密封和单向阀,主要有往复泵、注射泵(包括电机驱动和电磁力驱动)。基于该原理的泵,压力和流量波动是不可避免的。

(2)隔膜式:驱动力通过某种介质推动隔膜,隔膜再缩或吸入流动相,含单向阀,主要有隔膜泵(包括电机、气动、电磁力和压电驱动)和蠕动泵(主要是电机驱动)。

(3)齿轮式:用行星齿轮压缩流动项,含动态密封。

1.5.1.2 非机械微泵

非机械微泵主要通过把电、光、磁、热的能量形式转化或施加到被驱动流体而直接驱动流体,使之具有运动动能,由于其一般为无阀结构,因此常称为动态连续流泵[37]。非机械微泵可分为:电场力驱动泵、毛细作用微泵、生物作用微泵、磁流体动力泵、光驱动泵、基于重力驱动泵、化学作用微泵等。

微阀是微流体系统的主要控制部件之一,通过阀控制流体,使液体在指定方向流动。微阀按结构,根据有无驱动力可分为有源阀和无源阀。有源阀利用制动器产生的制动力实现阀的开闭或切换操作。有源阀具有以下优点:动作切实可靠,制动力强,密封性好;既可用于单向阀,也可用于切换阀的制作[38]。与此同时,微阀也存在一定的局限性,比如整体的系统结构较为复杂,附加体积较大,制作难度较大,在一定程度上影响了此类微阀的广泛使用。

有源阀的制动机理多样,包括压电、静电、电磁、形状记忆合金、热气动和气动等。相应的其每一种制动机理都有优缺点:

(1)热气动的制动力大,但速度慢;

(2)压电制动能产生较大的制动力,但是即使使用非常高的电压,所产生的位移也比较小;

(3)静电制动能产生较大的制动力和位移,速度快且只需要较小的能耗,但要求很高的电压;

(4)外接电磁制动器能产生较大的作用力和位移,速度快且需要功耗较小,但体积大,不便于应用到空中系统中。无源阀不需外力制动,利用流体本身的方向和压力变化来实现开关或切换,体积小,但不能主动进行阀的开关和切换。

1.5.2 微混合单元

混合通常是指两种或多种不同的流体混合为一相,或者是指固体分子之间的相互扩散。混合是一个物理过程,其目的是实现参与过程的不同组分的均衡分布,所以是否能达到快速、均衡的混合对于生化分析具有十分重要的意义。在微流体系统中,通道的尺寸小到了微米级甚至是纳米级,液体的流速通常较小,雷诺数在 100 以下,因此流体的状态主要是层流,使得分子扩散成粒子跨越流体间界面,这样就增加了流体达到均匀混合的难度。对于微流体系统中的混合反应体系来说,若混合速度小于反应速度,混合时间就会成为决定反应完全时间的决定性因素[39]。如果混合不完全,则反应也不可能完成。因此在微流体系统中如何提高流体的混合效率,使流体达到快速、均衡的混合是一个十分重要的研究方向。根据产生扰动的方式和输入能量的不同,微混合器一般可分为被动式微混合器和主动式微混合器两大类。

1.5.2.1 被动式微混合器

被动式微混合器是指在微通道中,单纯地利用几何形状或流体特性来产生混合效果,其结构比较简单,无须外加能量,易于实现和制作,因而早就得到了广泛研究。根据提高混合效率的方式不同,被动式微混合器又可以分为:层叠式微混合器(Iamination)、注射式微混合器(Injection)、混沌式微混合器(Chaotic advection)、液滴式微混合器(Droplet)等。

T 型和 Y 型微混合器因其结构简单,从而成为发展较早的层叠式微混合器。如图 1-2 所示的微混合器中,两股流体呈 T 型或 Y 型配置进入直线微通道混合。由于微通道尺寸在微米级甚至纳米级,即使在层流状态下,仅通过分子扩散,也可以实现流体的混合[40]。注射式微混合器是一种用于混合两种或多种液体或气体的设备,它通过将不同流体注入一个共同的腔体中,然后通过一系列的喷嘴或旋转装置将它们混合在一起。混沌式混合是基于混沌对流原理,通过在微通道中引入一定的结构或方式,使流动处于无序状态,这样将产生横向的流动以及对流混合等,极大地提高了混合效率。液滴式混合是使待混合的两种液体和夹在中间阻隔它们提前接触的惰性液体一同流入不互溶的油性液体中形成液滴,在液滴内部实现液体的混合。相对于普通的依靠层流扩散的混合方式,液滴式混合的两种液体在液滴内依靠湍流快速混合,且在流动过程中没有弥散现象。微液滴(Micro droplet)混合通道设计,可用于高通量生化分析,如图 1-3 所示。将这种液滴式微混合器与简单的 Y 型微混合器相比较,发现液滴式微混合器具有更高的混合效率,在生化分析或化学合成等方面具有广阔的应用前景。

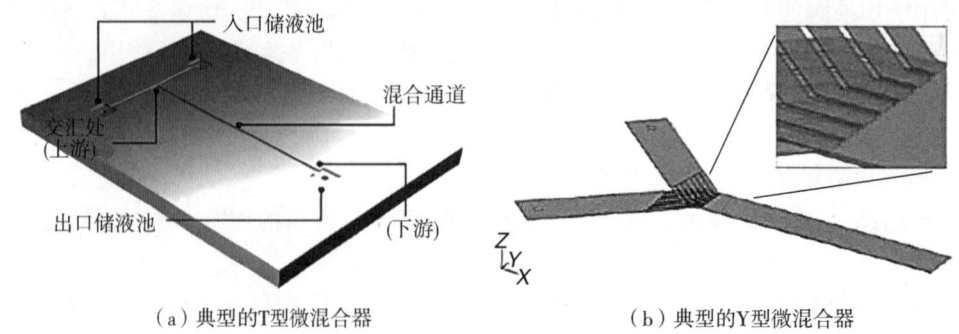

（a）典型的 T 型微混合器　　　　（b）典型的 Y 型微混合器

图 1-2　两种典型的微混合器[41]

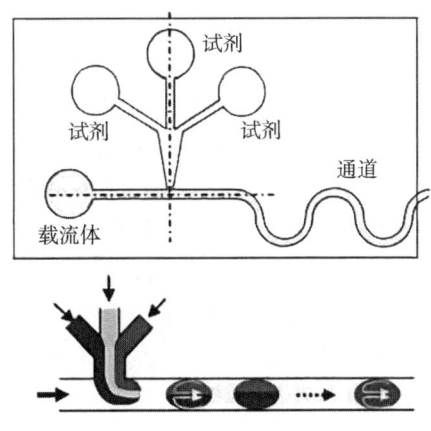

图 1-3　混合方式对比图

1.5.2.2　主动式微混合器

主动式微混合器则是通过一些外加的能量,从而强化分子扩散和对流过程,达到加强混合的目的。主动式微混合器效果较好,效率和可控性高,但在结构上相对较为复杂。主动式微混合器依靠外界的动力作用,通过周期性地扰动微通道中的流动,在微混合器内部形成横向流、二次流以及混沌流,来增大流体间的接触面积,进而增强分子的扩散作用,提高了混合效率。目前,主动式微混合器比较常用的外力包括:磁力、压力、声场力、电场力等。其中磁力混合器是通过电磁场直接作用到某些液体或驱动其他装置干扰流场的正常流动,以达到改善混合效果的目的;压力扰动微混合器是在芯片入口或混合通道的侧壁加以周期性的压力或速度脉冲,使得流体间产生横向流动或很多细小的涡旋,来增大流体间的接触面积[42]。

1.5.3　微分选单元

微分选已经成为微流体检测芯片领域中发展最快、成熟度最高的一类技术单元。与其他分选技术相比,它有力地推动了微流体检测芯片集成化趋势。微流体检测芯片具有体积小、成本低、样品试剂消耗少和分析时间快等优点,通过灵活设计功能结构,可以有效减少样品的预处理步骤,实现微粒或细胞的高通量、高分辨率分离。微流体检测芯片中微粒或细胞的运动可由多种外力机制操控,如流体动力、声泳、介电泳、光学力等。利用这些力操控目标微粒或细胞在芯片中进行定向迁移,实现不同类型微粒或细胞的有效分选[43]。微流体分选技术同样可以分为被动分选技术和主动分选技术,两者以其低损耗、易集成、低成本、快速分离等优点成为微颗粒操控与分选的一种重要手段。

1.5.3.1　被动分选技术

被动分选技术利用流道内的微结构或微流体对微颗粒施加作用力[44],实现微颗粒的分选,所以一般具有高通量且无须施加额外作用力场的优点。被动分选技术主要包括微结构过滤、确定性侧向偏移和惯性分选等方法。

(1)微结构过滤分选技术是依据不同种类微颗粒的形状、尺寸、可变形性等特性的不同实现分选,主要包括围堰式、微柱式及交错流式分离结构。围堰式分离结构是通过精确设计围堰顶端与顶盖的间隙,从而阻止尺寸大的微颗粒,只允许尺寸小的微颗粒通过,实现分离筛选[45]。

(2)确定性侧向偏移分选技术(Deterministic lateral displacement,DLD)是依据微流体层流的特性,通过在主通道内设计一定量交错排列的微柱阵列,实现不同尺寸微颗粒的分选。微结构过滤通过柱状阵,阻止尺寸大的微颗粒,允许小尺寸的微颗粒通过,而DLD阵列允许小于临界尺寸的微颗粒穿越柱间间隙继续沿主流动方向运动,而大于临界尺寸的微颗粒,在每一排微柱处都会横向移动到相邻的流道中,从而与主流动方向成一定角度进行流动运动,实现两者的连续分离[46]。DLD有圆形阵列结构和三角形阵列结构等。

(3)惯性分选技术是依据不同尺寸的微颗粒,在特定雷诺数条件下受到惯性升力的作用移动到相对应的平衡位置,从而使不同种类的微颗粒在不同的层流,实现分选。惯性分选技术有直流道分选结构、扩缩流份分选结构和螺旋分选结构等。

1.5.3.2 主动分选技术

微颗粒主动分选是通过对微流体中的微颗粒施加外加场力的作用,依据不同种类的微颗粒特性的不相同,受到大小不同的外加场力,从而实现不同种类微颗粒的分选,一般具有分选精度高的优点[47]。主动分选技术包括介电泳分选、磁场分选及声波分选等方法。

(1)电泳是芯片微分选中采用最多的形式,介电泳分选依据微流体中不同种类微颗粒因尺寸、介电特性的不同,在非均匀电场中受到不同的介电泳力使微颗粒产生不同偏转[48],从而实现分选。介电泳分选技术包括普通介电泳分选、绝缘物诱导介电泳分选(iDEP)和非接触式介电泳分选(cDEP)等。微流体检测芯片的最早一轮应用大都从芯片电泳开始,特别是电泳分选,无疑在微流体检测芯片的研究中占有特殊的地位。需要强调的是,微流体检测芯片所涉及的的分选只是芯片众多操作单元中的一种,而不是全部,尽管它在有些时候还往往被独立使用。

(2)磁场分选是根据微流体中不同种类的微颗粒因尺寸不同或磁化特性不同,在磁场中受到不同的磁场力,产生不同程度的偏转,致使不同种类微颗粒从不同流道中流出实现分选[49]。这种通过磁场使微颗粒运动的现象被称为磁泳。在实际应用中,由于微颗粒本身磁性比较微弱,所以一般先对微颗粒进行磁性修饰,再进行分选。

(3)声波分选是通过超声波对微流体中的微颗粒施加作用力实现分选。声波分选需要设计特定的微流体通道结构来容纳超声驻波。微颗粒聚集的部位与超声驻波的波节或者波腹相对应,当微流体中不同种类的微颗粒经过分选区域时,不同种类的微颗粒由于特性不同,会向波节或者波腹移动,从而实现分选[50]。这种通过声波力引起微颗粒运动的现象被称为声泳[51]。

1.5.4 微通道

微通道不仅仅是流体流动的单元,更是进行流体控制的工具,利用微通道自身的特性和特征便可实现微流体的驱动、进样、混合、分离,以及液滴的产生、控制等功能,且这些方法已经表现出了良好的效果[52]。通过微通道自身的特征来实现对流体的流动控制(简称微流体自控),其大致可以分为表面特性对微流体流动的控制和通道结构特征(简称构型)对微流体流动的控制两大类。图1-4是无阀微泵原理图。微通道构型可应用在微阀设计中,机械微阀往往因为结构复杂、加工难度大、控制难度大等问题,不容易集成在芯片上,而利用微通道构型的不同,实现阀的作用,不仅加工简单,易于通过计算设计进行优化,而且易于集成[53]。无阀微泵基于流体的惯性作用,流体在由不同的方向流过此单元通道时,其主要的路径(流阻)不同,从而实现净流量的控制。

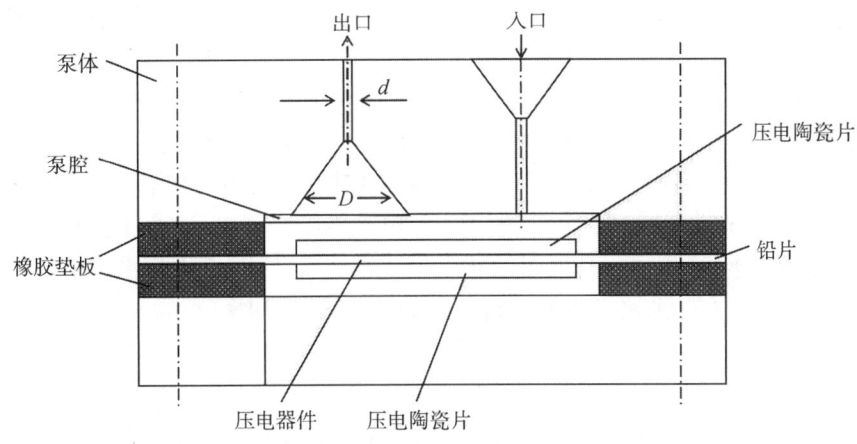

图 1-4　无阀微泵原理图[54]

微通道构型还在芯片电泳中得到应用。芯片毛细管电泳可以在较短的通道时实现快速高效的分离,但对于某些难分离的物质,仍需较长的分离通道。因此为了在面积较小的芯片上容纳足够长的分离通道,常常将分离的通道形状设计成带弯管的尾翼型,但是这也会产生弯道效应。消除弯道效应的方法主要包括设计成对转弯通道、减小转弯通道的宽度和增大弯道的曲率半径。

除了上面介绍的以微通道构型实现的阀功能单元及毛细管电泳芯片研究过的弯道构型外,微流体检测芯片的其他功能单元,如进样单元、混合单元、分离单元的通道结构设计也是十分重要的。在微流体检测进样系统中,有 T 型通道、十字通道、双 T 型通道、多 T 型通道等构型以及在微流体混合器中为了提高混合效率而精心设计的各种特殊通道构型,这些构型对流体的控制都起到了重要的作用。

1.5.5　样品处理单元

自微全分析系统(uTAS)的概念提出以来,基于微流体检测芯片的分析方法得到了很大的发展,成为越来越多的研究者关注的热点。"芯片上的实验室"是一个宏伟的目标,因为微流体分析过程本身就是一个包括了采样、样品预处理、分离分析、数据处理等多个环节的复杂过程,要实现这一系列环节的微型化和集成化绝非易事,此过程需要微机械加工、物理学、生物学和化学等多方面的技术积累以及学科之间的相互渗透[55]。近十年来,作为微型集成化方法最最重要的环节之一,微通道样品预处理方法得到了一定发展,各种新技术不断涌现,但是目前的研究还远没有达到实际应用的要求,因此,发展微型化的样品预处理技术与方法任重而道远。样品处理的方式视被处理对象而异,通常有过滤、萃取、膜分离、等速电泳或堆积等,这些操作在常规实验室中常见,但是样品处理的微型化却带来了很多特殊性,专业技术要求很高,有些单元至今尚未完全成熟。

1.5.6　化学和生物反应单元

反应在化学和生物实验室的重要性毋庸置疑,混合则是反应物在反应前接触的必经过程。微混合和微反应是微流体检测芯片实验室的重要操作单元。反应有化学反应和生物反应之分。从常规意义上看,芯片反应的产量微不足道,更多的反应被用于模拟或服务于样品最终被测定的目的。但由于微流体检测芯片大规模集成可能造成的极高通量,已经有人把它用于某些附加值极高的化学制品的制备,甚至直接用于生产[56]。生物反应涉及的面更广一些,包括酶反应、免疫反应、PCR 反应等,很多情况下在系统中的地位举足轻重。

近年来,微流体检测芯片上的混合、反应还出现了一个相对较新的发展趋势,即利用微流体检测芯片的通道尺寸、表面化学特征和通道内流速控制能力,使两相溶液在微通道内混合形成纳升体积的液滴。这类液滴体积小,面体比大,相对热传递较快,液滴间相互独立且没有扩散,液滴内再循环利于快速混合,是理想的化学反应器[57]。特别是已开始利用液体或者固体表面间的电浸润特征,在阵列电极表面进行液滴的控制、输运和反应。

第6节 微流体检测技术的战略意义(展望)

在这个科技高速发展的时代,微型化、集成化和智能化,是现代科技发展的一个重要趋势。微流体检测技术通过微通道、反应室和其他功能部件,对流体进行精准操控,对生物、化学、医学分析过程的样品制备、反应、分离、检测等基本操作单元进行集成分析,具有液体流动可控、集成化、消耗低、通量高、分析快等优点,已经被广泛应用于生物医学和环境科学等研究领域。在过去的几十年,随着微流体检测芯片逐渐发展到今天的多元化领域,微流体检测技术在其微电子工业的基础上也在迅速发展,至此,芯片实验室所显示的战略意义,已在更高层面和更大范围内被学术界和产业界所认同。它的战略意义主要体现在以下三方面:

(1)作为一种战略性的科学技术,微流体的发展有它的内在必然性。第一,微型化是人类社会发展的一种趋势,面对我们所生存的已经消耗过度的地球,微型化反映了人类对资源枯竭的忧虑和对资源利用的优化。第二,世界上有太多的技术和流体操控有关,而当被操控的流体在一个微米尺度的空间里流动的时候,会出现很多新的现象,其中的一部分至今还没有被我们所充分认识[58]。第三,则是基于对系统研究的需求。系统学研究整体,更研究构成整体的各个局部之间的相互联系,自古以来,人类一直缺少微小但又能操控全局的工具,微流体检测芯片能承载多种单元技术并使之灵活组合和规模集成的特征使其可能成为系统研究的重要平台。

(2)微流体检测技术的战略意义还根植于它和信息科学、信息技术的特殊关系。一般认为,在 20 世纪,人们借助于电子在半导体或金属中流动得到的信息,成就了具有战略意义的信息科学和信息技术;而在 21 世纪,通过带有可溶性生物分子或悬浮细胞的水溶液在微流体检测芯片通道内或平面上流动以研究生命,理解生命,以至部分地改造生命,将有可能同样成就一种新的具有战略意义的科学技术:微流体学。因为,生命和信息构成了现代科学技术的核心。

(3)微流体检测技术——当今国家产业转型的一种先导型科学技术。微流体检测技术是注定要被深度产业化的科学技术。一方面,这种判断首先当然是源于全球性产业转型需求的不可逆转,需求加剧,进程加快;另一方面,或许更为重要的,则是基于对这一科学技术在一些重大领域不可替代性的认识,而这种认识只是在最近的若干年内才被人们所逐步接受。它很可能发展成为当今产业转型的一种模式,对以生物经济为代表的新型经济产生重要影响。例如在未来几年内,如果将微流体检测芯片与"生物手机""互联网+"进一步结合,这样一个由一种新兴技术引发的可能具有全局性影响的趋势[59],是否能够催生一批"风口"行业值得大家期待。

目前,微流体检测技术还并不成熟,在其被称为不仅仅是一个活跃的学术研究领域之前,使其成熟还需要做大量的工作。从目前的发展水平看,微流体检测技术已经突破其发展初期在检测范围和精度及基本流控技术上的主要难关,正在进入一个开展更深入的基础研究、广泛扩大应用领域及深度产业化的转折时期。未来几年乃至几十年将带来一系列新技术和有影响力的研究。

本章小结

本章首先介绍了微流体检测技术的研究背景以及发展历史,参照《微流体检测芯片中的流体流动》这本专著描述了微流体检测芯片中流体运动的流体力学相关的理论知识;然后,根据林炳承团队在为国家自然科学基金委员会重点基金撰写标书时提出的总体框图介绍微流体检测的整体框架,并开展了细致分类;最后对微流体检测技术的战略意义进行展望,并通过三个方面分析了微流体检测技术会"改变世界"的主要原因。

参考文献

[1] SARAVANAN R A ,LIEW L, BRIGHT V M, et al. Integration of ceramics research with the development of a microsystem[J].Journal of the american ceramic society, 2010, 86(7): 1217-1219.

[2] 梁萍, 严小波, 贾静, 等. 微流控芯片技术全球专利申请分析[J].中国科技信息,2021 (14):5.

[3] EL-ALI J, PERCH H R, POULSEN C R, et al. Simulation and experimental validation of a SU-8 based PCR thermocycler chip with integrated heaters and temperature sensor[J].Sensors & Actuators a physical, 2004, 110(1-3):3-10.

[4] 龚斌,李德新,王双,等.从人源全合成抗体库中筛选到抗人干扰素 α1b 单链抗体[J].中国医药生物技术,2009(3):6.

[5] WEN H, ZHU J, ZHANG B, et al.Recent advances in microchip liquid chromatography[J]. Chinese journal of chromatography, 39(4):357-367.

[6] YAN K, FENG L. Analysis on the development of global artificial intelligence.[J]. Modern

ence & Technology of telecommunications,2017(2):4.

[7] 徐佳素,张雅,苏晓崧,等.纸基微流体技术在即时检测中的应用[J].生物工程学报,2020, 36(7):10.

[8] 曹雷,许夏瑜,高彬,等.绝对定量的多聚酶链式反应技术的发展现状及其生物医学应用[J].中国科学:生命科学,2016, 46(7):18.

[9] 秦美霞,张继成,易勇,等.聚焦离子束刻蚀制造三维软刻蚀母模板的研究[J].西南科技大学学报,2015, 30(3):4.

[10] 高阳,李以贵,张俊峰,等.一种基于声表面波驱动液滴的二维数字微流体检测技术[J].纳米技术与精密工程,2010(1):4.

[11] 周瑞,姚能亮,陈芳芳,等. 基于卫生政策分析的基层医疗卫生机构在新型冠状病毒肺炎疫情防控中的作用研究[J].中国全科医学,2022, 25(10):1155-1161.

[12] LILI M U, LIYA H, WEI Y Z. 基于微流体数字化技术的流式细胞术的设计[J]. Ciesc journal, 2010, 61(4):949-954.

[13] ANAGNOSTIDIS V, SHERLOCK B, METZ J, et al. Deep learning guided image-based droplet sorting for on-demand selection and analysis of single cells and 3D cell cultures[J]. Lab on a chip,2020, 20:889-900.

[14] GE Z, LIU W. Image processing and luminescent probes for bioimaging techniques with high spatial resolution and high sensitivity[J]. Journal of physics:conference series, 2021, 2083(2):022016.

[15] 许凤玲,侯健.一种大气环境润湿时间检测装置:CN106198645A.[P].2016-12-07.

[16] JACOBSON S C, HERGENRODER R, KOUTNY L B, et al.Effects of injection schemes and column geometry on the performance of microchip electrophoresis devices. [J]. Analytical chemistry, 1994, 66(7): 1107-1113.

[17] WOOLLEY A T, MATHIES R A. Ultra-high-speed DNA-sequencing using capillary electrophoresis chips.[J]. Analytical chemistry, 1995,67(20): 3676-3680.

[18] WOOLLEY A T, et al.Functional integration of PCR amplification and capillary electrophoresis in a microfabricated. [J].Analytical chemistry. 2018,34(5):1023-1298.

[19] 郝晓剑,张斌珍,杨潞霞,等.基于微流体芯片结构的 PDMS 二次倒模工艺研究[J]. 传感器与微系统,2012,31(11):28-31.

[20] THORSEN T, MAERKL S J, Quake S R. Microfluidic large-scale integration. [J] Science, 2002, 298(5593):580-584.

[21] 吴铮. 基因芯片技术临床应用于脊柱结核耐药检测的可行性研究[D]. 第三军医大学, 2010.

[22] ROHDE C B, ZENG F, GONZALEZ-RUBIO R, et al. Microfluidic system for on-chip high-throughput whole-animal sorting and screening at subcellula resolution[J]. Proceedings of the national academy of sciences, 2007, 104(35):13891-13895.

[23] GALL M, BREEZ N, et al. The times are a-changing:the subculture of music and ICT in the classroom[J]. Technology pedagogy & Education, 2006(25).

[24] BERG A, K D, et al.History of sports medicine in germany with special reference to the university of freiburg[J].European journal of sport science, 2002, 2(4):1-7.

［25］ BAINES P R, SCHEUCHER C, PLASSER F. The Americanisation myth in european political markets：a focus on the united kingdom［J］. European journal of marketing, 2001, 35（9/10）：1099-1117.

［26］ ZHANG L, LONG Z, CAI J, et al.The analysis on the operation of the 500 kV toughened-Glass insulators［J］.High voltage engineering, 1992, 7（5）：e639-e643.

［27］ 吴元庆,姚素英,高鹏,等.应用于生物检测的微流体聚焦芯片的研制［J］.吉林大学学报：信息科学版,2011, 29（1）：5.

［28］ 林炳承.芯片实验室的崛起及其产业化［J］.高科技与产业化, 2006, 2（9）：114-115.

［29］ 崔大付,刘长春,陈兴.一种集成微流体传感芯片及其对微流体进行检测方法［J］.传感技术国家重点实验室：北方基地,2010.

［30］ 崔巍巍. 低电压高通量 MEMS 数字微流控芯片基础理论及关键技术研究［D］. 天津大学, 2015.

［31］ RAO V, RADHIKA T S. The dynamics of the flow of blood in the human circulatory system ［J］. Differential equations and dynamical systems, 2010,31（3）：675-685.

［32］ CRAIG C L, OKUBO A. Physical constrints on the evolution of ctenophore size and shape［J］. Evolutionary ecology, 1990, 4（2）：115-129.

［33］ GUAN Y W, GAO S Q, SHEN L,et al. Study on effect of van der waals force and casimir force to microsystem［J］.Applied mechanics & Materials, 2013, 336-338（1）：944-948.

［34］ 林炳承,秦建华.微流体实验室［M］.北京：科学出版社,2006.

［35］ MOHAMMED H A, G BHASKARAN, SHUAIB N H, et al. Heat transfer and fluid flow characteristics in microchannels heat exchanger using nanofluids：a review［J］.Renewable and sustainable energy reviews,2011, 15（3）：1502-1512.

［36］ 朱克勤. MEMS 中气体运动的若干微尺度效应［J］. 实验流体力学,2008,B12：87-92.

［37］ 张乐翔. 平行微通道中两相流的随机模型和检测方法［D］. 天津：天津大学, 2016.

［38］ MESIMKI J, LEHONEN E. Light electric vehicles：the views of users and non-users［J］.European transport research review, 2023, 15：1.

［39］ 孔亚杰. 光子晶体纤维的制备及应用研究进展［J］.复合材料学报,2023（41）：1-16.

［40］ 李明. 微混合器的混合性能实验研究及其应用与设计［D］. 大连：大连理工大学, 2016.

［41］ 欧阳鸿武,陈海林,何世文,等.对称与不对称 Y 型混合器混合机理［J］.中南大学学报（自然科学版）,2003（01）：54-57.

［42］ CHIU H C, CHEN J M. Enhancement of fluid mixing in a double T-shaped micromixer by periodic disturbances of Pressure［J］.Advanced materials research, 2011, 339：118-123.

［43］ GRZESIAK S, BARISIN T, SCHLADITZ K, et al.Analysis of the bond behavior of a GFRP rebar in concrete by In-situ 3D imaging test［J］. Materials and structures, 2023, 56（9）：1-18.

［44］ 顾建忠. 基于行波介电泳力的微粒子操控机理分析与实验研究［D］. 哈尔滨：哈尔滨工业大学, 2011.

［45］ GLASS P R, BELL B C. Limehouse link cut and cover tunnel：design and construction through limehouse basin［J］.Proceedings of the institution of civil engineers. Municipal engineer, 1996, 118（4）：211-225.

[46] 贾晨阳,邹志远.基于国际比对的表面粗糙度自动测量系统的分析[J].中文科技期刊数据库工程技术,2023(4):3.

[47] KHRAMTSOV P, KURGANSKY A, BARSUKOVA N ,et al.Estimation of the influence of the design of school backpacks to posture regulation in children with different posture conditions.[J].Gigiena i sanitariia, 2016,95(7):652-655.

[48] 安立宝,王小冲,龚亮,等.介电泳微流体制分离不同尺寸碳纳米管研究[J].华中科技大学学报(自然科学版),2016, 44(4):6.

[49] 刘昱,潘晓霞.不同磁化率粒子在磁场流分离中保留行为的研究[J].应用化工,2013, 42(6):5.

[50] 张兴明. 时谐磁场金属颗粒磁化特性及微流体油液检测机理研究[D]. 大连:大连海事大学.

[51] HA I, MICLAUS S, HAS A.Explaining the nature of the mass of submicroparticles and the phenomenon of mass variation with velocity V in Ether[J]. European open access publishing (Europa publishing), 2021,3(1):48-58.

[52] LING Z Y, YANG J C, DING J N, et al.Experimental study of micro-flowing characteristics of liquid transport in round micro-channels[J]. Materials science forum, 2006, 532-533:29-32.

[53] 杜立群,杨季玲,徐征,等.无阀微泵流体特性的数值计算和结构优化设计[J].中国机械工程,2005,1:38.

[54] CAO C, YING J, JIAO Z K. Simulation of unsteady characteristics and rectification efficiency of valveless micropump[J].Journal of zhejiang university,2013, 47(6):1036-1042.

[55] WOOD B J, LOCKLIN J K, VISWANATHAN A, et al.Technologies for guidance of radiofrequency ablation in the multimodality interventional suite of the future[J].Journal of vascular & Interventional radiology, 2007, 18(1):9-24.

[56] ONDI T, HUGHES D, TOBIAS S M. The ecay of a weak large-scale magnetic field in two-dimensional turbulence[J].The astrophysical journal, 2016, 823(2):111.

[57] 郑杰,王洪,闫延鹏,等.微流控芯片液滴生成与检测技术研究进展[J].应用化学,2021, 38(1):10.

[58] DIMITRIENKO Y I, SHUGUANG L. Modeling of non-newtonian fluid flows in porous textile structures under RTM technologies[J]. Journal of physics:conference series, 2021,1990(1):12-53.

[59] ZHAO Y, LV X, PENG Z, et al. Microfluidic chip integrated with hydrogel microparticles and CdS cation interfacial exchange for the sensitive determination of miRNA[J]. Analytical letters, 2023, 56(16):267.

第 2 章
微流体检测芯片制作材料与技术

  微流体检测芯片是微流体检测实验室的核心。微流体检测芯片的研究涉及芯片的材料、尺寸、设计加工和表面修饰等。了解芯片制备的全过程,体会芯片设计的重要性,是微流体检测芯片研究工作的基础。未来芯片实验室领域的竞争首先将是芯片设计和制造的竞争[1]。

  早期的微流体检测芯片制备技术脱胎于 MEMS 技术,因此芯片所使用的材料与 MEMS 相似,多为硅或者玻璃材料。基于硅和玻璃材料的微流体检测芯片加工制备过程涉及基体材料清洗、光刻、刻蚀、键合等过程,不仅过程复杂且需要昂贵的微加工设备及超净间环境,不利于微流体检测技术的推广使用。近十年来,各类聚合物材料和纸材料凭借成本相对较低且芯片加工制备过程相对简单的特点,已经逐渐替代了硅和玻璃材质,成为目前微流体检测芯片制备的主流基体材料。此外,凝胶等特殊材料由于其物理化学性质适用于生命科学领域的某些特殊应用,也被用于微流体检测芯片的制备过程中。目前微流体检测芯片基体材料应用广泛,具体包括硅、石英、玻璃、热塑性塑料、热固性塑料、水凝胶、硅胶、纸材料等。其中,玻璃、热塑料材质芯片在规模化产品及实验室研究中均有出现,而纸芯片、热固性塑料芯片和水凝胶芯片等主要用于实验室研究中。

  制备微流体检测芯片的关键在于芯片上微流道的加工,微流道的质量在很大程度上影响了芯片的最终性能。微流体检测芯片的制备涉及多种加工方法,不同性质的材料对应着多种加工方法,对于同种材料,微流道尺寸结构的差异也会使芯片在加工方法上存在很大的区别。常用的微流体检测芯片加工方法有湿法刻蚀、软光刻、热压法、微注塑、激光烧蚀、3D 打印等方法。

  本章将对芯片材料及其制作技术逐一说明。

第 1 节 芯片制作材料

  芯片材料选取是开展微流体检测芯片研制的首要前提,通常要满足芯片材料与实验室工作介质间良好的理化性能,如化学相容性、电绝缘性、散热性等,而在精细化研究中还应保证芯片材料表面良好的可修饰性,以产生电渗流或固载生物大分子。此外,在实际运用过程中,制作工艺简单,材料及制作成本低廉等经济条件也需要被考虑。目前常用于制作微流体检测芯片的相关材料主要包含玻璃和有机聚合物,如聚甲基丙烯酸甲酯(Polymethyl methacrylate,PMMA)、聚二甲基硅氧烷(Polydimethyl siloxane,PDMS)、聚碳酸酯(Polycarbonate,PC)以及水凝胶等。图 2-1 所示为基于不同材料制作的微流体检测芯片[2]。

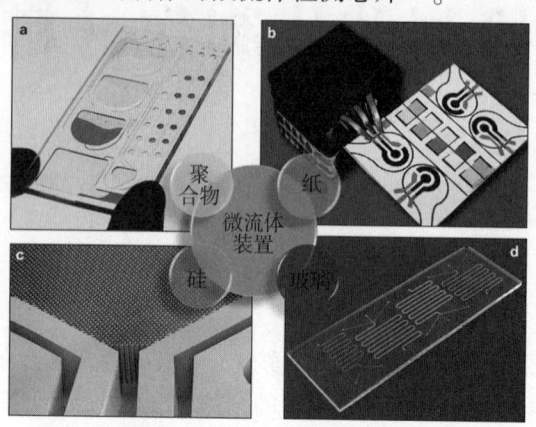

图 2-1　基于不同材料制作的微流体检测芯片[2]

2.1.1　硅

硅,尤其是单晶硅,作为微电子行业的基础材料,其加工工艺发展成熟,相关生产制造设备比较完善,因此单晶硅是微流体检测芯片最先尝试使用的基材。单晶硅等硅质材料具有良好的化学惰性和热稳定性,利用光刻和蚀刻方法能够高精度地复制出二维图形或者复杂的三维结构,这可以用于复杂的微通道结构设计。但随着研究的深入,研究人员很快就发现单晶硅并非制作微流体检测芯片的最佳选择。因为单晶硅无法满足一些化学分析的需要,例如,芯片电泳需要施加高直流电压,研究人员进行光学检测要求材料有透明性,而单晶硅具有介电性并且光透明性很差。此外,硅材料的不足之处还有易碎、价格偏高、表面化学行为较为复杂等,因此在微流体检测芯片中的应用受到限制。

2.1.2　石英和玻璃

石英和玻璃弥补了单晶硅在电学和光学方面的不足,良好的透明性能为微系统的故障诊断和光学检测提供了便利条件,其耐腐蚀性也可满足大多应用场景的需要。同时玻璃的价格低廉且原材料易得,并在结构和物性上与单晶硅有很多相似之处,所以很多单晶硅微加工的条件比较容易过渡到玻璃,例如常用的微刻蚀、激光加工、离子束刻蚀等技术都可以适用于单晶硅和玻璃的加工。研究人员采用与硅片类似的光刻和蚀刻技术可将微结构刻在石英和玻璃上。此外,玻璃有很好的介电性,适用于电泳芯片的制作。除了优良的光学特性,石英和玻璃的表面吸附和表面反应能力都有利于对它们的表面进行改性,在生物医学领域通过表面改性,可以实现细胞黏附、液滴操控、细胞分离等操作;在环境监测中表面改性可以增强芯片对特定污染物的吸附能力,提高检测的灵敏度和选择性。

玻璃作为化学分析中反应和测量容器的传统制作材料,目前已被广泛应用于制作微流体检测芯片。而石英价格相对较高,仅在有特殊检测需求时使用,例如单分子检测或紫外检测。

对于大多数玻璃材质芯片,研究人员需要通过蚀刻方法进行微结构的制作,而前文提及的光刻法则主要应用于光敏玻璃。

光敏玻璃是一种特殊的玻璃材料,通常由含有光敏剂的玻璃原料制备而成。光敏剂是一种能够对紫外线或可见光做出响应的化合物,它能够使玻璃在受到光照后发生化学变化。这种化学变化可以使玻璃具有光刻性质,从而可用于制作微细结构和图案。例如 Schott Glass 公司的 Foturan 光敏玻璃通过用标准镀铬石英掩膜在紫外线下曝光,然后对玻璃进行热处理,使曝光区结晶变化。曝光后的玻璃在 HF 中腐蚀时,结晶区被除去,而未曝光区则保留。该种玻璃在加工之前玻璃表面无须任何涂层,使用方便,并易加工高深宽比结构,但价格昂贵,其加工后得到的微型结构如图 2-2 所示。另外一种光敏玻璃来自 Corning 公司,紫外曝光处理的区域在热处理时体积收缩,未曝光的区域在压力的作用下则向外凸出,从而被用于制作透镜。

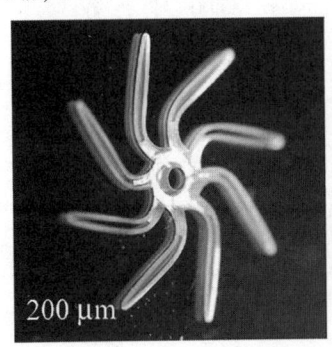

图 2-2　Foturan 光敏玻璃化学加工后得到的微型结构

2.1.3　硬质高分子聚合物

硬质高分子聚合物(以下简称聚合物材料)品种多,价格低廉,加工相对容易,又有很好的透明性和介电性,成为除玻璃材料之外的另一类主要芯片材料。目前普遍认为,聚合物芯片在一次性芯片的开发中可能会占主导地位。在一次性微流体检测芯片的制作材料选择时要考虑材料的诸多特性,对于聚合物材料主要考虑的指标包括:①良好的光学性质;②易加工;③对待分析物惰性;④良好的电和热特性;⑤有多种表面修饰和改性方法。

现阶段,用于微流体检测芯片制作的高分子聚合物主要有三类:热塑性聚合物、固化型聚合物和溶剂挥发型聚合物。热塑性聚合物有 PMMA、PC 和聚乙烯等;固化型聚合物有 PDMS、环氧树脂和聚氨酯等。上述材料与固化剂混合后,经过一段时间的固化变硬即可得到芯片。溶剂挥发型聚合物有丙烯酸、橡胶和氟塑料等,制作时将它们溶于适当的溶剂,再通过缓慢挥发溶剂就可获得芯片。

2.1.4　弹性高分子聚合物

PDMS,俗称硅橡胶,是当前应用最多的微流体检测芯片材料之一。由于 PDMS 具有独特的弹性和良好的透光性、介电性,容易加工,且价格低廉,在微流体检测领域迅速得到了普及。PDMS 固体由液态的基础聚合物和交联剂的预聚物热交联而成,其基本原理是由 PDMS 中的交联剂与硅氢键进行加成反应所驱动的化学反应过程。这个过程会将 PDMS 从液态或半固态转变为固态,并使其具有所需的弹性和机械性能。以下是 PDMS 固体作为微流体检测芯片材料具有的优点:①能透过 250 nm 以上的紫外光与可见光,透气、耐用又廉价;②有一定的化学惰性,芯片微通道表面可进行多种改性修饰,能可逆和重复变形而不发生永久性破坏;③可用模塑法高保真地复制微流体检测芯片;④可与PDMS、玻璃、硅、二氧化硅和氧化型多聚物可逆结合。尽管PDMS材料是目前应用最为广泛的微流体检测芯片材料,但事实上,不少学者已注意到PDMS芯片在处理细胞类样本时可能存在的潜在毒性。常用微流体检测芯片材料及其性能见表2-1。

表2-1 常用微流体检测芯片材料及其性能

性能材料	硅	玻璃	石英	PMMA	PC	聚乙烯	PDMS
化学惰性	一般	好	好	较好	较好	较好	较好
介电常数/$kV \cdot mm^{-1}$	[11.7]	[3.7~16.5]		[3.5~4.5]	[2.9~3.4]	[2.25]	[3.0~3.5]
分离场强/(V/cm)		~2 500		>400	>600		~1 000
热导率/[W/(m·K)]	157	0.7~1.1	1.4	0.2	0.19	0.4	0.2
能量耗散/(W/m)		~2.8					~1.0
软化温度/℃		500~821	>1 000	105	145	85~125	
透光率/%		89~92	>76	>92	86~90	50~70	>70
热膨胀系数/($\times 10^{-5}$K)	0.26	0.05~1.5	0.04	7~9	5~7	12~18	3.5
成型性能	较难	较难	难	易	易	易	易
键合性能	较难	较难	难	较易	较易	较易	易

注:"[ ]"中数值表示相对介电常数。

2.1.5 纸

2.1.5.1 纸基微流体检测芯片的起源

以纸张为基底构建检测平台有着诸多优点:造价低廉、环境友好、易于加工、可回收/再生、生物样品相容性较好、过滤特性良好、可降解等。此外,由于纸张具有多孔亲水性的特点,在仅有毛细管力的作用下即可实现样品或试剂流体的输送[3]。利用纸张制作多孔实验板和纸基检测芯片并用于化学分析的概念可以追溯到19世纪三四十年代[4,5]。早在1949年,Muller等就通过印制热熔蜡的方式制作了用于洗脱混合颜料的纸基检测装置,开展了类似于微流体检测技术的工作[5]。而第一个用于半定量检测尿液中的葡萄糖的纸基传感器出现在19世纪50年代[6],并逐步发展为免疫纸基检测装置,最终实现产业化。从2007年起,Martinez等提出的用于检测葡萄糖和蛋白质的多通道纸基微流体检测芯片[7],激起了新一轮利用纸张设计微流体检测诊断器件的研究热潮。2011年,来自武汉大学王方方等人[8]利用光刻法制作芯片,实现了在一维和二维纸基芯片上用化学发光法来检测葡萄糖和尿酸。2012年,Maejima等人[9]提出利用喷墨打印的方法制作芯片,研发出了成本低廉、可量产、在家就能进行检测的纸基芯片。近十年来,纸基微流体检测芯片的新型制作方法[10~13]、多物质同步检测方法[14,15],以及纸基智能检测[16~18]等持续受到关注。

2.1.5.2 纸基微流体检测芯片的工作原理、方法以及所用疏水性材料

纸基微流体检测芯片的工作原理就是在亲水的纸基上制作图案化的疏水边界,形成微流

通道来控制液体的输送,从而在微流道中发生一步或多步生物化学反应。图 2-3 为不同纸基微流体检测芯片制作方法的示意图[19]。

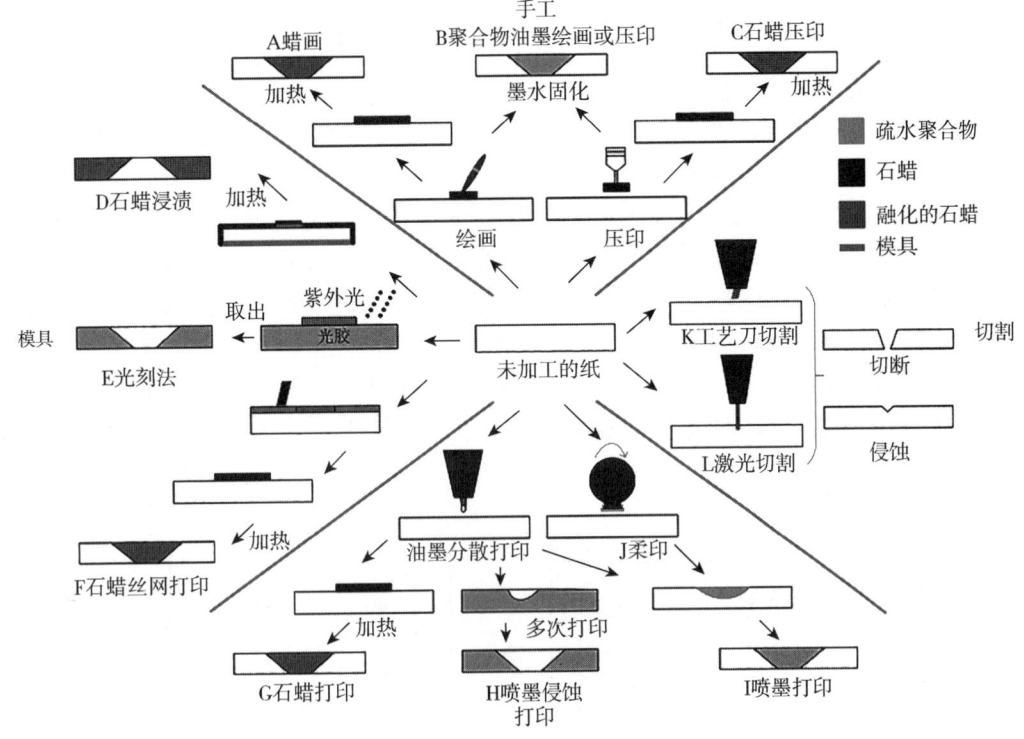

图 2-3　不同纸基微流体检测芯片的制作方法[19]

　　根据疏水性物质与纸张结合的方式可以将微流通道的制作方法分为三类:物理阻隔法、物理沉积法和化学改性法。其中,物理阻隔法是将疏水性物质如光刻胶或 PDMS 等浸渍到纸张中,阻隔纤维阵列的空隙来达到疏水的效果;物理沉积法是将蜡、聚苯乙烯(PS)等疏水物质沉积在纤维表面,通过降低纸张的表面能,使液体更倾向于渗透到亲水通道内,从而实现控制液体输送的效果。两种方法都是通过疏水物质与纤维的物理作用来改变纸张的润湿性能。而化学改性法则是通过使用烷基烯酮二聚体(AKD)等能与–OH 亲水基团发生反应的试剂,在纤维素分子链上引入疏水基团,使纸张形成疏水界限。

第二节　芯片制作环境

　　由于微流体检测芯片基本组成单元的微米尺寸结构,要求在制备过程中必须对环境进行严格认真的控制。涉及的环境指标通常包括:空气温度、空气湿度、空气及制备过程所使用的各种介质中的颗粒密度。芯片制作所需的高要求环境一般需要在洁净室内才能达到。洁净室技术与微流体检测芯片的制作能否成功密不可分。一般洁净室由更衣室、风淋室、缓冲间和超净室组成。洁净标准按单位体积空气中一定尺寸悬浮颗粒的数量而定,数字越小,洁净度越高。本节将介绍洁净室的分类和洁净室的洁净等级。

2.2.1 洁净室的分类

洁净室是指对空气洁净度、温度、湿度、压力、噪声等参数根据需要都进行控制的密闭性较好的空间。按气流的流动状态区分,主要有以下三种气流分布的洁净室。室内的气流并不都按单一方向流动的非单向流洁净室(乱流型洁净室),具有以下特点:终端过滤器(高效或亚高效)尽量接近洁净室,可以作为送风口或直接连送风口,也可以接到房间的送风静压箱上;回风口均设在洁净室的下部,目的是避免出现"扬灰"现象。非单向流洁净室中都有涡流存在,不适宜用于高洁净度的洁净室中,宜用于 6~9 级的洁净室中。单向流洁净室:单向流洁净室气流的特征是流线平行,以单一方向流动,并且在断截面上风速一致,有垂直单向流洁净室、准垂直单向流洁净室、水平单向流洁净室等,其中垂直单向流洁净室和水平单向流洁净室原理分别如图 2-4(a)和图 2-4(b)所示。矢量洁净室:在房间的侧上角送风,采用扇形高效过滤器,也可以用普通高效过滤器配扇形送风口,在另一侧的下部设回风口,房间的高长比一般在 0.5~1 为宜。这种洁净室也可以达到 5 级(100 级)洁净度。

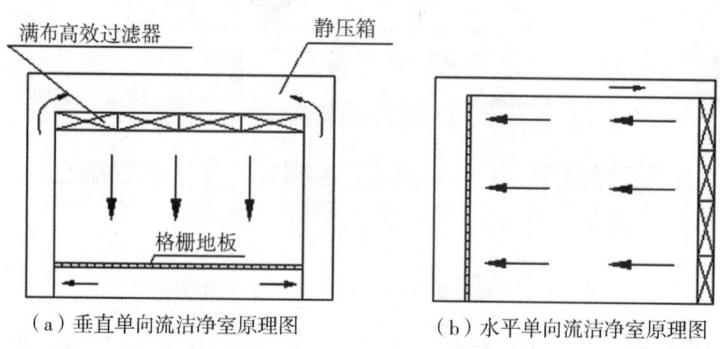

（a）垂直单向流洁净室原理图　　　　　（b）水平单向流洁净室原理图

图 2-4　单向流洁净室原理图[20]

洁净室的流型基本上是上述三种类型,但是实际应用时可演变出很多形式。洁净室可以是单向流和非单向流组合在一起的混合流型,以在局部区域(单向流部分)实现高级别的洁净室。例如,在洁净室中设水平单向流的隧道(一侧敞开),洁净室的其余部分是涡流的单向流流型,从而实现隧道部分达到 5 级以上的洁净度,工作台就设在隧道内。洁净室按受控粒子的性质可划分为以下两种:工业洁净室,即受控粒子为尘埃等非生物粒子的洁净室;生物洁净室,即受控粒子为生物粒子的洁净室。

洁净室要达到洁净等级,必须有综合措施,其中包括工艺布置、建筑平面、建筑构造、建筑装修、人员和物料净化、空气洁净措施、维护管理等。其中空气洁净措施是实现洁净等级的根本保证。就空气洁净而言,主要有以下几项具体措施:对洁净室的送风必须是有很高洁净度的空气。因此,必须选用高效或亚高效过滤器(洁净等级低时)作为终端过滤器,对洁净室的空气进行最后一级过滤。此外,为保护终端过滤器和延长其寿命,必须使空气先经中效过滤器进行过滤。

根据洁净室的等级,合理选择洁净室的气流分布流型,在工作区应避免涡流区;尽量使送入房间的洁净度高的空气直接到达工作区;气流的流动应有利于洁净室内的微粒从回风口排走。有足够的风量,既为了稀释空气的含尘浓度,又保证有稳定的气流流型。不同等级的洁净室、洁净室与非洁净室或洁净室与室外之间均应保持一定的正压值。

洁净室气流组织考虑原则有以下几点：

（1）当产品要求洁净度为 100 级时,选用层流流型；当产品要求洁净度为 1 000～100 000 级时,选用乱流流型。

（2）减少涡流,避免把工作区以外的污染物带入工作区。

（3）为了防止灰尘的二次飞扬,气流速度不能过大。乱流洁净室的回风口不应设在工作区的上部。宜在地板上或侧墙下部均匀布置回风口。

（4）工作区的气流应均匀,流速必须满足工艺和卫生的要求；洁净气流应尽可能把工作部位围罩起来,使污染物在扩散之前便流向回风口。

（5）工作设备布置时要留有一定的间隔,为送、回风口的布置和气流的通畅创造条件；气流组织设计时要考虑高大设备对气流组织的影响。

（6）洁净工作台不宜布置在层流洁净室内。当布置在乱流洁净室时,宜将其置于工作区气流的上风侧,以提高室内的空气洁净度。

（7）洁净室内有通风柜时,其宜置于工作区气流的下风侧,以减少对室内的污染。

2.2.2 洁净室洁净等级

中国的洁净室洁净等级标准和国际标准 ISO 14644 一样,都是根据悬浮粒子浓度这个唯一指标来划分洁净室(区)及相关受控环境中空气洁净度的等级,并且仅考虑粒径限值(低限)在0.1～5.0 μm 范围内呈累积分布的粒子群。根据粒径,粒子可以划分为常规粒子(0.1～5.0 μm)、超微粒子(<0.1 μm)和宏粒子(>5.0 μm)。表 2-2 和表 2-3 所列分别为国际和国内洁净室和洁净区按空气中悬浮粒子浓度的分级标准。

表 2-2 洁净室和洁净区按空气中悬浮粒子浓度的分级标准(国际版)

ISO 等级	大于或等于关注粒径的粒子最大浓度限值/(个/m³)					
	0.1 μm	0.2 μm	0.3 μm	0.5 μm	1 μm	5 μm
ISO 1 级	10	2	--	--	--	--
ISO 2 级	100	24	10	4	--	--
ISO 3 级	1 000	237	102	35	8	--
ISO 4 级	10 000	2 370	1 020	352	83	--
ISO 5 级	100 000	23 700	10 200	3 520	832	29
ISO 6 级	1 000 000	237 000	102 000	35 200	8 320	293
ISO 7 级	--	--	--	352 000	83 200	2 930
ISO 8 级	--	--	--	3 520 000	832 000	29 300
ISO 9 级	--	--	--	35 200 000	8 320 000	293 000

注：按测量方法相关的不确定度要求,确定等级水平的浓度数据的有效数字不超过 3 位。

表 2-3　洁净室和洁净区按空气中悬浮粒子浓度的分级标准(国内版)

洁净度级别	悬浮粒子最大允许数/m³				近似对应传统规格
	静态		动态		
	≥0.5 μm	≥5 μm	≥0.5 μm	≥5 μm	
A 级	3 520(ISO 5)	20	3 520(ISO 5)	20	100 级
B 级	3 520(ISO 5)	29	352 000(ISO 7)	2 900	100 级
C 级	352 000(ISO 7)	2 900	3 520 000(ISO 8)	29 000	10 000 级
D 级	3 520 000(ISO 8)	29 000	不做规定	不做规定	100 000 级

　　需要注意的是:尽管洁净室的空气流速和过滤器类型已确定,但是洁净室的空气质量或在物体表面沉积的颗粒数目并不恒定,往往随着工作区域外部环境的改变而产生很大变化。影响洁净室环境质量的外部因素包括:①工作人员将大量不同粒度的污染颗粒带进洁净室;②用于加工的机器及其零件如齿轮马达等积灰;③洁净室中的空气不能连续更换。洁净室洁净等级要求越高,空气更新应越频繁,一个 100 m² 的工作区域如果达到 100 级,按照常规的送风风速 0.35 m/s、满布率 80% 来计算,其送风量就超过了 100 000 m³/h。如此大的送风量需要使用大功率的风机,同时还要增大冷水机组的容量,这使得初投资和运行能耗增加。因此建造一个高标准的洁净室不仅需要高额的投资,还会有较高的运行成本,而一个相对经济的取代方案是在实验室安装较低标准的洁净室(1 000 级或 10 000 级),在洁净室中安装一个超净工作台,其台面为达到 100 级的工作区域,借以完成芯片制作的一些关键工序。

第 3 节　典型微流体检测芯片制作

　　根据微流体检测芯片制作材料的不同,可以将微流体检测芯片分为玻璃微流体检测芯片、热塑材料微流体检测芯片和纸基微流体检测芯片。玻璃微流体检测芯片具有高耐腐蚀性和优异的光学性能,适用于要求高精确度和光学检测的实验;热塑材料微流体检测芯片具有较低的成本、较强的可塑性和较好的耐压性能,适用于大规模生产和较高压力实验;而纸基微流体检测芯片具有低成本、环保可降解、快速流动和便携性等特点,适用于快速、简单和便携的检测应用,特别适用于资源有限环境和远程地区的实验和检测需求。本节将对以上典型微流体检测芯片的制作方法进行详细的介绍。

2.3.1　玻璃微流体检测芯片的制作

2.3.1.1　玻璃微流体检测芯片的通用制作方法

　　得益于成熟的微电子和微机械加工技术,最早的微流体检测芯片是用单晶硅制作的。之后,研究人员发现相比于单晶硅,玻璃微流体检测芯片具备优良的光学性能和支持电渗流特性,易于表面改性,可直接借鉴传统的毛细管电泳分析技术,因此玻璃材料在微流体检测芯片发展初期受到了高度重视并得到相应发展,至今仍是最广泛使用的芯片之一。

通用的玻璃微流体检测芯片制作方法是采用标准光刻技术,利用湿法刻蚀和高温键合的方法进行制作。传统的玻璃芯片制作方法需要超净环境、复杂的芯片加工设备与技术,以及烦琐且成功率较低的高温键合程序,这使玻璃芯片的加工只能在装备精良的 MEMS 实验室中完成,成本昂贵,因而成为微流体检测分析技术普及的主要障碍之一。近年来,浙江大学微分析系统研究所的研究人员[21]根据我国现有条件发展了一整套无须贵重设备和超净环境,甚至不需高温键合的玻璃芯片加工技术,使玻璃微流体检测芯片可在普通分析实验室中设计并加工。以下将详尽介绍相关技术。

国内已有市售带铬层和光刻胶的铬版玻璃,可作为加工此类芯片的基础材料,以免去许多需要专门设备和条件的烦琐操作。制作步骤:①使用 Corel Draw 或其他绘图软件设计微通道网络,以 2 400 dpi 以上的分辨率,激光照排机输出在透明胶片上代替光掩膜(一般广告公司均可提供此项服务)。在暗室(或经减暗的一般实验室)中将光掩膜覆盖在铬版玻璃基片上,置于光刻机上曝光 50~60 s(需根据光强进行调整)。在操作过程中应避免用手触摸铬版玻璃涂有光刻胶的一面。②曝光后,将玻璃基片浸入 0.7%NaOH 溶液中显影 30 s,立即在流动的去离子水中漂洗干净,置于真空干燥箱中 110 ℃坚膜 15 min。③坚膜后,将玻璃基片置于去铬液(70%高氯酸 104 mL+硝酸铈铵 400 g+水 1 760 mL)中轻轻震荡 2 min 左右。④除去铬层后,放置在流水中冲洗干净,浸入盛有腐蚀液(1 mol/LHF+1 mol/LNH4F)的塑料器皿中,在涡旋混合器上或超声波清洗机中振荡腐蚀,振荡强度影响刻蚀通道表面的光滑程度。基片上通道的深度由腐蚀时间和腐蚀温度决定。⑤将腐蚀好的玻璃基片在流水中冲洗干净,用无水乙醇或 2%NaOH 溶液去光胶,待玻璃表面由红棕色变为亮黄色,取出,冲洗干净。⑥用去铬液除去铬层,露出透明的玻璃表面后,冲洗干净,制成具有微通道网络的基片。⑦按所设计的通道网络裁成小片,在通道端口处用金刚砂钻头打孔,作为储液池,在超声清洗器中清洗数分钟,以除去碎屑。抛光片按基片相应尺寸裁成盖片,基片和盖片浸入浓硫酸中浸泡过夜后,在流动的去离子水中清洗。⑧在水流中将基片和盖片对合,用聚四氟乙烯(Poly tetra fluoro ethylene,PTFE)带固定在刚玉块上,电吹风吹干或置于真空干燥箱中 170 ℃干燥 2 h 后,取出,除去 PTFE 带,连同刚玉块一起放入程序升温马弗炉中,升温至 150 ℃保持 50 min,再升温至 300 ℃保持 60 min,最后升温至 580 ℃高温键合 4 h,降温至 400 ℃保持 60 min 后,关闭马弗炉,制成玻璃芯片。图 2-5 所示为玻璃微流体检测芯片常规制作步骤。

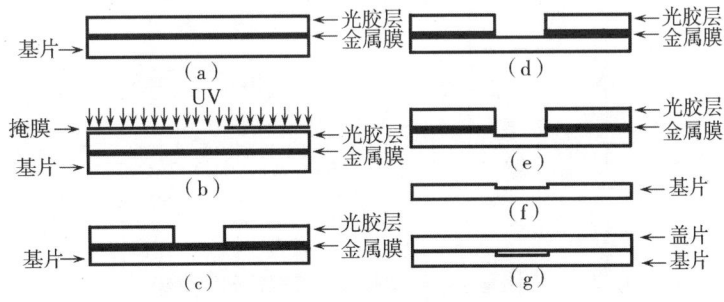

图 2-5　玻璃微流体检测芯片常规制作步骤[21]

(a)在干净且平滑的玻璃基片表面上镀一层金属铬,在铬层上用甩胶机均匀地涂布一层光刻胶;(b)将具有微通道网络的光掩膜覆盖在基片上,用紫外线照射使光胶曝光;(c)显影除去曝光的光刻胶;(d)用去铬液腐蚀去铬层,显出微通道网络的平面二维图形;(e)湿法腐蚀制成具有微通道网络的基片;(f)刻蚀结束后,去除光刻胶和保护铬层;(g)打孔后的玻璃基片和平的玻璃盖片清洗后,高温键合制成玻璃芯片

2.3.1.2 玻璃微流体检测芯片的室温键合制作

玻璃微流体检测芯片的常规制作多采用高温键合方法。高温键合操作复杂,需要超净间及程控高温炉,制作周期长,成功率低,而且常使玻璃表面的光洁度遭到破坏,影响芯片的光学质量。Fang 等人[21]报道了一种简单的室温键合制作玻璃微流体检测芯片的方法,不需要超净间、黏结剂、加压设备和高温炉,由该方法键合的玻璃芯片可承受高电压(8 kV)和液压(2.8 MPa)。玻璃微流体检测芯片室温键合制作步骤如图 2-6 所示:基片和盖片依次用丙酮、家用洗涤剂、高速自来水(10~20 m/s)和乙醇清洗,以除去玻璃表面以及微通道内的固体颗粒和有机污染物。玻璃片用热吹风吹干后,浸泡在浓硫酸中 8~12 h。取出并稍用清水冲洗后,将带微结构的一面基片与盖片平行靠近,相距约 1~2 mm,用高流速(1.3~2.3 m/s)自来水冲洗 5 min,在连续去离子水水流中将两片贴合,贴合后的芯片表面多余的水用滤纸吸去,在室温下放置 3 h 以上。若用吹风机(80~100 ℃)吹干芯片,该过程可缩短为 15 min。

在室温键合过程中需要注意的是基片和盖片键合表面的清洁程度是影响封接成功与否的重要因素。依次用洗涤剂、水溶性有机溶剂(乙醇、丙酮)、浓硫酸、高流速自来水清洗可除去玻璃表面多数污染物,高流速自来水主要是用来除去芯片表面小的固体颗粒,对于仍残留在微通道内的污染物可用蘸乙醇的棉签清除。在浓硫酸中浸泡 8~12 h,可进一步除去残存的有机污染物,并可在玻璃表面形成水解层。玻璃芯片室温键合的机理是由于浸泡在酸或水中的玻璃片表面形成了水凝胶层,使玻璃表面的 Si-ONa 基团转化为 Si-OH 基团。在室温下,具有水解层的玻璃表面紧密接触、放置后,Si-OH 基团脱水生成硅氧烷键,发生缩聚反应。因此在键合前,清洁的、具有水解层的玻璃表面应避免暴露在不清洁的环境中,这对室温键合的质量至关重要。

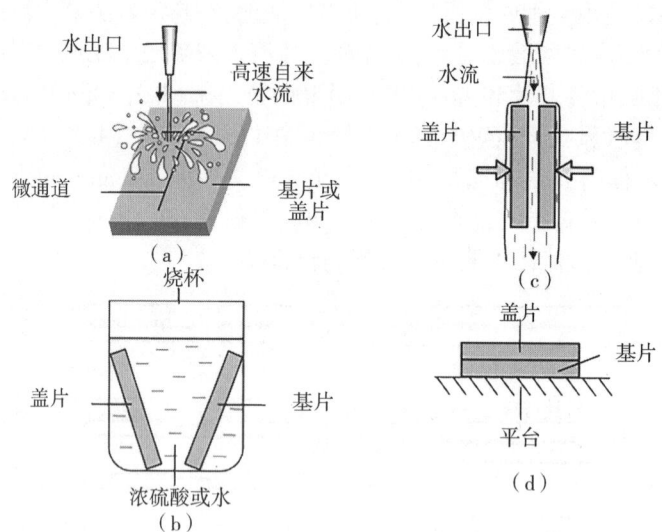

图 2-6 玻璃微流体检测芯片室温键合制作步骤[21]

(a)玻璃基片或盖片用高流速(10~20 m/s)自来水冲洗;(b)玻璃基片或盖片浸泡在浓硫酸或水中;(c)在连续流动的去离子水水流中将基片和盖片对合;(d)在室温下放置 3 h 以上

2.3.2 热塑材料微流体检测芯片的制作

用玻璃材料制作微流体检测芯片具有很多优越性,但聚合物凭借其价格低廉、生物相容性好、生产成本低、可制作一次性使用芯片等优点,成为微流体检测芯片应用最多的材料。制作聚合物芯片的方法较多,复制、浇注、注塑、热压等方法均可在微米尺度范围内加工具有复杂微通道网络的聚合物基片[22]。制作芯片的主要流程如下:①针对特定的应用场景选择不同物理和化学性质的聚合物材料,制作聚合物基片;②将制作的基片与盖片封合,即可形成微流体检测通道;③对通道表面进行改性,提供合适的物理、化学或生物功能,易于溶液的装载。制成疏水性则可用作毛细阀,蛋白质、酶或免疫分子的固定和表面电荷的附着。目前用于制作微流体检测芯片的聚合物主要包括热塑性材料聚甲基丙烯酸甲酯(PMMA)、聚碳酸酯(PC)、聚苯乙烯(PS)等和弹性体聚合物 PDMS,下文将逐一进行介绍。

2.3.2.1　聚甲基丙烯酸甲酯（PMMA）微流体检测芯片的制作

PMMA 微流体检测芯片的简易热压法制作的 PMMA 是最常见的用于制作微流体检测芯片的聚合物材料之一。制作聚合物微流体检测分析芯片的加工技术,主要有 LIGA、浇注法、激光切蚀法和热压法等,前三种方法需要昂贵的设备,操作成本高,技术不易掌握,操作冗长繁杂,不易批量生产。而热压法设备简单,操作简便,制作成本低,可大批量生产。但传统用于塑料工业商品化的热压机价格高,体积大,甚至需要抽真空装置,且技术工艺过于成型,因此不适于在实验室中制作供研究用的分析芯片。杜晓光等人[23]使用了由粉末压片机加温控及冷却水装置改装成的热压装置(见图 2-7),以 PMMA 板为芯片材料,采用镍基阳模、单晶硅阳模和玻璃阳模,建立了 PMMA 微流体检测芯片的简易制作法。现将其要点介绍如下:

(1)将 PMMA 芯片材料,按阳模尺寸裁成小片,洗净,烘干。

(2)如图 2-8 所示,将材料置于阳模上,压紧,压片机升温至 128~135 ℃,加 1.0~1.2 MPa 压力,并保持压力 30~60 s。

(3)通水冷却至近室温,脱模,即可得到带有微通道的基片。整个微通道的压制过程约需 15 min。PMMA 软化点为 105 ℃,为保证阳模上微通道的精确复制,热压温度应在软化点之上,并尽可能高,但不应超过 135 ℃,温度范围以 128~135 ℃ 为宜。若温度过高,PMMA 基片内易产生气泡,表面出现缺陷,影响芯片的透光性能。热压压力范围为 1.0~1.2 MPa。压力过低,则阳模上微通道的精细结构难以得到很好的复制;过高,则过度挤压会使 PMMA 变薄、变脆,并给脱模造成困难。热压温度过低或压力过大都会影响阳模的使用寿命。

(4)将上述基片的边缘因热压而突起的部分切掉,在基片微通道的端点处钻 2 mm 的直径孔,作为储液池。

(5)按基片大小剪裁盖片,将基片与盖片洗净,烘干,置于图 2-7 所示的玻璃片之间,压紧,升温至 88~95 ℃,加 0.8~1.4 MPa 压力后,立即通水冷却至近室温,即可制成微流体检测分析芯片。整个热压封接过程约需 10~15 min。PMMA 芯片的封合是较难掌握的技术。热压封合成功的关键在于温度和压力的控制。温度越高,越易实现封合,但越接近片材软化点;一般基片上微通道的深度仅为数十微米,由于 PMMA 表面软化,即使在很低的压力(0.2 MPa)下,也会使通道变形甚至消失;而温度过低,即使加压 10 MPa 以上,仍不能实现可靠封合。封接温度范围为 88~95 ℃,封接压力范围为 0.8~1.4 MPa。

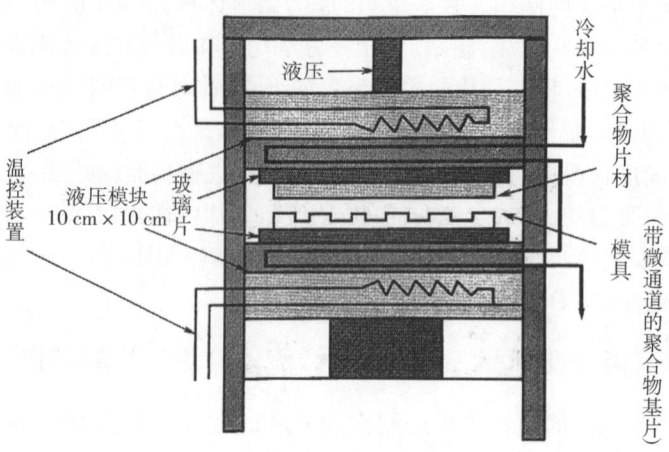

图 2-7　热压装置[23]

PMMA 芯片的水中热封合需要一定的技术条件和经验。Kelly 等人[24]报道了一种易实现的在沸水中封合 PMMA 芯片(见图 2-8)的方法。制作过程如下：①采用标准光刻化学腐蚀制作的硅阳模在 PMMA 片上热压印，制成具有微通道的基片；②PMMA 基片与 PMMA 盖片对合，外置显微载玻片和铝片，用两个 C 型夹夹紧；③浸入沸水中煮 1 h，基片和盖片键合制成 PMMA 芯片。

水中热封合制作的 PMMA 芯片可重复进行缓冲溶液的充入、排出和电泳分离。芯片渗漏压力为 130 kPa，而空气中封合的芯片可承受的压力仅为 60 kPa。在沸水中封合的 PMMA 芯片与传统的在恒温箱中封合的 PMMA 芯片相比，具有以下两个优点：一是温度恒定、均一，封合的重现性好，而且沸水温度与 PMMA(105 ℃)玻璃化温度接近，在此条件下，聚合物具有足够的刚性，在封合过程中可避免通道的塌陷；二是可将一些薄膜(如渗析膜)永久地封合于微流体检测芯片中。带有薄膜的微流体检测微渗析芯片已用于纯化和分流引入质谱中的样品，但基片微通道之间的膜是采用螺栓夹紧的。理想的膜应与微通道形成一体，并避免使用外部硬件支撑。用于热封接的夹膜芯片在使用中其渗析膜经水合作用而膨胀，致使 PMMA 基片和盖片分开，导致微通道渗漏。在沸水中封合夹入微通道的水合渗析膜则无此问题。

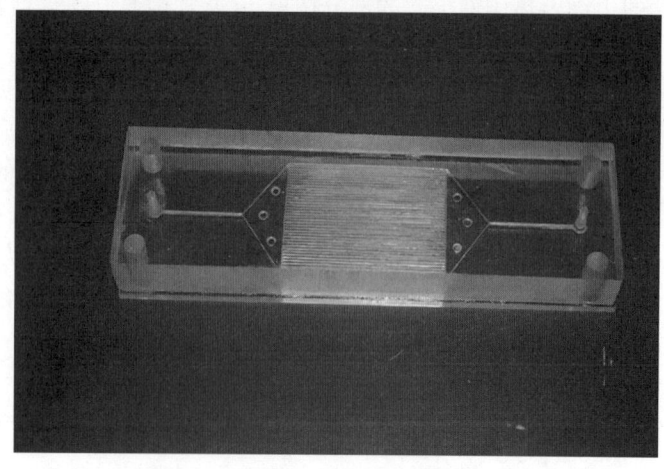

图 2-8　PMMA 芯片[24]

PMMA 芯片的常压光聚合模塑法制作如图 2-9 所示[25]：①将 2 mm 厚的聚四氟乙烯垫圈置于玻璃片与单晶硅阳模之间夹紧，垫圈厚度即为制成芯片的基片厚度；②在垫圈的一边留有直径 1 mm 的孔，用于注入单体溶液。单体溶液是将聚甲基丙烯酸甲酯珠粒（200 μm）溶于甲基丙烯酸甲酯溶液（20/80，质量/体积）中，加入紫外催化剂苯偶姻甲醚（0.15%，质量/体积），引发单体溶液的自由基聚合；③单体溶液充满注塑模具后，进行紫外曝光，在常温常压下，溶液聚合反应完成需 4 h；④将模具置于 40 ℃水中超声 10 min 后脱模，将硅阳模凸起的微通道网络转移至 PMMA 基片上；⑤将具有微通道的 PMMA 基片钻孔、清洗后，与 125 μm 厚的 PMMA 盖片对合，置于两玻璃片之间，夹紧，放入恒温干燥箱中，在 108 ℃下加热 10 min，制成 PMMA 芯片。

常压光聚合模塑法的优点包括预塑物的自由流动更能精确复制硅阳模上的微结构，脱膜后不会由于张力的变化，引起通道构型的改变，而且在注塑过程中不需要加压或升温，对硅阳模无损坏[26]。硅阳模和 PMMA 基片上十字通道交叉处的扫描电镜图表明，硅阳模上的微通道被精确复制于 PMMA 基片上，且通道表面十分光滑。用一个硅阳模复制制作了近 100 个 PMMA 芯片，取其中的 8 个研究了复制通道的重现性。通道下底宽、上底宽和深的 RSD 分别为 1.32%、1.46%、4.73%[27]。常压光聚合模塑法也适合于其他可光引发聚合的聚合物，且方法简单，可用于低成本、大批量芯片的制作。

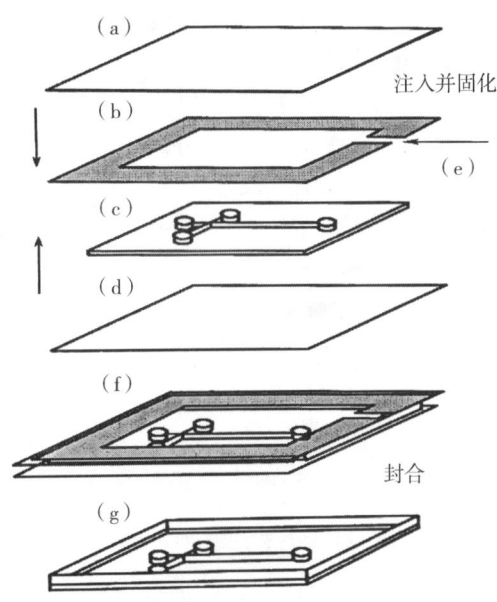

图 2-9　PMMA 芯片的常压光聚合模塑法制作示意图[25]

（a）玻璃片；（b）聚四氟乙烯垫圈；（c）单晶硅阳模；（d）玻璃片；（e）溶液注入口，将上述各片对合，夹紧，注入单体溶液后紫外曝光聚合；（f）脱膜，制成具有质通道的 PMMA 基片；（g）热封合制成 PMMA 芯片

2.3.2.2　聚碳酸酯（PC）微流体检测芯片的制作

PC 也是最常见的用于制作微流体检测芯片的热塑性聚合物材料之一。PC 微流体检测芯片的加工方法主要包括注塑成型和热压成型两种常见方法。注塑成型需要设计专门的注塑模具，适合大规模生产，具有高度自动化和结构复杂的优势，但初始投资较高。热压成型适合小规模生产和研究实验室使用，具有低成本和灵活性的优势，但制造周期较长且对芯片结构有一

定的限制。本节将介绍两个热压法制作 PC 芯片的详细步骤。

Liu 等人[28]采用热压法制作了 PC 芯片,并用于 DNA 片段分离和载玻片 PCR 扩增。该法采用硅基阳模步骤如下:

(1)将 5 mm 厚的玻璃片置于热压机加热板上,以提供平滑的接触面。

(2)将硅阳模放在玻璃片上,加热至 188 ℃,将适量的 PC 粉末置于硅阳模中心处,取一平镍板放在 PC 粉末上,操纵上加热板下降并与镍板接触,PC 粉末边熔化边缓慢加压。

(3)当 PC 层厚度达到 1 mm 时,将两加热板分开,将 PC 片和硅阳模从热压机中取出,室温冷却 90 s。

(4)冷却后,具有微通道结构的 PC 基片与硅阳模和镍板剥离。整个加工过程约需 3 min。

(5)将 PC 基片与盖片对合放在两不锈钢板之间,置于具有抽真空和冷却功能的金属封合室内,加 5.33 Pa(4×10^{-2}Torr)真空。

(6)将封合室放入热压机内,加 4 t 压力,134 ℃热封接 10 min,封合室冷却 10 min 至 80 ℃后,制成 PC 芯片(见图 2-10)。

图 2-10 显示芯片为双 T 型,通道深均为 30 μm。分离通道宽 50 μm,其他通道宽 200 μm,这种设计增加了分离通道的电压降,有利于高效地利用电场。通道截面为梯形,这有利于成型后的脱膜。事实上,热封接成功与否的关键在于封合温度和压力。如果压力过高,熔化的 PC 材料可被挤入微通道,使通道构型发生改变或堵塞通道。而热封合的有效性则需通过在微通道网络内注入荧光染料来进行验证,观察有无渗漏发生。热封合方法的优点是制作的芯片不需要使用胶黏剂或层压膜,芯片的基片和盖片均为 PC 材料,这可以避免芯片基片和盖片材料的不同导致的 EOF 不匹配引起的区带变宽,使电泳分离效能下降的问题。

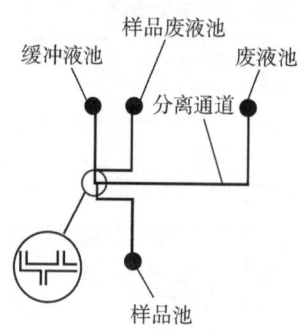

图 2-10　PC 芯片微通道网络示意图[28]

Buch 等报道了在 PC 芯片上利用温度梯度凝胶电泳进行 DNA 变性分析[29]。该 PC 芯片具有十个独立的微通道网络(见图 2-11),通道长 6 μm,宽 60 μm,深 30 μm,采用两种温度控制装置,一种是利用外置铝加热块提供温度梯度,另一种是在 PC 芯片上集成微加热器和温度传感器。PC 芯片的制作采用的是热压法,详细步骤如下:

(1)将标准光刻法制作的硅阳模与厚 1.5 mm、直径 9 cm 的 PC 片对合,外置两玻璃片,放在热压机上下两加热板之间,于 160 ℃加 2.07 MPa(300 psi)压力 5 min。

(2)制成的 PC 基片在通道端口处钻孔后,与 PC 盖片对合,置于两玻璃片之间,放入热压机中,于 140 ℃加 6.21 MPa(900 psi)压力 5 min,进行热压封合。

(3)在空白 PC 片上蒸发沉积 20~100 nm 厚的钛层,在钛层上采用平版印刷技术制作微加热器和传感器阵列。

(4)在钛层上再蒸发沉积 0.5 μm 厚的金层,用作低阻抗导线和接头。

(5)在集成组件上沉积 5~10 μm 厚的聚对二甲苯层,将具有微通道网络的 PC 基片用 25 μm 厚低密度聚乙烯/尼龙层压膜封合,固定在加热片上制成集成温度梯度功能的 PC 芯片。此芯片用于温度梯度凝胶电泳分离了 5 种变性 DNA 片段。分析时间较传统毛细管电泳显著缩短。

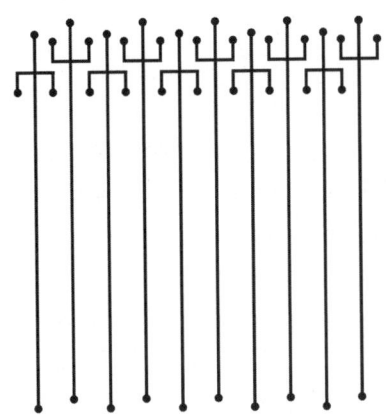

图 2-11   十个独立的微通道网络微流体检测芯片示意图[29]

2.3.2.3   PDMS 微流体检测芯片的制作

在所有的用于制作芯片的聚合物中,PDMS 最为常见。PDMS 是软聚合物,具有良好的物理和化学性质,和微流体检测芯片有关的性能包括:

(1)单体可低温聚合;

(2)具有弹性,从微模具中取出时不破坏阳模,可延长阳模的使用寿命;

(3)光学透明度高,可透过 280 nm 以上的光,用于检测的波长范围宽;

(4)生物惰性,无毒性,可用于细胞固定;

(5)可透过气体,在封闭体系中,可为细胞培养提供氧气;

(6)表面可进行多种化学处理;

(7)低导电性;

(8)可与其他材料,如玻璃、聚苯乙烯等封合制成杂交芯片;

(9)易加工,成本低,适于制作一次性芯片。

在组件集成和外界接口方面,PDMS 较其他硬性材料制作的系统更为方便和简单,并可方便地制作多层微流体检测系统。最近几年以 PDMS 为芯片材料的微流体检测分析的研究迅速增加,PDMS 在微流体检测技术中,是目前用途最广的材料之一。PDMS 的缺点是形成的微结构不如其他坚性材料稳定,同时由于 PDMS 含—O—Si(CH$_3$)$_2$—基团,而 CH$_3$ 基团使表面疏水,疏水导致基材对水溶液的润湿性差,表面易非特异性地吸附蛋白质和细胞,这是 PDMS 芯片的另一个缺点。这里通过一个制作流程来举例说明 PDMS 芯片的制作方法[30~32]。流程如下:

(1)采用 CAD 设计微通道网络,将其打印在透明胶片上作为掩膜。

(2)采用 5 080 dpi 的激光照排机输出可获得 25 μm 的横向分辨率。若采用 20 000 dpi 的照相绘图仪输出,横向分辨率为 14 μm(若采用铬板掩膜,分辨率可低于 8 μm,但掩膜制作时间长,费用高),胶片作为在紫外曝光制作阳模中的光掩膜。

（3）硅阳模表面用氟化的硅烷化试剂处理,以防止与 PDMS 永久键合。

（4）PDMS 预塑体(单体/固化剂 10:1 混合)覆盖模具后于 70 ℃ 固化 1 h 左右,然后将固化的 PDMS 从阳模剥离,制成具有微通道的基片,PDMS 上用打孔器钻小孔作为溶液的进出口。

PDMS 芯片所用阳模的制作方法是:

在硅片上甩涂一薄层光刻胶(如光固化 SU-8,采用不同类型、黏度的 SU-8,胶层厚度可控制在 1~300 μm 之内[30~32]);

待光刻胶烘干后将紫外线通过光掩膜使光刻胶曝光,未曝光区域则用显影液溶解;

溶解后硅片以及其表面上剩下的凸起 SU-8 结构即可制作 PDMS 基片的阳模。

PDMS 芯片的封接可分为可逆封接和永久封接。将 PDMS 基片与其盖片或其他平的表面对合,靠 PDMS 的自然黏合力可形成可逆封接,可承受压力为 34.47 kPa(5 psi),此结合强度可满足一般应用要求。可逆封合的 PDMS 芯片是可拆卸的,这类芯片多用于表面固定蛋白质、细胞或生物分子。如在对合前对 PDMS 的两表面或其他平的表面用等离子体氧化处理,则可实现与 PDMS、玻璃、单晶硅、聚苯乙烯等永久封接,承受压力为 206.84~344.74 kPa(30~50 psi)。在室温条件下,PDMS 所形成的封接不漏水。一个阳模可复制多个 PDMS 基片,且制作可在普通实验室条件下完成,不需要昂贵的超净间。

2.3.3 纸基微流体检测芯片的制作

在基底材料的发展过程中,单晶硅由于其强度和散热性好以及纯度高和耐腐蚀等特点,成为最早使用的基底材料,尤其是随着微电子行业的迅速发展,用硅做基底的技术逐渐完善。但硅价格高昂,又具有易碎、绝缘性差和透光性不强等缺陷,使它在芯片中的应用受到限制。随后使用的石英和玻璃克服了单晶硅的一些缺点,具有较好的光学性质、电渗透性和生物相容性,成为制备微流体检测芯片的主要基底材料。这两种材料的通道加工方法主要是刻蚀法和光刻法,由于这两种方法涉及大量实验步骤,费时费力,因而逐渐也被人们舍弃。近年来,高分子聚合物,如 PDMS、聚对苯二甲酸乙二醇酯(Polyethylene terephthalate,PET)和 PMMA 等凭借透光性好、配方可以更改和易于生产规模化等特点,逐渐成了微流体检测芯片主要的基底材料。但由于高分子聚合物材料制作工艺较为复杂,同样没有得到广泛应用。事实上,用纸作为微流体检测芯片的基底,制作简单、成本低廉且能够满足检测要求,具有重大意义,因此纸基微流体检测芯片是微流体检测技术研究的前沿领域。相对于传统微流体检测芯片,用纸张作为基底的微流体检测芯片具有如下优点:①成本低,市场初步投资低,便于推广应用;②一次性处理,易于使用和存储,同时也方便运输;③柔韧性好,方便印刷,易于折叠,可形成三维结构;④具有生物可降解性和生物相容性。除上述优点之外,基于纸张的芯片具有微型化的潜力,也无须外置流体驱动装置,可以利用自身的毛细力输送流体,只用相对少量的样品就能实现大规模生产的目的。

自 Whitesides 课题组最早提出了 μPADs(Microfluidic paper-based analytical devices)的概念以来,纸基微流体检测芯片加工方法多种多样,技术也日趋成熟[33]。纸芯片上的功能部件主要包括:用于样品引入的入口、用于防止液体扩散的屏障、用于引导液体流动的微通道以及用于化学或生化反应的出口。大多数 PAD 的制造都涉及在亲水性纸质基质中通过化学修饰或物理沉积来构建疏水性屏障,以便在微通道中提高分析物和试剂的液体流动性,并防止液体在周围环境中混合或泄漏,从而达到了多重分析且不会造成相互混合污染的目的。许多学者提出了多种制造 μPAD 的方法,包括光刻、蜡印、等离子处理、化学气相沉积、刻蚀、绘图、丝网印刷、喷墨打印、激光处理等。其中,有些方法是物理过程,例如喷墨打印和绘图;有些方法是化学过程,例如等离子体处理和光刻;有些方法是环保工艺,例如蜡印;有些方法需要在加工过程中使用或产生有毒物质,例如光刻;有些方法适合于批量生产,如喷墨打印。总之,每种方法都适用于某些特定的应用,但也都存在各自的局限性。

2.3.3.1 常见制作方法

光刻法:Whitesides 课题组最先应用激光光刻胶方法制得微流体检测纸基芯片。将滤纸浸泡在 SU-8 光刻胶溶液中,取出后放置在 95 ℃烘箱中烘烤 5 min,曝光在紫外灯下聚合,95 ℃烘干,使纸基与光刻胶发生交联聚合反应,形成疏水屏障。未曝光的光刻胶用丙二醇甲醚醋酸酯浸泡去除,并用异丙醇清洗滤纸,得到高分辨率图案。但此种方法制得的芯片不耐折叠且制作成本高。随后 Martinez 提出了 FLASH 快速光刻的方法,该方法基于光刻技术,但仅需使用紫外线灯和加热板,不需要洁净室或特殊设施[33]。Martinez 将光刻胶均匀地散布在纸上,把纸夹在黏性透明膜和黑纸之间并暴露于紫外线中,然后在加热板上加热纸张,最后用丙酮和异丙醇冲洗纸张,并在适宜条件下干燥。该方法成了光刻 μPADs 的制造基础。He 等人[34]使用台式立体光刻 3D 打印机来制作 μPAD,这种方法被称为动态掩模光固化(DMPC)。在此过程中,首先将滤纸浸入紫外线树脂中以均匀覆盖,然后通过具有负通道图案的动态掩模将滤纸暴露于紫外线下。固化后,暴露于紫外线的区域变得高度疏水,形成了疏水屏障。最后,用无水乙醇洗涤纸除去未固化的树脂。尽管图案复杂,但该方法仅需 2 min 即可制作μPAD,同时该方法成本低且容易操作。

蜡印法:蜡是一种廉价的疏水材料,由于可以通过多种方法应用于纸张,因此已广泛用于制造 μPAD,图 2-12 所示即为蜡印法制作的 μPAD。2009 年,Lin 等人[35]首次提出了用蜡印的方法制造 μPAD。使用固体蜡印刷机将设计的图案在滤纸上印刷蜡,然后将印刷的蜡在烤箱中熔化,详见图 2-12(a)。由于滤纸的多孔结构,蜡会渗入纸中,从而在纸上形成轮廓分明的微通道。整个过程很简单,只需要蜡印机和烤箱即可。但是用这种方法制造 μPAD 的分辨率仅限于毫米级。

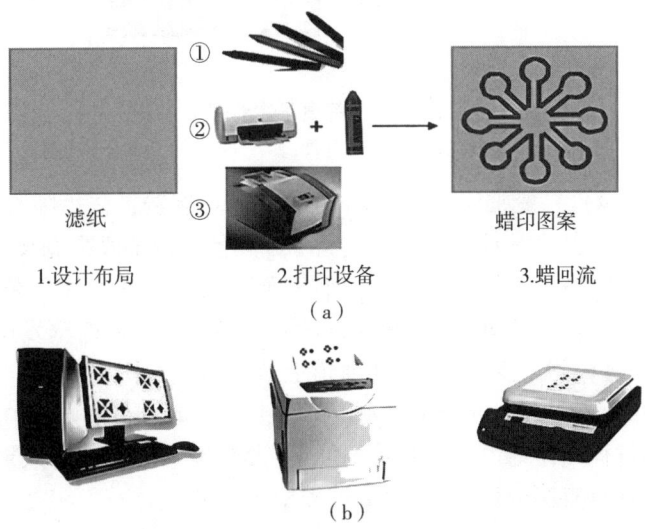

滤纸   ①   蜡印图案

1.设计布局   2.打印设备   3.蜡回流

(a)

(b)

图 2-12 蜡印法[35]

等离子体处理法(见图 2-13):等离子体处理技术加工微流体检测纸芯片一般是将纸基芯片浸泡在含疏水试剂的溶液中,再用等离子体处理恢复纸基芯片进样区域与测试区域的亲水性。Li 等人[36]进行的实验流程如下:

(1)利用烷基烯酮二聚体(AKD)的疏水性质,先将纸基芯片浸泡在 AKD 溶液中,使之与纸纤维表面的羟基基团发生反应;

(2)把芯片取出并放置在通风橱中蒸发庚烷,再将滤纸在烘箱中加热以固化形成疏水薄层,从而使纸具有疏水性;

(3)将滤纸夹在具有所需图案的两个金属掩模之间,露出纸基芯片的进样区域与测试区域,然后放入真空等离子体反应器中处理,暴露的区域将恢复亲水性。

此种方法可再次降低纸基芯片的成本,且不改变滤纸的柔韧度,但是两片镂空金属并合时难以保证边缘区域不被等离子体处理,而无形中扩大了纸基的测试范围。Kao 等人[37]使用碳氟化合物等离子体聚合来制造 μPAD,将滤纸紧密地夹在两个掩模,即正掩模和负掩模之间。然后将三明治夹层放置在等离子系统中,以便碳氟化合物可以穿透纸张以建立疏水性屏障。

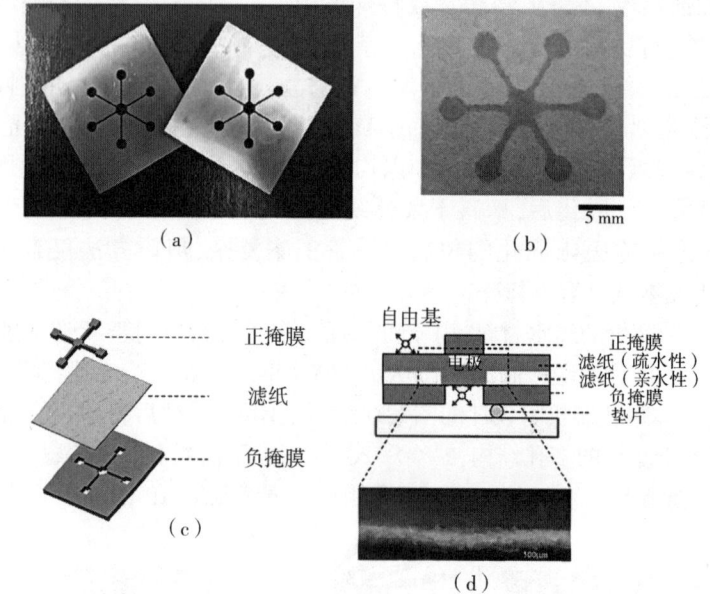

图 2-13 等离子体处理法
(a),(b)金属掩模等离子体处理;(c),(d)氟碳等离子体处理

刻蚀法(见图 2-14):一般来说,刻蚀是半导体的一种制造工艺。随着微制造工艺的发展,刻蚀已成为通用名称,其通过使用溶液、反应离子或其他机械手段来剥离或去除材料。Abe 等人[38]使用喷墨刻蚀技术制造了 μPAD。该过程开始于将一张滤纸在聚苯乙烯浓度为 1.8wt%的甲苯溶液中浸泡 2 h,然后将处理过的滤纸从溶液中移出,在溶剂蒸发后其变为疏水性。接下来,使用喷墨打印机在测试线、控制线和通道上对甲苯进行图案化,重复 10~20 次,以去除沉积在这些区域中的聚苯乙烯,形成了疏水屏障和亲水通道。在该方法中,将聚苯乙烯通过甲苯从滤纸上剥离的过程叫作刻蚀。甲苯是刻蚀剂,带有聚苯乙烯的滤纸被刻蚀。尽管通过这种方法制得的 μPAD 具有高分辨率,但制造过程相当复杂。

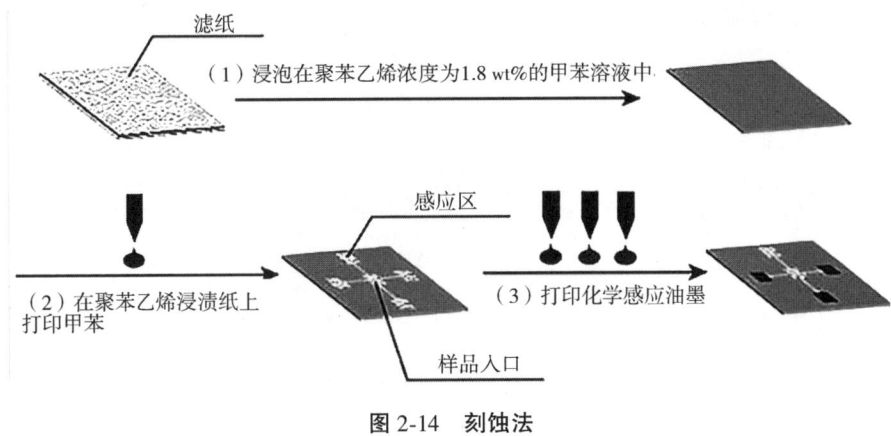

图 2-14　刻蚀法

2.3.3.2　其他方法

化学气相沉积法：Haller 等人[39]首次报告了使用功能性聚合物的化学气相沉积法制备μPAD，如图 2-15（a）所示。随后，Demirel 报告了使用气相沉积纯聚合物制造 μPAD 的类似方法，如图 2-15（b）所示[40]。在 Demirel 的实验中，滤纸是被夹在金属掩膜和磁体之间的，具体的做法是：将适量的单体放入真空室中，然后将单体蒸发并通过热解转化为自由基单体，随后将它们沉积并聚合到纸的暴露区域上以形成疏水性屏障。Haller 等人也使用这种方法来制造μPAD，两种方法之间的唯一区别是使用了不同的聚合物，而 Demirel 用的是 1H、1H、2H、2H－全氟癸基丙烯酸酯的含氟聚合物涂层。

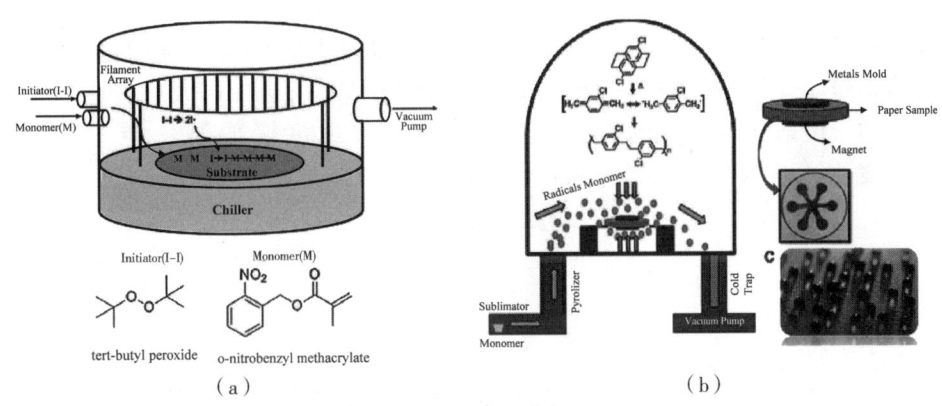

图 2-15　化学气相沉积法

绘图法（见图 2-16）：2008 年，Whitesides 课题组将正己烷稀释后的聚二甲基硅氧（PDMS）溶液用作绘图仪的墨水，将 PDMS 溶液印刷到滤纸上，等到 PDMS 在纸基芯片表面冷却、固化后，在图案选定区域形成疏水屏障，其他区域则保持滤纸原有的亲水性，维持了滤纸本身的柔韧性。该方法所得到的 μPAD 具有柔韧性并且成本低廉。制造 μPAD 更简单的方法是用蜡笔作为原材料绘制：首先，在一块滤纸两面用蜡笔绘制所需的图案；然后，将处理过的滤纸放在150 ℃的烤箱中约 5 min，蜡图案熔化并渗透到纸上，在纸上形成疏水壁。2016 年报告了一种类似的方法来制造 μPAD。这两种方法的区别在于，Nuchtavorn[41]使用了技术绘图笔来代替蜡笔，台式数字工艺绘图仪可以在几秒钟内用多种设计方案在纸张上迅速形成疏水性屏障，且不需要额外装置执行加热步骤。

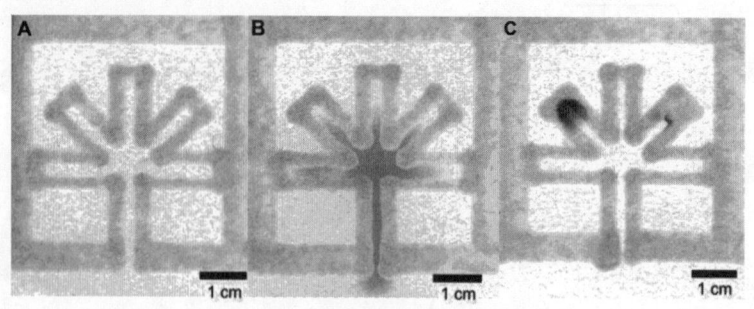

图 2-16　绘图法制作的纸基芯片

　　喷墨打印法(见图 2-17):Shen 等人[42]已经改进了先前所描述的等离子体处理方法。现在此种方法可用于通过喷墨印刷制造 μPAD。滤纸是使用采用 AKD 庚烷溶液进行打印的,使用的是经重构的商用数字喷墨打印机。然后,将印刷纸在 100 ℃的烤箱中加热 8 min,从而将 AKD 固化到纤维素纤维上。纸张干燥后,就标志着 μPAD 制作完成。与等离子处理方法相比,喷墨印刷方法无须掩模,具有简单且便宜的优点。Wang 等人[43]在使用喷墨印刷制造 μPAD 时,将甲基倍半硅氧烷(MSQ)与蜡和 AKD 这两种疏水性阻隔材料进行了比较。作者发现,只有侵蚀性细胞裂解液和表面活性剂溶液这两种溶液不会破坏 MSQ 壁垒,由此证明 MSQ 更适合于制造 μPAD。Komuro[44]使用与 Shen 类似的喷墨打印方法制造 μPAD,不同之处在于使用了由不挥发和不易燃的化合物组成的疏水性 UV 来固化丙烯酸酯组合物,以此替代了 AKD。在纸上印刷特殊油墨后,将纸在紫外线下固化 60 s 形成疏水性屏障。He 等人[45]采用全氟辛基三乙氧基硅烷和原硅酸四乙酯作为疏水墨水,通过控制喷墨印刷的疏水墨水量,使纸基材一面具有超疏水功能化,另一面则具有超亲水性,实现了具有高精度的 Janus 纸芯片的制造。通过喷墨打印,可以一次将不同类型的试剂都沉积在纸上,这在 μPAD 的批量生产中是很有希望完成的。但是,携带试剂的改性油墨仍需仔细设计,以免堵塞喷嘴。同时,在成为大规模制造方法之前,仍需要对疏水油墨的配比进行进一步探究。

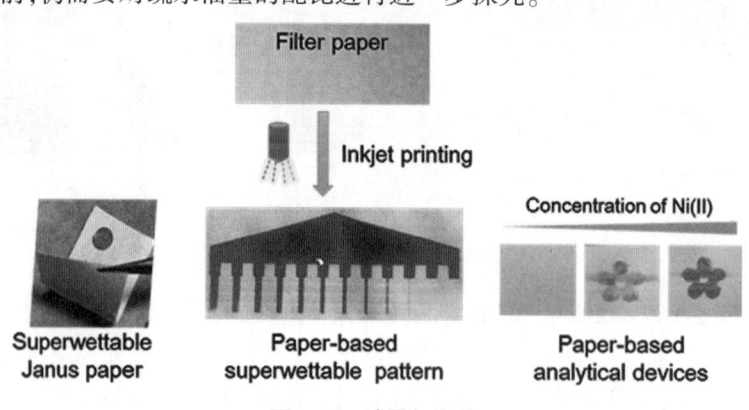

图 2-17　喷墨打印法

　　激光处理法(见图 2-18):激光处理已广泛用于 μPAD 的制造中,许多研究人员已使用不同种类的激光处理方法来制造 μPAD。该方法需要使用昂贵的设备和仔细地处理,这限制了其使用。常见的蜡印刷技术构建纸芯片通常需要两个步骤:首先使用蜡印机在纸面上印刷蜡像;然后通过额外的加热设备将蜡熔化。Zhou[46]使用小型 CO_2 激光机进行激光加热蜡印(LH-

WP)方法制作蜡制图案的纸制设备。它将蜡印技术的两步融为一步,使用激光机加热纸表面上的蜡涂层,产生图案化疏水性屏障。Nie 等人[47]用 CO_2 激光切割和烧蚀蚀刻法制造 μPAD。这首先需要将硝酸纤维素底物夹在两个薄聚合物层之间。然后,使用 CO_2 激光机选择性地去除材料以限定通道。最后,去除保护层,即可使用纸网络。

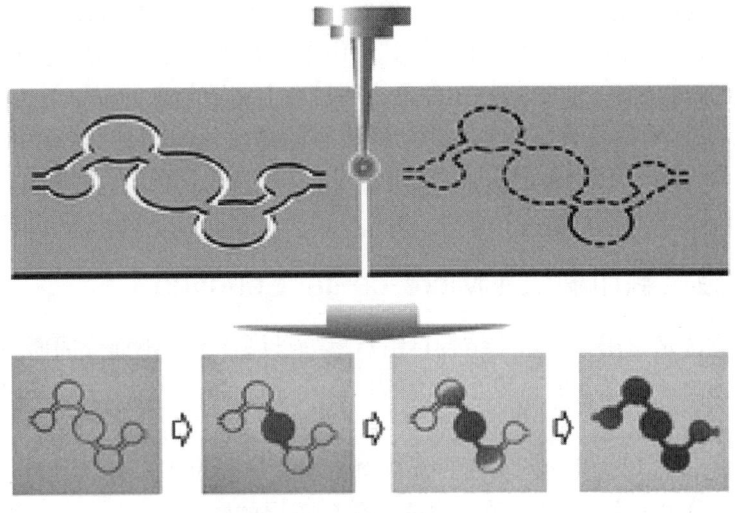

图 2-18   激光处理法

第 4 节   新型芯片制作方式

2.4.1   模塑法(Cast molding)

用光刻和刻蚀的方法先制出阳模(所需通道部分突起),然后浇注液态的高分子材料,将固化后的高分子材料与阳模剥离就得到具有微通道的芯片,这种制备微芯片的方法称为模塑法[48]。模塑法制作微流体检测芯片的关键在于模具和高分子材料的选择。微模可由硅材料、玻璃、环氧基 SU28 负光胶和 PDMS 等制造而成[49]。通过光刻可在 SU28 负光胶上得到高深宽比(20∶1)和分辨率高达几微米的图形,经显影烘干后可直接作模具用;用 PDMS 浇注于由硅材料、玻璃等材料制作的母模上可制得 PDMS 模具。浇注用的高分子材料应具有低黏度、低固化温度,在重力作用下,可充满模子上的微通道和凹槽等处。可用的材料有两类:固化型聚合物和溶剂挥发型聚合物。固化型聚合物有 PDMS 硅橡胶、环氧树脂和聚氨酯等,将它们与固化剂混合,固化变硬后得到微流体检测芯片;溶剂挥发型聚合物有丙烯酸、橡胶和氟塑料等,通过缓慢地挥发去溶剂而得到芯片。模塑法虽限于某些易固化的高分子材料,但该法简便易行,芯片可大批量复制且不需要昂贵的设备,是一个可以制作廉价分析芯片的方法。但此类芯片的微流体检测行为研究尚少,其实用价值尚待研讨。

2.4.2　软刻蚀（Soft lithography）

近年来,以哈佛大学 Whitesides 教授研究组为主的多个研究集体[50],以自组装单分子层（Self-assembled monolayers,SAMs）、弹性印章（Elastomeric stamp）和高聚物模塑（Molding of organic polymers）技术为基础,发展了一种新的低成本的微细加工新技术——软刻蚀。软刻蚀技术的核心是图形转移元件——弹性印章。其制作方法有微接触印刷法、毛细微模塑法、转移微模塑法、微复制模塑法等。它不仅可在高聚物等材料上制造复杂的三维微通道,而且可以改变材料表面的化学性质,因此有可能成为生产低成本的微流体检测分析芯片的新方法。制作弹性印章的最佳聚合物是 PDMS。其具有以下特点:表面自由能低,化学性质稳定,与其他材料不粘连;与基片正交接触严密,容易取模;柔软,易变形,弹性好,可在曲面上复制微图形。

2.4.3　微接触印刷法（Micro-contact printing）

微接触印刷法是指用弹性印章结合自组装单分子层技术在平面或曲面基片上印刷图形的技术。自组装单分子层是含有一定官能团的长链分子在合适的基片上自发地排列成规整的结构以求自由能最小[51]。已确定的自组装单分子层体系有烷基硫醇在金银等造币金属表面和烷基硅氧烷在玻璃、硅、二氧化硅表面等。自组装单分子层的厚度为 2~3 nm,通过增减烷链中的亚甲基数目可在 0.1 nm 的精度范围内改变单分子层的厚度。

首先用光刻等技术制备有关图形的模具,再将 PDMS 浇注在模具上即可制得弹性印章。在印章的表面涂上烷基硫醇墨水后,能够使用印章在金银等金属表面印出微图形。在此过程中,硫醇分子自动排列成规整的结构以求自由能最小,具有自动愈合缺陷的趋势,可减少印刷缺陷并保证印刷清晰度。印刷后的表面可用化学腐蚀或化学镀层的方法使图形显见。若把印章做得很薄并将其贴在辊筒表面,则成为微印刷辊,能提高印刷的效率及印刷大面积的图形。微接触印刷法能很方便地控制微通道表面的化学物理性质,在微制造、生物传感器、表面性质的研究上有很大的应用前景。

2.4.4　有机聚合物模塑法（Molding of organic polymers）

有机聚合物模塑法包括毛细管微模塑法（Micro molding in capillaries,MIMIC）、微转移模塑法（Micro transfer molding,μTM）和复制模塑法（Replica molding,RM）等。毛细管微模塑法是由弹性印章上的微通道与基片之间构成了贯通的毛细管网络,将高分子预聚物（例如紫外固化的聚脲和热固化的环氧）滴在网络的入口,在毛细作用下预聚体会被吸入通道网络,固化后可得到与印章上微通道凹凸互补的微结构。微转移模塑法是在弹性印章上的凹槽内填满高分子预聚物,将其扣在基片上,固化后,移去模子,在基片上就印上了由高分子材料构成的图形。目前 μTM 已用于制作光学波导管,采用紫外光固化聚氨酯,用 μTM 做出微米级的波导管后,在其上浇注一层覆盖层,通过控制紫外光照时间而控制波导管和覆盖层的光学指数差,即能方便、快速地控制波导管的光耦合效果。微复制模塑法是通过在弹性印章上直接浇注聚氨酯等高分子材料得到微结构的方法。此方法可有效地复制尺寸为 30 nm 到几厘米的微结构。用氧等离子体处理高分子材料表面使其表面改性,得到的毛细管功能通道可用于电泳分离等方面的研究。

软刻蚀以模塑为基础,具有简单、经济、保真度高等优点,它可用于在聚合物、无机和有机盐、溶胶和凝胶、陶瓷和碳等材料上加工微结构,已用于制备微光栅、聚合物波导管、微电容和微共鸣器等。而光刻则只能在光胶这一类聚合物上加工微结构。

2.4.5 激光切蚀法（Laser ablation）

激光切蚀法是一种利用激光加工技术制作微流体检测芯片的方法。它利用激光器产生的高能量光束，通过对材料进行局部加热和蒸发，实现对芯片内部通道结构的切割和形成。制作微流体检测芯片的步骤如下：①根据实际需要，设计芯片内部的通道结构和连接方式；②选择合适的材料，通常使用的是玻璃、石英等透明材料，以便观察和控制内部流动情况；③确保设备的参数调整正确，将材料置于激光加工设备中，用紫外激光使可降解高分子材料曝光，根据设计好的芯片结构，在材料表面逐步切割出通道和结构；④对芯片进行检验，确保通道和结构的质量，然后进行清洗，用压力吹扫去除降解产物，去除切割过程中产生的杂质和残留物；⑤将制作出来的带有微通道的基片和另一片打好孔洞的盖片热黏合就得到所需的芯片。

激光切蚀法精度和效率都比较高，不需要直接接触材料，避免了传统加工方法中可能导致的物理损伤。激光切割还可以根据需要进行灵活的设计和调整，以满足不同的芯片结构需求。但激光切割设备的价格较高，对于一些小型实验室或企业而言需要很高的成本投入。此外激光切割主要适用于透明材料，对于其他类型的材料加工效果不佳，而且可能会导致切割表面的粗糙度增加，需要额外的处理来改善表面质量。目前激光切割法主要用于在聚甲基丙烯酸甲酯、聚碳酸酯等可光解高分子材料上加工微通道[52]。

2.4.6 LIGA 技术

LIGA 技术是一种用于制造微流控芯片的加工技术。LIGA 是德语单词"Lithographie，Galvanoformung，Abformung"的缩写，意为光刻、电镀和模压。它是一种通过光刻、电镀和模压的组合工艺，将金属或聚合物材料制作成具有微米级结构的芯片。LIGA 技术由光刻、电铸和塑铸三个环节组成[53]。第一步为同步辐射深度 X 光曝光，可将掩膜上的图形转移到有几百微米厚的光刻胶上，得到与掩膜结构相同、厚度为几百微米、最小宽度为几微米的三维立体结构。电铸可采用电镀的方法，利用光刻胶下面的金属进行电镀，先将光刻胶图形上的间隙用金属填充，形成一个与光刻胶图形凹凸互补的金属凹凸版图，再将光刻胶及附着的基底材料除掉，就得到铸塑用的金属模具。通过金属注塑版上的小孔将塑料注入金属模具腔体，加压硬化后就得到与掩膜结构相同的塑料芯片。通常以聚甲基丙烯酸甲酯作为塑铸材料。

LIGA 技术具有以下特点：①可以实现非常高的分辨率和精确度，能够制作多层结构的芯片，可以实现更复杂的通道和结构设计；②可以批量制造芯片，提高生产效率和工艺一致性；③可以使用多种材料，包括金属和聚合物，以满足不同应用的需求；④制造设备和工艺较为复杂，成本较高；⑤制造周期较长，需要进行多个步骤的加工和处理。

LIGA 技术在微流体检测芯片制作领域得到了广泛的研究和应用，目前主要用于生物医学领域的细胞分析、基因测序和药物筛选。研究者们不断改进和优化 LIGA 技术的工艺参数和材料选择，以提高加工精度、降低成本和缩短制造周期。同时，还有研究者探索将 LIGA 技术与其他加工技术相结合，如 3D 打印和纳米制造，以实现更复杂的微流体检测芯片结构和功能。

本章小结

  微流体检测芯片的制作材料及制作技术是微流体检测实验室的核心,为微流体领域的研究和应用提供了关键的技术基础和重要支持。本章分别从芯片制作材料、制作环境和制作技术三个方面介绍了当前主流的微流体检测基础技术。经过数十年的发展,芯片制作材料已经发展为全面系统的多种类芯片基材。本章通过对硅、弹性高分子聚合物、纸等主要制作芯片材料的详细介绍,为读者对比分析了常用的微流体检测芯片检测材料的性能。其中弹性高分子聚合物材料较多,主要包括PMMA、PC和PDMS材料。芯片制作环境是保证芯片质量的关键,这就需要通过洁净室来实现。本章不仅介绍了洁净室的原理,还依据国家标准,详细介绍了洁净室的分类和洁净等级,为读者提供了全面的微流体检测环境的基础知识。微流体检测芯片的制作建立在丰富的基材和良好的制作环境之上,本章按照典型微流体检测芯片的制作、纸基微流体检测芯片的制作和新型芯片的制作方式三个方面不仅全面系统地介绍了主流的芯片制作方法,还着重介绍了当前流行的纸基芯片制作技术。其中典型芯片的制作包括玻璃和高分子聚合物两部分。纸基微流体检测芯片的制作包括光刻法、蜡印法、等离子体处理法、刻蚀法、化学气相沉积法等方法。新型芯片的制作方式包括模塑法、软刻蚀、微接触印刷法和LIGA技术等。文中详细介绍了具体的芯片制备流程,探讨了新型芯片制作方式,为读者全面了解微流体检测芯片制作的基本原理和技术要点提供了全面的参考。

参考文献

[1] 方肇伦. 微流控分析芯片[M]. 北京:科学出版社,2003.

[2] LIU K Z, TIAN G, KO A C T, et al. Detection of renal biomarkers in chronic kidney disease using microfluidics: progress, challenges and opportunities [J]. Biomedical microdevices, 2020,22:1-18.

[3] YAGODA H. Applications of confined spot tests in analytical chemistry: preliminary paper[J]. Industrial & Engineering chemistry analytical edition,1937,9(2):79.

[4] MILLER R H, CLEGG D L. Automatic paper chromatography[J]. Analytical chemistry,1949, 21(9):1123.

[5] COMER J P. Semiquantitative specific test paper for glucose in urine[J]. Analytical chemistry, 1956,28(11):1748.

[6] MARTINEZ A W, PHILLIPS S T, BUTTER M J, et al. Patterned paper as a platform for inex-

pensive low-volume portable bioassays[J]. Ange-wandte chemie international edition,2007,46 (8):1318.

[7] CATE D M, ADKINS J A, METTAKOONPITAK J, et al. Recent developments in paper-based microfluidic devices[J]. Analytical chemistry, 2014,87(1):19.

[8] 王方方,陈锦,何治柯.纸芯片制作及其在化学发光法检测葡萄糖和尿酸中的应用[J].分析科学学报,2011(2):137-141.

[9] MAEJIMA K, ENOMAE T, ISOGAI A, et al. Printed paper electronics: a microfluidic paper-based healthcare chip through inkjet printing technology[J]. Kinoshi kenkyu kaishi/Annals of the high performance paper society, Japan, 2012, 51: 35-44.

[10] 温雪飞.基于激光打印的纸基微流控芯片制备方法及应用研究[D].南京:东南大学,2019.

[11] GHOSH R, GOPALAKRISHNAN S, SAVITHA R, et al. Fabrication of laser printed microfluidic paper-based analytical devices (LP-μPADs) for point-of-care applications[J]. Scientific reports, 2019, 9(1): 7896.

[12] LIU Y C, HSU C H, LU B J, et al. Determination of nitrite Ions in environment analysis with a paper-based microfluidic device[J]. Dalton transactions, 2018, 47(41): 14799-14807.

[13] CHARBAJI A, HEIDARI-BAFROUI H, ANAGNOSTOPOULOS C, et al. A new paper-based microfluidic device for improved detection of nitrate in water[J]. Sensors, 2020, 21(1):102.

[14] PUNGJUNUN K, NANTAPHOL S, PRAPHAIRAKSIT N, et al. Enhanced sensitivity and separation for simultaneous determination of tin and lead using paper-based sensors combined with a portable potentiostat[J]. Sensors and actuators b: chemical, 2020, 318: 128-241.

[15] 王冠,齐骥,戚安金,等.基于印迹聚合物的微流体量子点纸基芯片检测环境中的镉、铅离子[J].分析试验室,2019, 38(1):7-12.

[16] SICARD C, GLEN C, AUBIE B, et al. Tools for water quality monitoring and mapping using paper-based sensors and cell phones[J]. Water research, 2015, 70: 360-369.

[17] 王建花.利用三维微流体纸芯片实现基于智能手机的水质定量比色分析[D].太原理工大学,2016.

[18] ALMEIDA M I G S, JAYAWARDANE B M, KOLEV S D, et al. Developments of microfluidic paper-based analytical devices (μPADs) for water analysis: a review[J]. Talanta, 2018, 177: 176-190.

[19] MARTINEZ A W, PHILLIIPS S T, WILEY B J, et al. Flash:a rapid method for prototyping paper-based microfluidic devices[J].Lab on a chip,2008,8(12):2146.

[20] 吴静,徐军飞,石聪灿,等.纸基微流控芯片的研究进展及趋势[J].中国造纸学报,2018, 33(2):57-64.

[21] JIA Z J, FANG Q, FANG Z L. Bonding of glass microfluidic chips at room temperatures[J]. Analytical chemistry, 2004, 76(18): 5597-5602.

[22] 曹小丹, 方群, 方肇伦. 基于复合型微流控芯片的紫外检测毛细管电泳系统[J]. 高等学校化学学报, 2004, 25(7): 1231-1234.

[23] 杜晓光, 关艳霞, 王福仁, 等. 聚甲基丙烯酸甲酯微流控分析芯片的简易热压制作法 [J]. 高等学校化学学报, 2003, 24(11): 1962-1966.

［24］ KELLY R T, WOOLLEV A T. Thermal bonding of polymeric capillary electrophoresis micro-devices in water［J］. Analytical chemistry, 2003, 75(8): 1941-1945.

［25］ MUCK A, WANG J, JACOBS M, et al. Fabrication of poly (methyl methacrylate) microfluid-ic chips by atmospheric molding［J］. Analytical chemistry, 2004, 76(8): 2290-2297.

［26］ LAI S, CAO X, LEE L J. A packaging technique for polymer microfluidic platforms［J］. Ana-lytical chemistry, 2004, 76(4): 1175-1183.

［27］ QI S, LIU X, FORD S, et al. Microfluidic devices fabricated in poly (methyl methacrylate) using hot-embossing with integrated sampling capillary and fiber pptics for fluorescence detec-tion［J］. Lab on a chip, 2002, 2(2): 88-95.

［28］ LIU Y, GANSER D, SCHNEIDER A, et al. Microfabricated polycarbonate CE devices for DNA analysis［J］. Analytical chemistry, 2001, 73(17): 4196-4201.

［29］ BUSH J S, KIMBALL C, ROSENBERGER F, et al. DNA mutation detection in a polymer mi-crofluidic network using temperature gradient gel electrophoresis［J］. Analytical chemistry, 2004, 76(4): 874-881.

［30］ DUFFY D C, MCDONALD J C, SCHUELLER O J A, et al. Rapid prototyping of microfluidic systems in poly (dimethylsiloxane)［J］. Analytical chemistry, 1998, 70(23): 4974-4984.

［31］ MCDONALD J C, DUFFY D C, ANDERSON J R, et al. Fabrication of microfluidic systems in poly (dimethylsiloxane) ［J］. Electrophoresis: an international journal, 2000, 21 (1): 27-40.

［32］ NG J M K, GITLIN I, STROOCK A D, et al. Components for integrated poly (dimethylsilox-ane) microfluidic systems［J］. Electrophoresis, 2002, 23(20): 3461-3473.

［33］ BRUZEWICZ D A, RECHES M, WHITESIDES G M. Low-cost printing of poly(dimethylsi-loxane)barriers to define microchannels in paper［J］. Analytical chemistry, 2008,80(9): 3387-3392.

［34］ CARRILHO E, MARTINEZ A W, WHITESIDES G M. Understanding wax printing: a simple micropatterning process for paper-based microfluidics ［J］. Analytical chemistry, 2009, 81(16):7091-7095.

［35］ CHANG J, LI H, HOU T, et al. Paper-based fluorescent sensor for rapid naked-eye detection of acetylcholinesterase activity and organophosphorus pesticides with high sensitivity and selec-tivity［J］. Biosensors & Bioelectronics, 2016,86:971-977.

［36］ LI X, TIAN J, NGUYEN T, et al. Paper-based microfluidic devices by plasma treatment［J］. Analytical chemistry, 2008,80(23):9131-9134.

［37］ KAO P K, HSU C C. One-step rapid fabrication of paper-based microfluidic devices using flu-orocarbon plasma polymerization［J］. Microfluidics & Nanofluidics, 2014,16(5):811-818.

［38］ ABE K, SUZUKE K, CITTERIO D. Inkjet-printed microfluidic multianalyte chemical sensing paper［J］. Analytical chemistry, 2008,80(18):6928-6934.

［39］ HALLER P D, FLOWERS C A, GUPTA M. Three-dimensional patterning of porous materials using vapor phase polymerization［J］. Soft matter, 2011,7(6):2428.

［40］ DEMIREL G, BABUR E. Vapor-phase deposition of polymers as a simple and versatile tech-nique to generate paper-based microfluidic platforms for bioassay applications［J］. Analyst,

2014,139(10):2326-2331.

[41] NUCHTAVORN N, MACKA M. A novel highly flexible, simple, rapid and low-cost fabrication tool for paper-based microfluidic devices (μPADs) using technical drawing pens and in-house formulated aqueous inks[J]. Analytica chimica acta, 2016,919(5):70-77.

[42] LI X, TIAN J, GARNIER G, et al. Fabrication of paper-based microfluidic sensors by printing[J]. Colloids surf b biointerfaces, 2010,76(2):564-570.

[43] WANG J, MONTON M R N, et al. Hydrophobicsol – gel channel patterning strategies for paper-based microfluidics[J]. Lab on a chip, 2014,14(4):691-695.

[44] KOURO N, TAKAKI S, SUZUKI K, et al. D. inkjet printed (bio)chemical sensing devices [J]. Analytical & Bioanalytical chemistry, 2013,405(17):5785-5805.

[45] ZHANG Y, REN T, HE J. Inkjet printing enabled controllable paper superhydrophobization and its applications[J]. Acs applied materials & Interfaces,2018,10(13):11343-11349.

[46] ZHOU C B, ZHANG, et al. Fabrication of paper-based microfluidics by single-step wax printing for portable multianalyte bioassays[J]. Advanced materials research, 2014,881-883, 503-508.

[47] NIE Z, NIJHUIS C A, GONG J, et al. Electrochemical sensing in paper-based microfluidic devices[J]. Lab on a chip, 2010,10(4):477.

[48] KUO T C, CANNON D M, CHEN Y, et al. Gateable nanofluidic interconnects for multilayered microfluidic separation systems[J]. Analytical chemistry, 2003, 75(8): 1861-1867.

[49] ELDERS J, JANSEN H V, ELWEENSPOEK M. DEEMO: a new technology for the fabrication of microstructures[J]. Proceedings IEEE MEMS,1995: 238-243

[50] TATSUHIRO F, TAKATOKI Y, TAKESHI N, et al. Microfabricated flow-through device for DNA amplifica tion-towards in situ gene analysis[J]. Chemical engineering journal, 2004, 101(1-3): 151-156

[51] MCCORMICK R, NELSON R, ALONSOAMIGO, et al. Microchannel electrophoretic separations of DNA in injection molded plastic sub-strates[J]. Analytical chemistry,1997,69(14): 2626-2630.

[52] ROBERTS M A, ROSSIER J S, BERCIER P, et al. UV laser machined polymer sub-strates for the development of microdiagnostic systems[J]. Analytical chemistry, 1997,69(11): 2035-2042.

[53] 伊福廷, 吴坚武, 冼鼎昌.微细加工新技术:LIGA 技术[J]. 微细加工技术, 1993, 4:1-7.

第 3 章

微流体控制与驱动技术

微米乃至纳米尺度构件中流体的驱动和控制是微电子机械系统中经常要遇到的问题,也是微电子机械系统发展需要解决的关键技术之一。微流体控制与驱动技术在微型传感器、微型致动器、微生物化学分析以及各种涉及微流体运输的场合中均有着广泛的应用,而近几年生物芯片技术的进步和"Lab-on-a-chip"概念的提出更是迫切要求实现微量流体的自动、精确的驱动和控制[1]。微流体驱动与控制技术的发展推动了微流体器件的小型化和性能的改进,同时后者也反过来促进微流体驱动与控制技术的发展。

微流体控制技术和微流体驱动技术二者密切相关,微流体检测芯片分析时通常是驱动力与微阀、通道结构力及表面力相互配合,控制流体在芯片不同位置的流动或到达,以完成相应的动态反馈。微流体驱动技术是实现微流体控制的前提,没有流体的驱动,微流体检测芯片上的各种操作和反应就无法进行。目前,微流体的控制和驱动技术种类很多,其中控制部分以电渗控制和微阀控制为主,而微流体驱动技术因标准的不统一而有多种分类方式。参照驱动系统有无活动的机械部件,可以分为机械驱动微泵和非机械驱动微泵[2];而根据驱动系统中所采用的驱动力不同,又可以分为电渗动力、电磁动力、重力、气动动力、热气动动力、表面张力、剪切力、离心力、声波动力、压电动力驱动等。由于微流体流动特性复杂、影响因素众多,有时会发生几种控制及驱动形式共存现象,因此为了叙述方便,本章在依据原理将控制部分划分为电渗控制和微阀控制的基础上,结合相关限制条件对驱动部分详细分类并展开介绍。

第 1 节　微流体控制

微流体控制技术是微流体检测系统乃至整个微型全分析系统的核心技术,通过在微尺度下的液流操控,实现对待测组分的快速且高效的分离分析。这使得微流体检测系统体积相对于传统控制系统体积较小。因此,研究和开发与微流体检测系统相匹配的流体控制技术一直是微流体检测领域的研究重点之一,当前微流体的控制技术主要有电渗控制和微阀控制两类。

3.1.1 电渗控制

电渗是指在电场的作用下,微通道内的液体沿通道内壁做整体定向移动的现象,它是当前微流体检测芯片研究中应用最广的一种流体控制技术。与各种形式的微阀相比,电渗控制的最大特点是操作简便和灵活,仅通过调节微通道网络中不同节点的电压值,就可控制微流体的迁移速度和运行方向,完成较为复杂的混合、反应和分离等操作。

影响电渗的因素很多,直接影响因素有电场强度、黏度、介电常数和电动电势,间接影响因素有温度、缓冲液组成、管壁性质、外加电磁场等。在上述影响因素中温度、缓冲液组成和管壁性质是通过影响黏度、介电常数等而影响电渗的,外加电磁场则通过强制方法改变管壁表面的电荷数量和分布来改变电渗。但实际上,很多改变电渗的因素在微流道中以现在的技术无法做到精准调控,目前能在微流体电渗控制中应用的主要是:添加剂电渗控制法、管壁涂层电渗控制法、外加电磁场电渗控制法和光控电渗控制法。

3.1.1.1 添加剂电渗控制法

添加剂可直接改变微流道中溶液的黏度,也可通过动态涂布如吸附等来改变管壁的电荷性质、双电层中的黏度等。对电渗效应产生显著影响的添加剂种类有限,按其功能可分为增黏剂和非增黏剂两类。增黏剂目前只有纤维素及其衍生物,非增黏剂包括有机阳离子、两性有机离子和中性有机物。

纤维素可大幅度增加溶液的黏度,从而阻止溶液的流动,所以在很多微流道中可以运用。Chen 等人[3]曾在红细胞分析中,使用羟丙基甲基纤维素来增加缓冲液的黏度以抑制电渗,并防止细胞的吸附、降沉、溶血和叠连等问题,使实验获得成功。Hjerten[4]在早期毛细管区带电泳(Capillary zone electrophoresis ,CZE)研究中,则用纤维系物理涂渍玻璃管壁,通过增加管壁附近液层的黏度和屏蔽硅羟基的作用来减小电渗。但是当前观察研究表明,涉及改变电渗的黏度调控方法在发展潜力方面相对有限,主要原因在于该技术仅能抑制电渗现象而无法改变方向。

有机阳离子是一类包括二胺、糖胺、季铵和氟化阳离子表面活性剂在内的添加剂。这些添加剂主要通过静电作用,在微流道管壁上吸附。其结果是管壁上的负电荷减少,随着添加剂浓度的增加,吸附量也随之增大。这导致管壁上的负电荷逐渐消失,最终使其带有正电荷。因此,有机阳离子添加剂具有改变电渗大小和方向的能力。然而,目前尚缺乏关于有机阳离子添加剂与电渗效应之间的定量关系研究。这意味着对于这类添加剂的使用价值还难以做出明确的判断,未来的研究可能需要探索不同有机阳离子添加剂与电渗效应之间的定量关系,并进一步研究它们在微流体和纳米技术应用中的具体作用。这样的研究有助于更好地理解这些添加剂的潜在应用和局限性,从而更好地利用它们来实现所需的功能。

两性有机离子(见图 3-1)是一类特殊的有机离子,其分子结构同时包含正电荷和负电荷部分。其中,正极部分的两性离子能够与微流道管壁上的负电荷进行静电作用,导致管壁负电荷的增加。这些两性离子中可能包含着含有羧酸、磺酸基等带有负电荷的官能团。通过增加管壁上的负电荷,两性离子能够促进电渗现象的发生。电渗是液体在电场中的流动现象,可以被应用于微流体系统中的液体推动和操控。当管壁上的负电荷增加时,电渗效应加速,导致流体在微流道中的流速增加。这样的加速效应有利于加快分析速度,对于微流体检测芯片、生物分析、药物传递系统等领域具有潜在的应用价值。然而,目前关于这方面的研究还相对较少。

虽然已经认识到两性离子在电渗效应中的作用,但具体的机理和效应仍需进一步深入研究。

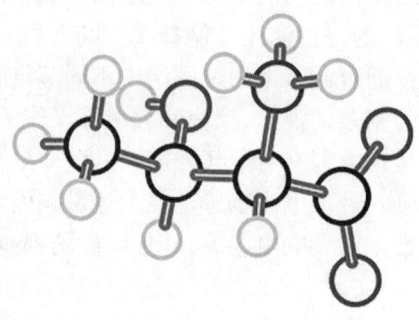

zwitterion $C_4H_9NO_3$

zwitterion of threonine

图 3-1　两性有机离子结构图

中性有机物如聚氧乙烯型高分子具有与管壁发生强吸附作用的特性,聚氧乙烯如图 3-2 所示。这些高分子化合物在微流道管壁上可以形成一层均匀且稳定的吸附层,这种现象被称为聚合物层吸附。这些聚合物在管壁上形成的层能够与溶液中的离子发生静电相互作用,导致其表现出一系列独特的电渗行为。一个显著的特点是聚氧乙烯型高分子在宽 pH 范围内表现出恒定的电渗效应。与其他电渗现象不同,这种聚合物层吸附电渗的特性在不同的 pH 条件下都能保持相对稳定。这使得其在电渗钳制方面具有一定的价值。利用聚氧乙烯型高分子的特性,可以在微流体系统中实现精确的流体控制和操纵。通过调控聚合物层吸附和解吸附的过程,可以控制流体的运动和停止,从而实现对微小实体的定向操纵。然而,聚氧乙烯型高分子在电渗钳制方面的应用仍处于初级阶段,需要更多的研究和实验来深入理解其作用机理和优化使用条件。

图 3-2　聚氧乙烯

3.1.1.2　管壁涂层电渗控制法

添加剂法操作简单,但过量的添加剂可能干扰分离过程。通过添加剂法形成的动态涂层很不稳定,主要表现为电渗的波动很大,导致过程难以调控,所以必须设法增加涂层的稳定性。目前有两类方法可以形成牢固的涂层,包含物理方法和化学方法。物理方法必须使用高黏合能力的高分子如环氧树脂才能形成稳定的涂层,也有人使用一般的高分子如聚乙烯醇、聚乙烯亚胺(可改变电渗的方向)、聚谷氨酸甲酯等,见表 3-1,但稳定性较差。

表 3-1 吸附涂层一览表

涂层类型	pH 范围	原始应用目标	电渗控制能力
环氧树脂	2~11	蛋白质分离	减小、恒定电渗
聚乙烯醇	3.5~7	蛋白质分离	减小电渗
聚乙烯亚胺	3~11	碱性蛋白质分离	改变电渗方向
聚谷氨酸甲酯	2~9	蛋白质分离	电渗有所下降

化学方法是通过化学反应,把涂层键合到微流道管壁上。Hjerten[4]最早将其运用到毛细血管中,采用键合方法制作纤维素涂层,后来又提出聚丙烯酰胺化学键合方法,但目的已不再是控制电渗,而是克服蛋白质样品的吸附。利用键合涂层克服吸附问题已成为毛细血管电泳中研究的热点之一,发展了许多不同性质的涂层,见表 3-2。

表 3-2 键合涂层一览表

涂层类型	pH 范围	原始应用目标	电渗控制能力
线性聚丙烯酰胺	2~9	蛋白质分离	基本消除电渗
交联聚丙烯酰胺	2~10	蛋白质、DNA 分离	基本消除电渗
聚乙烯吡咯烷酮	2~6	蛋白质分离	基本消除电渗
烷基	7	蛋白质分离	减小、恒定电渗
五氧苯	7	蛋白质分离	弱抑制电渗
麦芽糖	3~7	蛋白质分离	改变电渗方向
乳清蛋白	2~8	蛋白质分离	改变电渗方向

涂层改变了管壁表面的性质,包括电荷的符号、分布、数量等,虽然其原始目标在于克服蛋白质的吸附,但同时也具有电渗的控制能力。由表 3-1 和表 3-2 可知,聚乙烯亚胺、麦芽糖、乳清蛋白等涂层可以改变电渗的大小乃至方向;烷基(硅烷)和环氧树脂涂层可以恒定电渗;聚丙烯酰胺和聚乙烯吡咯烷酮涂层可以在 pH 为 9 或 6 以内基本消除电渗;其他涂层对电渗的影响较小。目前利用涂层技术控制电渗主要有两个问题:一是微流道制作工序复杂、涂层寿命短且动态调节电渗能力缺失;二是涂层的稳定性仍有待提高,当前提高键合涂层的稳定性的方法是增加键强度或增加涂层的交联程度。以聚丙烯酰胺为例,涂层一般通过 Si-O-C 键连接到管壁上,如果利用格氏试剂,变换成 Si-C 键,则涂层稳定性可大为提高。一般地,线性聚丙烯酰胺涂层的稳定性低于交联涂层。Yao 等人[5]把烷基键合涂层法与 Tween、Brji 等非离子表面活性剂的动态吸附涂层相结合,使烷基涂层的 pH 稳定范围加宽 4~11。

3.1.1.3 外加电磁场电渗控制

通过在与双电层垂直的方向施加电磁场,可以改变管壁表面的电荷分布,进而控制电渗的大小和方向,这是目前为止应用最为广泛的具有随机调控电渗潜力的方法。

磁控法:当涉及电渗和分离效率时,磁场的引入可以产生重要的影响。Hsiao 等人[6]进行的研究首次探究了径向磁场如何影响这些关键参数。电渗是一种液体通过多孔介质的现象,它通常伴随着电荷分离和离子迁移。磁场的引入改变了电解质的运动方式,从而影响电渗效应。研究结果表明,径向磁场对渗度(Permeability)和电渗率(Electroosmotic flow rate)都产生影响,但影响的程度是不同的。

淌度指的是液体通过多孔介质的能力。径向磁场对淌度产生了显著的影响,通过调节磁场的强度和方向,可以有效地控制液体在多孔介质中的流动速度和路径。这对于一些分离过程中的液体输运和流动控制是非常重要的,因为它可以改善分离效率,并且在实际应用中具有潜在的技术优势。电渗率是指由电场作用导致的液体在微细通道内的流动速率。虽然径向磁场同样对电渗率产生影响,但在这方面的研究相对不足。这意味着在控制电渗率方面仍需更多深入的研究和实验,以便更好地了解磁场如何影响电解质的运动行为。综合来看,磁场在液体分离过程中具有潜在的应用价值。通过合理调节磁场的强度和方向,可以有效地改善分离效率,提高分离纯度和产率。然而,在电渗控制方面,仍需要更多的实验和研究来深入探究磁场对电解质运动行为的影响。这样的研究将为未来的分离科技和应用提供更多的参考和指导。

电控法:外加轴向电场对电渗流的影响由以下两方面构成。首先,外加电场是电渗控制的驱动力,提高外加电场强度可以提高电渗流速度,但不改变电渗率。其次,施加轴向电场时,微流道溶液会有电流通过,就会产生焦耳热,提高流体温度。部分学者提出了外加径向电场对电渗控制的数学模型,相关实验表明,径向电场的施加,使得管壁的定域电荷增多,这大为提高了电势的强度,从而提高了电渗流速度。由此得出结论,径向电场可以引起直流道内流体流行的变化。除直接改变外加电场强度外,在微流道外壁直接涂金属膜或使用不锈钢垫片,通过接地亦可产生径向电位差,并能控制电渗。这种方法非常简单,但径向电位差随轴向变动,可出现电渗回流等问题,造成谱带展宽或畸变,因此不适合于高效分离的电渗控制。

3.1.1.4 光控电渗控制法

光控电渗控制法是采用光感材料来构成微通道的一部分,光感材料受到光照射会导致该区域内的电场明显下降(或者说,电导率上升),即该区域电渗速度明显下降,从而控制微流道内液体的流向和流速。为此,Oroszi 等人[7]以此为原理制造了一个 Y 型光控电渗开关,证明了光控电渗的可行性。在早期的实验中,光敏表面被用来调制液体中的电场,通过电泳操作微粒电场垂直于光刻图案化的氧化铟锡(ITO)电极,加强了电场诱导的粒子在氧化铟锡表面上的聚集和不可逆固定;另外,通过局部修改感光材料表面的光敏程度从而改变电场强度,实现了光学控制的流体输送。在这种方法中,光照强度改变了液体-微流道的接触面积,实际上,液体的输送是液体表面张力的结果。

3.1.2 微阀控制

微阀的种类多种多样,理论上凡是能控制微通道闭合和开启状态的部件均能作为微流体检测芯片中的微阀使用。一个理想的微阀应该具有如下特征:低泄漏、低功耗、响应速度快、线性操作能力强及适应面广。微阀按驱动方式可分为主动型微阀和被动型微阀两大类。

3.1.2.1 主动型微阀

(1)压电驱动微阀

压电现象是指晶体在电场作用下产生机械压力或拉长的现象。由于压电作用能够产生极大的弯曲力和小位移,因此压电驱动的微阀被广泛应用。一种三层压电驱动和液压放大的轴向聚合物微阀在 Wu 等人[8]的相关研究工作中被提出,该微阀结构如图 3-3 所示。由立体光刻技术制备而成的轴向聚合物微阀以三层压电层作为主要结构,且因微阀采用不可压缩弹性体作为液体介质,故在驱动过程中能够产生较大的阻塞力,从而确保微阀能够保持稳定的工作状态。当该感知装置被用作气动触觉感知装置时,其工作压力高达 90 kPa,切换频率在 1~200 Hz。在 150 V 时,阀的最大行程为 37 μm。在 94.4 kPa 压差下,微阀的流量和开启电压分别为 785 mL/min和 150 V。

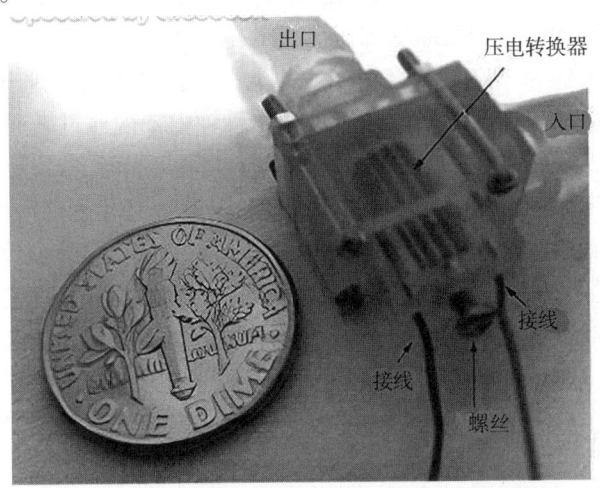

图 3-3 三层压电驱动和液压放大的轴向聚合物微阀[8]

(2)磁力驱动微阀

Bae 等人[9]设计了一种永磁体附着在微机械膜和外部螺线管线圈上的压力调节微阀,该微阀用于青光眼的治疗,临床试验中使用此微阀的医疗机械为青光眼患者植入药物提供了方便。李松晶[10]提出一种可用于气动微流体检测芯片气压控制的电磁致动微阀,并对微阀的工作原理与结构进行了分析,建立了流场的数学模型,利用 Fluent 进行了流场的仿真,结果得出电磁微阀出口流量与入-出口压差、阀口开度呈正比例关系。

(3)热气驱动微阀

热气驱动微阀的工作原理是液体体积的热膨胀引起膜的偏摆。Takao 等人[11]研制了一种使用弹性薄膜的热气驱动微阀,采用 PDMS 材料。经测试,该微阀具有位移量大、密封好的优点。在 30 kPa 时测试,泄漏量小于 1 μL/min。当入口压力为 20 kPa 时,微阀关闭所需功率为 30 mW,微阀开启需要 85 mW,开启压力偏高。微阀的黏性阻力较大,反应时间长。

(4)形状记忆合金微阀

形状记忆合金(Shape memory alloys),是能在加热升温后消除在较低温度下发生的变形,恢复其变形前形状的合金材料,目前应用广泛。Piccini 等人[12]用直径 75 μm 的镍钛诺金属线和硅胶研制了一种常闭式微阀,该微阀经测试最高可以承受 68.9 kPa 的压力。通过输入压力脉冲控制微阀的开启与关闭,当脉冲功率为 213 mW 时,反应时间为 2.5 s,平均流速为 28.4 μL/min;当压力为 20.7 kPa 时,平均流速为 33 μL/min。杜敏等人[13]研制了一种基于形状记忆合金驱动的常闭型微阀。该微阀由弹性沟道层和形状记忆合金桥两部分组成,制造采用 PDMS 的软光刻工艺,之后采用印刷电路板(PCB)上的形状记忆合金丝焊接组装搭建驱动结构。测试得出微阀开启压力约为 4 000 Pa,开启时间为 0.6 s,关闭时间为0.1 s。当电流在 0.14~0.30 A 内时,可得到 6.7~75.2 μL/min 的流量调节范围,呈现线性规律。故相关资料可表明形状记忆合金微阀具有输出功率较高且能很好地控制压差和流速的特点。

（5）电化学微阀

电化学微阀在生物、化学领域的微系统中应用较为广泛,其基本原理是依靠电解产生的气体驱动膜片变形来开启或关闭阀口。Hamberg 等人[13]设计了一种电化学微阀,当电压为 1.6 V,电流为 50 mA 时,能在短时间内产生 200 kPa 的压力,使薄膜产生 30~70 μm 的位移。Suzuki 和 Yoneyama[14]研制了一种使用氢气泡驱动的电化学微阀作为止回阀的微流体检测芯片,芯片工作时,氢气泡的膨胀和收缩受工作电极的电位控制。与其他类型微阀相比,电化学微阀的微阀临界压力大约为 3 kPa,并且由于这种电化学微阀能有序地开启和关闭,所以此类微阀能够很好地控制微通道内两种不同的溶液在几秒钟内依次通过微通道。

（6）水凝胶微阀

水凝胶微阀的工作原理是水凝胶物质受到环境、温度等变化而产生可逆的体积膨胀与缩小。多种物理或化学刺激甚至微小数量级的环境参数的改变,均可导致水凝胶的体积变化。Wang J 等人[15]研制了一种基于热效应的水凝胶微阀,该微阀应用于微流体检测系统。当温度达到 32 ℃时发生相变,微阀的关闭时间约为 4.5 s,开启时间与水凝胶的长度成正比。当压力低于 200 kPa 时,微阀无泄漏,响应时间为 6 s。

3.1.2.2　被动型微阀

（1）薄膜式微阀

薄膜式微阀可以使用各种高分子材料制作,如聚对二甲苯、光刻胶、聚酰亚胺、硅、聚酯薄膜。Hu 等人[16]利用 SOI(Silicon on insulator)硅片材料构建了硅薄膜厚度为 90 μm 的微阀,如图 3-4 所示。该微阀结构包括一个六边形孔、一个六边形薄膜和三个柔性系绳。当正向压力为 65.5 kPa 时,阀的最大流速为 35. 6 mL/min;当反向压力为 600 kPa 时,阀的泄漏速度为 0. 01μL/min;在常温下置于空气中,阀的共振频率为 17.7 kHz。

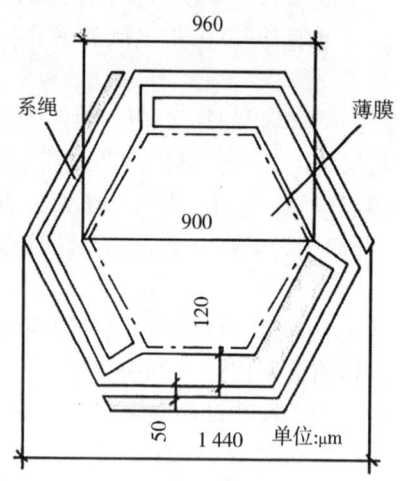

图 3-4　薄膜式微阀的设计[16]

（2）悬臂梁式微阀

悬臂梁式微阀结构简单,易于加工,在微型薄膜泵中应用广泛。Li 等人[17]利用原位 UV-LIGA 工艺,以硅和镍为主要材料研制了一种由 80 个微阀组成的微阀阵列。微阀阵列可以满足最大流速大于 10 mL/s,承载高压大于 10 MPa,可以在 10 kHz 以上的高频工作。

第2节 微流体驱动

流体操控是微流体系统的基础和关键,而实现流体操控依赖于微泵技术。微泵是一种微小的流体传送装置,可在微观尺度下驱动和操作流体,实现微量、精确、均匀和连续的液体输送。当作为微流体系统的核心组件时,微泵为流体传送和整个系统的运行提供动力。当作为重要的微执行器时,微泵又具有低样品损耗、快速分析、高流量和良好的可移植性等技术优势。微泵被视为微流体检测系统的"心脏",是微流体传送的动力源,也是微流体检测系统发展水平的重要指标。目前,微泵已广泛应用于生物化学分析与传感、药物输送、分子分离、微电子冷却和环境监测等领域。

根据是否有运动部件,微泵可分为机械式和非机械式两类。机械式微泵具有较大的驱动力和较快的响应速度,目前是主流应用的类型。然而,由于存在可动部件,机械式微泵结构复杂,容易出现机械磨损和泄漏等问题,不利于微型化和集成化的发展。非机械式微泵则将非机械能转化为微流体的动能,无运动部件,结构简单,流量连续稳定,目前是微泵结构研究领域的热点之一。

3.2.1 微泵

微泵是微流体检测系统的重要组成部分,其主要作用是传输液流和分配液流。近些年,随着生物芯片技术的快速发展,对实现微流体的自动、精确的驱动要求更加迫切,同时微流体驱动的发展也影响着微流体器件的进一步集成和性能的提升。微泵研究是 MEMS 研究中的热点方向[18],并且已经成为微流体检测系统发展水平的重要标志。开展微泵研究有助于微流体检测系统的发展,同时成熟的微泵技术进入市场,可迅速形成产业化,为国民经济做出贡献。

3.2.1.1 微泵的研究现状

微泵的研究始于 20 世纪初期,经过几十年的发展,在微泵设计方法、微泵制造技术及微流体基础理论等方面成果斐然。目前所发表的研究成果在结构设计、驱动原理、制造工艺及适用范围等方面各具特色,但大多采用薄膜型结构设计,致动方式采用静电、压电、电磁、热、气动、电液、行波传递、凝胶和光热致动等原理,制作工艺包括半导体加工技术、精密机械加工技术和特种加工技术等。作为一种重要的微型执行部件,目前微泵研究发展面临以下三种特点:

(1)无阀微泵快速发展

微泵根据其有无可动阀片分为有阀微泵和无阀微泵。有阀微泵的优点是原理简单、制造工艺成熟、易于控制、反向截止性能较好。有阀微泵的缺点是由于阀片的存在,微泵加工工艺要求高、结构复杂、不利于集成及微型化;阀片易疲劳、回流现象不可避免、微泵效率低;在药物输送、血液运输等领域应用中,阀门的存在会造成堵塞且容易损伤细胞。

相比于有阀微泵,无阀微泵具有以下优点:结构简单,易于加工和制备,可以制成平面结构或者直接和微流体检测芯片一体化加工,便于微泵的微型化、集成化。无阀微泵利用微流体的特性,可以连续输送流体,能精确检测和控制流量,在生物医学方面应用广泛。典型的无阀微泵有收缩-扩张型微泵,以及基于流体性质的非机械式微泵。因此,无阀微泵成为21世纪微流体系统微型化、集成化、控制精准化程度进一步提高的突破口,具有广阔的应用前景。

（2）聚合物材料

因微泵材料的选择对微泵的设计制作、性能、成本以及应用都有显著的影响,故良好的微泵材料应该具有与操作环境良好兼容、制作工艺简单、可大批量生产、疲劳寿命长等特点。当前根据已发表的微泵文献[19]可知,微泵多数以硅半导体、玻璃为材料。

以硅为材料的微泵工艺成熟,但加工制作复杂、成本较高、生物相容性差,在生物医学领域的应用受到限制。而基于聚合物材料的微泵具有种类多、可供选择余地大、制作工艺简单、易于集成、生物兼容性好、性能优良、成本低等优点,非常适合大批量生产,使一次性使用的医学微泵成为可能。随着微泵技术的发展,聚合物材料如聚二甲基硅氧烷（PDMS）、光刻胶、电致动聚合物（EAP）、离子导电聚电胶片（ICPF）、聚对二甲苯（Parylene）、聚甲基丙烯酸甲酯（PMMA）等也广泛用来制作微泵,其中PDMS最为常见,电致动聚合物如离子聚合物金属复合材料（IPMC）、介电弹性体（DE）、聚偏二氟乙烯（PVDF）等作为新型智能材料以其独特的优点成为国内外研究的热点。

（3）微泵结构优化

当前关于微泵结构优化的相关研究工作中,对微泵腔体结构的优化成果引人注目。微泵腔体结构会影响微泵的压力、流量、流动损失系数以及流动稳定性。多腔体微泵可减轻流体脉动性,提高输送能力,并且压力和流量稳定,提高微泵效率。有实验研究发现,两腔串联结构,其输出压力和流量分别是单腔的2倍和1.4倍,而且综合性能较高;并联结构输出压力不变,但流量增加1倍,而且脉动小。目前多数微泵均为单腔体结构,为了提高微泵的性能,研制多腔体结构微泵已成为一种趋势。

除对腔体结构的优化外,对微泵中微流道结构进行优化是微泵结构优化的另一方面。作为无阀微泵的关键结构,微流道的结构也制约着微泵性能,因此有必要对微流道结构进行优化。例如锯齿型微流道,由于侧面齿形角的存在,流动过程更易产生漩涡,使流道压力损失降低,其最大流量和最大压力都得到提高。有关学者提出了利用锯齿形微流道代替传统扩张/收缩微流道,有效提高了微泵性能。Li等人[20]模仿鱼的鳍片,在微流道侧壁增加微翅片结构,微泵流动效率提高了10%,在100 V、3 kHz的驱动电压下测试,微泵性能提高了35%。浙江大学傅新等人[21]利用Micro-DPIV技术对无阀微泵进行流场检测,探究了微泵的流动机理,为微泵性能检测、流道结构优化设计提供了实验验证和技术指导。

3.2.1.2 微泵的分类

依据工作原理,微泵分为两类,即机械式位移型微泵和非机械式动力型微泵,两者的区别在于后者没有运动部件。机械式微泵又可以根据其具体的驱动方式进行分类,其中包括压电微泵、静电微泵、电磁微泵、热气动微泵、形状记忆合金微泵、双金属微泵等。此类微泵的主要优点是适用性广泛,几乎可以驱动任何类型的液体,甚至可用来驱动气体。但是机械泵存在可动的阀片,由于高压对阀片的反复冲击,会造成阀片的磨损和疲劳。非机械式微泵也是目前的一个研究热点。非机械式微泵利用热、化学、声、磁或电动力来实现对液体的驱动,通常包括电渗微泵、电液致动微泵、磁流体致动泵、表面张力微泵等。

此外,根据有无可动阀片,微泵还可以分为有阀型微泵和无阀型微泵。有阀型微泵往往基于机械驱动,原理简单,制造工艺成熟,易于控制,是目前应用的主流;无阀型微泵则常常利用流体在微尺下的新特性,原理比较新颖,更适于微型化,具有较大的发展前景。下面对一些微泵做详细的介绍。

3.2.2 机械式微泵

目前,商品化的机械式微泵已经十分成熟,以物理原理分类,主要有以下三种形式。第一种为活塞式,活塞直接和流动相接触,含动态密封和单向阀,主要有往复泵和注射泵(包括电机、气动和电磁力驱动)。基于该原理的泵,压力和流量波动是不可避免的。第二种是隔膜式,驱动力通过某种介质推动隔膜,隔膜再压缩或吸入流动相,含单向阀,主要有隔膜泵(包括电机、气动、电磁力和压电驱动)和蠕动泵(主要是电机驱动)。第三种是齿轮式,用行星齿轮压缩流动相,含动态密封。本小节将介绍机械式微泵下属的六个基本类别。

3.2.2.1 压电驱动微泵

压电驱动微泵是基于压电晶体的压电特性驱动薄膜振动从而实现泵送流体的。常见的压电材料有压电片、PZT(Piezoelectric ceramic transducer)压电堆、压电薄膜。压电驱动的优点是结构简单、驱动力大、响应时间短、能耗低、效率高;缺点则是驱动电压高、振幅小、自吸困难,限制了其应用范围。为解决微泵自吸困难、难以实现流速精确控制等问题,台湾大学Ma等人[22]研制了一种有阀压电驱动微泵(见图 3-5),该泵的泵体通过高精度的数控机床加工而成,阀门和泵膜均由 PDMS 薄膜制成。微泵横截面尺寸为 140 mm^2,在 50 V、100 Hz 正弦交流电驱动电压下,微泵最大流量达到 72 mL/min,实验证明这种微泵在笔记本电脑CPU 冷却系统中有良好的冷却效果。此类微泵的性能主要受到单向阀、泵膜、压电元件、泵室容积、驱动电压和频率的影响。

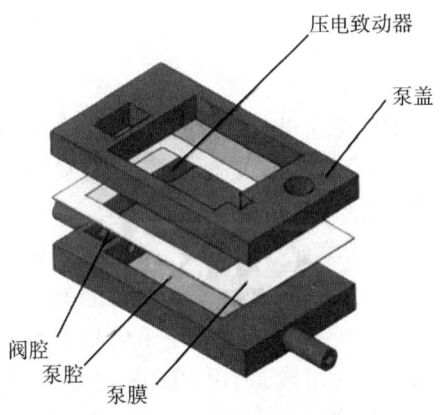

图 3-5 有阀压电驱动微泵图[22]

3.2.2.2 静电驱动微泵

静电驱动基于库伦力原理,在一个固定电极上加单一极性电压,在另一个与泵膜相连的可动电极上加交变电压,交替产生双向形变,从而实现泵送功能。静电微泵具有功耗低、响应快、驱动频率高等优点,但不足的是驱动电压高、体积冲程小,而且还需在微泵中加入防止电路短路的绝缘膜,加工工艺要求高。Machauf 等人[23]研制了在流体中加载电场的静电微泵,当电极之间距离为 63 μm,驱动电压为 50 V 时,最大流量为 1 μL/min,该微泵利用了流体的高介电常数和低导电性。具体而言则是流体的介电常数越高,相同驱动电压和尺寸下微泵的静电力就越大,因此即使两电极之间的距离相对较大,通过提高流体介电常数也可以获得足够的驱动力,但受原理限制,这种微泵的缺点是只能用于导电流体。Astle 等人[24]研制了一种应用于气相色谱仪化学分析的多级静电双向气动微泵,在 100 V、14 kHz 的驱动电压下,最大流量为 3 mL/min,最大背压为 7 kPa,满足了气相色谱仪对流量和压力的要求(见图 3-6)。国内对于静电微泵的研究主要集中在理论分析和数值模拟上,应济等人[25]建模分析了静电泵膜吸合与释放现象,其分析结果为确定静电微泵驱动电压的上限值从而避免吸合提供了依据。陈荣等人[26]建立了双腔静电振膜式微泵的理论分析模型,计算并讨论了驱动电压、振膜厚度、介电层厚度对微泵性能的影响,计算结果表明双腔结构微泵相比单腔结构微泵在性能上有明显提高。上述理论分析都为静电微泵的设计和制造提供了依据。

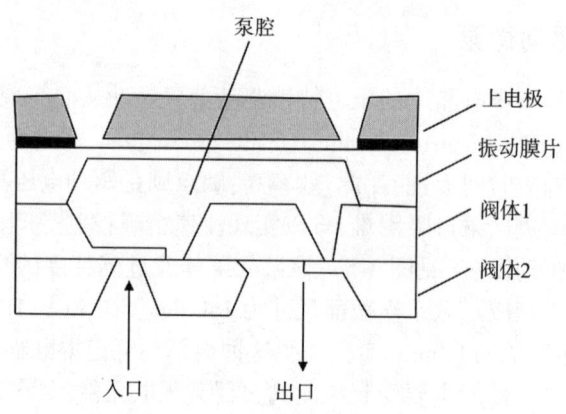

图 3-6　多级静电双向气动微泵图[24]

3.2.2.3　热气驱动微泵

热气驱动微泵是一种利用加热产生的气体膨胀力为驱动力的微泵(如图 3-7 所示),驱动器一般由加热器、泵膜和密闭压力室组成。该微泵通过加热冷却压力室的气体产生膨胀和收缩动作,推动泵膜运动。热气驱动微泵提供的驱动力较大,可以在较低的驱动电压下获得显著的膜片变形,同时由于热驱动器易于集成在泵体中,微泵整体体积相对较小。然而,这种驱动方式存在一些限制:首先是冷却速度较慢,这会导致微泵的响应速度较慢;其次是这种驱动方式的功耗相对较高。Seung 等人[27]研制了一种应用于生物芯片的 PDMS 热驱动微泵,该泵由三层 PDMS 片和一层加热电阻玻璃片组成,利用 PDMS 模塑法加工出泵腔、微阀、流体通道等微结构。加热电阻与微泵泵体采用分离式封装方法,加热电阻可重复使用,降低了微泵的成本。经过试验,在 0.1 Hz、占空比为 0.33 的驱动电压下,该微泵的驱动性能达到最佳,最大流量达到 50 μL/min。

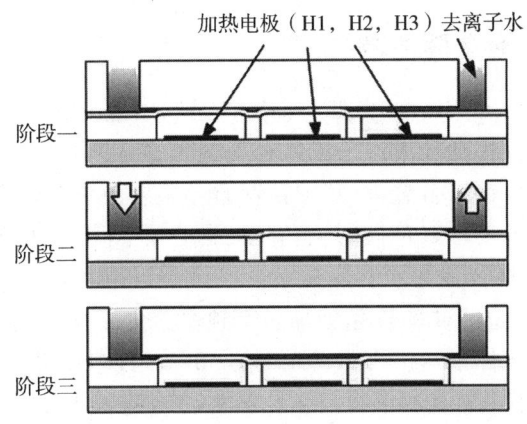

图 3-7   热气驱动微泵[27]

3.2.2.4   电磁驱动微泵

电磁驱动微泵的工作原理是将永磁铁贴在泵膜上,利用线圈产生的交变磁场,使得永磁体带动泵膜往复运动,达到泵送流体的目的。电磁驱动的优点是输入电压低、泵膜变形大、频率调节方便、响应快,并且可以远程控制;缺点是能耗高、电磁材料微加工困难、难以微型化。

当前对电磁驱动微泵的研究工作尚在持续进行中,Yamahata 等人[28]研制了一种球阀型 PDMS 电磁驱动微泵,如图 3-8 所示。该泵用喷砂技术加工出玻璃基板,利用熔融烧结技术集成多层微流体检测芯片。将永磁铁嵌入 PDMS 薄膜制作泵膜,可产生较大的体积冲程,提高了微泵抗气泡和自吸能力。当驱动电流为 100 mA,驱动频率为 30 Hz 时,得到最大输出流量为 5 mL/min,最大背压为 28 kPa。Zhi 等人[29]研制了的一种无阀电磁驱动微泵,其结构见图 3-8,微泵尺寸为 20 mm × 20 mm。通过旋涂方法制作了 PDMS 薄膜,将多层 NdFeB/Ta 永磁铁薄膜(TFPM)与 PDMS 泵膜黏结在一起,利用激光加工技术加工出了泵腔、微流道等微结构。经测试,方波信号相比正弦信号可获得更高的流量,在 7.5 V、15 Hz 的方波电压驱动下,最大流量达到 130 μL/min。

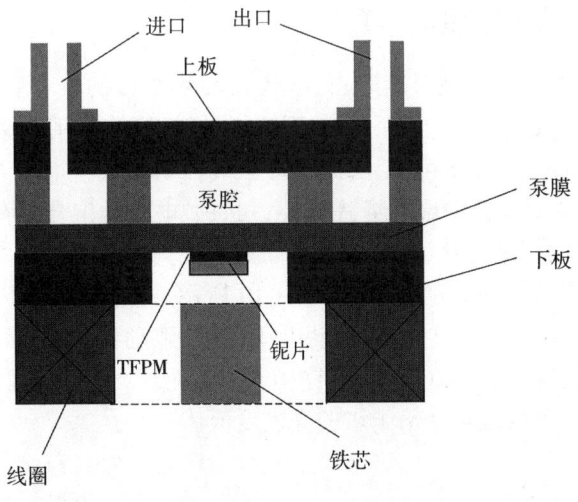

图 3-8   球阀型 PDMS 电磁驱动微泵[29]

3.2.2.5　形状记忆合金驱动微泵

形状记忆合金驱动(Shape memory alloy ,SMA)是利用合金随温度变化发生相变的特性来提供驱动力的,它的形状记忆功能通过马氏体相变的可逆性来体现。常见的记忆合金有钛镍合金、金铜合金、铟钛合金、铜锌合金等,其中钛镍合金最常见。这种微泵的优点是驱动力大、泵膜变形大;缺点是泵膜的变形较难控制、响应慢、驱动频率低(一般在 100 Hz 以下)、效率低。Xu 等人[30]研制了形状记忆合金薄膜驱动微泵。该微泵以硅为材料,采用硅微加工工艺、金-硅共晶键合等技术制成。通过对 NiTi 条施加一定频率的交变电流,泵膜在 NiTi 条的相变应力下产生往复振动,而实现流体泵送。当驱动频率为 50~60 Hz 时,可以获得 340 μL/min 的最大流量。Guo 等人[31]研制了一种利用形状记忆合金驱动的蠕动式微泵,如图 3-9 所示。其总体尺寸为 45 mm×30 mm×30 mm。微泵设计采用蠕动式结构,将三组记忆合金驱动器协调控制,驱动流体流动。实验表明,通过改变驱动电压的大小和频率,可以获得 400~3 200 μL/min 范围内的流量。

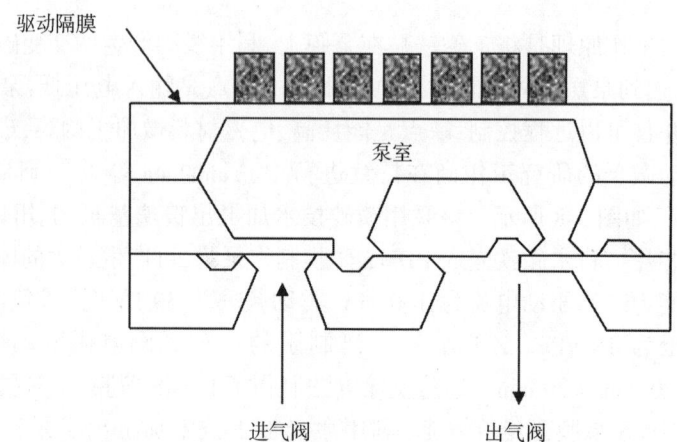

图 3-9　形状记忆合金驱动微泵[31]

3.2.2.6　电致动聚合物驱动微泵

在外部驱动电压的作用下,能产生一定形状和尺寸变形的聚合物被称为电致动聚合物(Electroactive polymer,EAP)。EAP 是一种新型智能材料,目前应用于微泵的电致动聚合物主要有介电弹性体(Dielectric elastomers,DEs)、离子聚合物金属复合材料(Ionic poiymer metal composite,IPMC)和导电型聚合物聚吡咯(Polypyrrole)。电致动聚合物在电场的作用下可产生大幅变形,远大于现有的压电材料,可以大幅提高泵送能力。Yoshitaka Naka 等人[32]研制了一种基于导电型聚合物聚吡咯的驱动微泵,如图 3-10 所示。该泵具有两个导电聚合物致动器,通过对两个致动器施加相位差为 180°的驱动电压,控制致动器产生开合运动,实现流体连续输送。这种微泵可以实现 2~84 μL/min 范围内的流量输送。该泵的优点是驱动电压低、能耗低、无回流现象,而且可以输送 400 倍于水的高黏度流体。

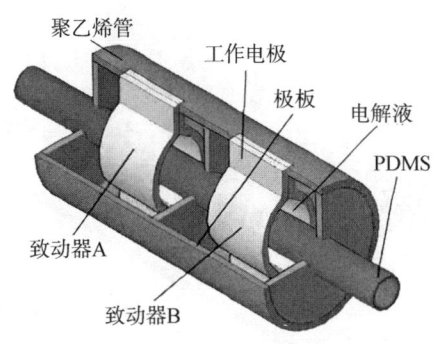

图 3-10　导电型聚合物聚吡咯驱动微泵[32]

3.2.3　非机械式微泵

非机械式微泵是通过把电、光、磁、热等能量形式转化或施加到被驱动流体而直接驱动流体的动态连续流泵。非机械式微泵由于其简单的结构特点,特别适合于微系统的流体驱动与控制,从而引起科研人员的广泛重视。本小节主要介绍电液动力微泵、电渗驱动微泵、磁流体动力微泵和电浸润式微泵。

3.2.3.1　电液动力微泵

电液动力微泵的工作原理是利用流体中带电离子在电场作用下的迁移,从而带动整个流体迁移流动。这种微泵的优点是无阀、无活动部件、结构简单、对微加工工艺要求不高、成本低,但这种微泵对流体的介电性质有特殊要求,只能用于绝缘液体或导电率极低的液体,如乙醇、丙酮、异丙醇等。其按驱动电压类型可分为两种:一种是在平行电极间施加直流电压的EHD 泵;另一种是在电极阵列上施加不同相位行波电压的 EHD 泵。Chen 等人[33]利用聚合物材料聚对二甲苯(Parylene)为基底研制了一种低功耗的电液动力微泵。该微泵采用锯齿状电极,电极之间距离为 $20~\mu m$,微泵尺寸为 $5~mm×7~mm×80~\mu m$,泵体结构如图 3-11 所示。该微泵以异丙醇为介质。经测试,该微泵在 30 V 驱动电压下,背压为 490 Pa;在 20 V 驱动电压下,流速达到 190 mm/min。

电液动力微泵的优点是机械强度高、与 IC 工艺兼容性好,而且有良好的生物相容性;缺点是输送高介电常数和低黏度流体才能获得较大的流量。电驱动技术是十分高效的驱动手段,根据电液动力学原理设计的电驱动泵即电动泵(Electro kinetic pump, EKP)引发了从常规电泳转向毛细管电泳的技术革命。EKP 技术非常适合通道尺寸在 $50\sim500~\mu m$ 的范围内使用,这个尺寸也是毛细管电泳和微流体检测芯片的通道尺寸范围;由于其等效电阻处于中等水平,使用微电流($0\sim500~\mu A$)的单路直流电压($0\sim30~kV$)和多路直流电压($0\sim510~kV$)系统可以很好地实现毛细管电泳和微流体检测芯片的微流体的高效驱动与控制,而且避免了常规电泳所引起的极高焦耳热。这些特点使得 EKP 在生命科学等研究领域发挥着不可替代的作用,但随着微纳尺度构件技术的迅速发展,EKP 的局限性逐渐凸显,在此不予赘述。

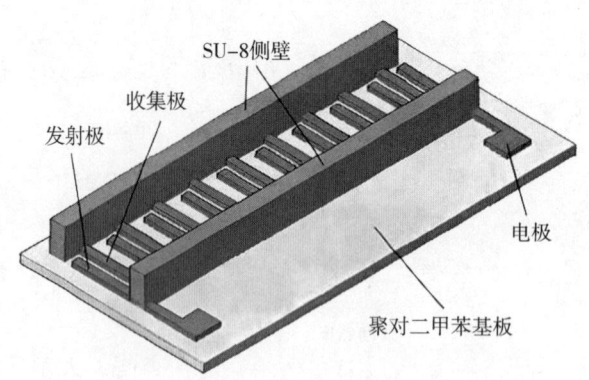

图 3-11　电液动力微泵结构示意图[33]

3.2.3.2　电渗驱动微泵

　　电渗驱动微泵的工作原理是外加电场使微通道壁面带有固定电荷,利用其产生的电渗现象驱动液体。按驱动方式分,主要有直流电渗泵和交流电渗泵两种。直流电渗泵需要超高电压,一般要几千伏,而交流电渗泵驱动电压低,可以有效抑制电解反应。这种微泵的优点是结构简单、流动稳定、易于控制、背压高;缺点是驱动电压高、流量小、外界影响因素多,而且仅适用于电解质溶液。Chen 等人[34]设计了一种平面电渗驱动微泵(见图 3-12),该微泵采用显微光刻和湿法腐蚀工艺在玻璃基板上加工而成,使用电导率为 4×10^{-4} S/m 的去离子水为介质。当施加电压为 1 kV 时,该微泵最大流量为 15 μL/min,最大背压为 33 kPa。

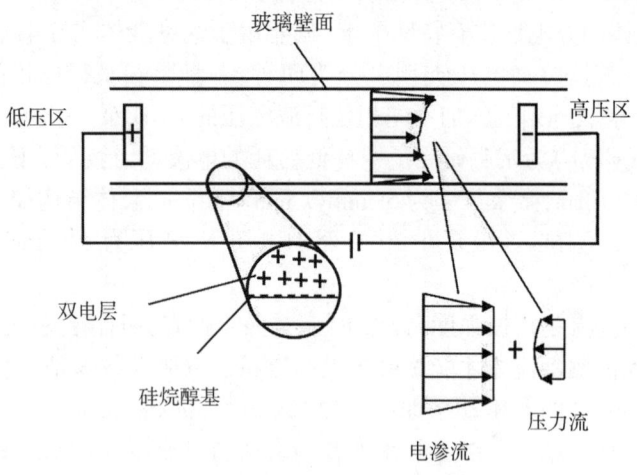

图 3-12　电渗驱动微泵工作原理[34]

3.2.3.3　磁流体动力微泵

　　磁流体动力微泵利用磁场和电场施加于导电流体的洛伦磁力作为驱动力,一般驱动电导率在 1 S/cm 数量级的导电液体。驱动电压可以采用直流电和交流电两种方式。磁流体动力微泵结构简单、成本低、驱动电压低、流动稳定且可双向控制,但只适用于导电率较高的流体。Homsy 等人[35]制作了一种应用于核磁共振微流体检测芯片的磁流体动力微泵,如图 3-13 所示。当磁场强度为 7 T 时,19 V 的直流电压可以获得 1.5 μL/min 的最大流量,功率只有 38 mW。一般的直流电压磁流体动力微泵由于高电流密度造成电解液电解,产生气泡而限制了流量,为此 Nguyen 等人[36]研制了一种大流量直流电压磁流体动力微泵。该微泵通过加工条状电极通道阻止气泡聚集,减弱了气泡对流量的影响。当驱动电压为 5 V,电流密度为 5 000 A/m²时,可以得到最大流量 325 μL/min。

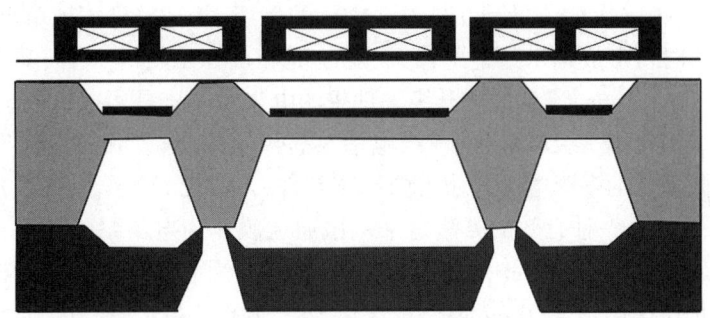

图 3-13　磁流体动力微泵工作原理[35]

3.2.3.4　电浸润式微泵

电浸润式微泵利用表面张力来驱动流体运动,如图 3-14 所示。在微尺度下,表面张力是一种主要作用力,而金属液体的表面张力会因电压改变而变化,在充满电解液的管道中施加电压金属液滴就可以沿着管道运动,推动流体运动。这类微泵具有功耗低、响应快、表面电化学不活泼等优点。Yun 等人[37]研制了一种连续电浸润式微泵。该微泵由三层黏结在一起的晶片组成,用 SU-8 胶形成封闭空间将电解质溶液和水银滴封闭在一起,利用水银滴往复运动产生压力差驱动硅胶膜运动。当驱动电压为 2.3 V,驱动频率为 25 Hz 时,最大流量为 70 μL/min,最大压力为 800 Pa,而消耗功率仅为 170 μW。

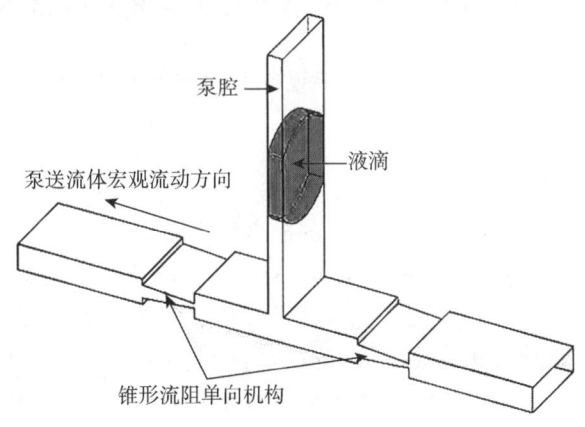

图 3-14　电浸润式微泵工作原理[37]

3.2.4　其他多功能微泵

由于微泵分类方法较多,依据机械式与非机械式难以全部列举其他多用途微泵,因此对于实际工程问题中应用占比率较高的典型微泵,还需举例详细介绍。

3.2.4.1 平行多通道电渗泵

平行多通道电渗泵是一种基于电渗原理的微泵,由数百个并联的小直径微通道甚至纳米通道构成,如图 3-15 所示。它能够提供与微芯片网络结构兼容的流量和压力,满足一般的分析应用,即 $0.05\sim1$ μL/min 的流量和 $0.1\sim0.6$ MPa 的背压,并且容易实现单个泵的多元复合。当通道为纳米通道时可形成纳米通道电渗泵,其功能和 p-EOP 完全一样,具有较高的输送压力,压力可维持在 $1\sim10$ atm,流量为微升级。理想的电渗泵应该是用电池驱动的,有效降低驱动电压十分关键。相比于一级电渗泵,三级电渗泵提供了一个重要的思路[38],就是可望研究出基于芯片的或微型化的多级电渗泵作为微流体元件,当前已经有研究人员成功研制出基于膜的 10 级电渗泵[39];另一种有效的方法是采用微通道膜作为电渗泵的介质[40,41]。毛细效应是推动微米级管道($50\sim500$ μm)中流体的最为有效方法,因此 EKP 在微流体检测分析系统中变得尤为重要。此外,由于不存在移动部件,所以 EKP 制作难度低,将其设计制作在极小的空间体积内并与芯片兼容具备理论可实施性。EKP 可以输送在分析化学包括液相色谱、毛细管电泳和微流体检测芯片中涉及的多数流体,因此在毛细管液相色谱[42,43]、流动注射分析[44,45]、顺序流动注射分析[46,47]和微量药物输送[48]等微流体系统中的应用方面有着很大的潜力。

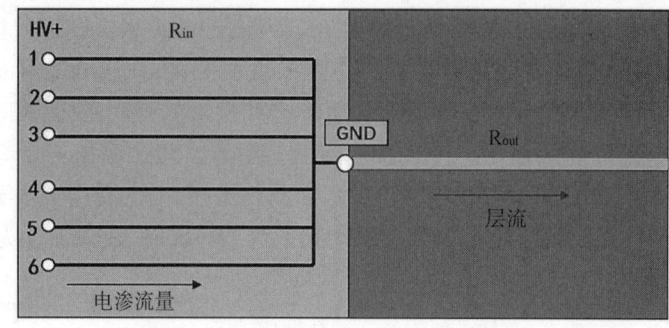

图 3-15　平行多通道电渗泵结构示意图[40]

3.2.4.2 光驱动泵

光驱动泵(Optically driven pump,ODP)的出现标志着近年来微泵技术取得了重要进步,其输液时连续图像如图 3-16 所示。"光流控(Opto fluidics)"这一新名词已逐渐被学术界所熟知并接受。光流控就是融合微流体检测、光学技术和传感器技术的微流体控制技术。光流控的本质是 ODP 技术,与压电泵(Piezoelectric pump)等微型泵相比,ODP 技术具有结构简单、尺寸小和可以大规模集成等特点;与 EKP 相比,ODP 技术具有不受被驱动流体介质性质的限制等特点,因此 ODP 技术有着更加广阔的发展空间和应用前景。

近年来许多学者在光驱动技术领域做了一定探索,例如通过将胶体粒子组装到微流通道几室可以组装成凸轮泵,由 4 个 3 μm 粒子可以组成一个双凸轮凸轮泵。如果该类泵由 6 个胶体粒子组成,则可以成为蠕动泵。采用计算机控制的压电镜和扫描激光的光纤技术依次组装和操纵粒子,操作时采用光携(Optical traps)控制粒子运动以驱动流体,其中凸轮泵的流速为 3 μm/s。类似的泵可参见 Leach 等人[49]的研究工作,有关资料显示其在微流通道中采用的粒子直径为 6 μm,泵的流速为 8 μm/s。Maruo 和 Inoue[50]采用三维双光子(Three-dimensional two-photon)微制造技术制作了光驱动的凸轮泵。微泵主要由微通道内一对直径为 9 μm 的微马达构成,以通过一束激光束的时间间隔扫描,微马达之间可以协调工作。实验表明,设置的示踪粒子(Tracer particle)可以与两个转动的马达同步运动,示踪粒子的速度与马达的转速成正比,流速为 0.2~0.7 μm/s。

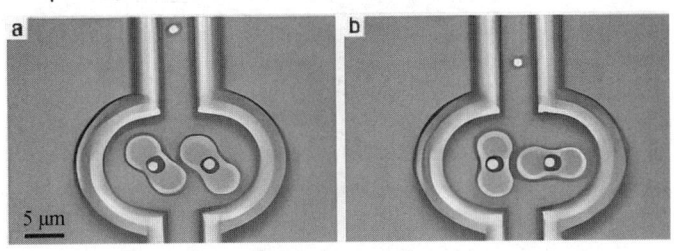

图 3-16　光驱动泵输液时的连续图像[49]

采用光控制流体输送的另一种形式是介质添加法。操作时,首先在所输送流体中添加光-热敏感纳米粒子(Photothermal nanocrescent particle,PNP),当聚焦的光束照射流体时,由于 PNP 光热效应导致被照射的流体局部温度上升,引起液-气界面的水蒸发,即蒸发过程;相对较冷的蒸汽则在液-气界面的前面冷凝成小水滴,即冷凝过程;最后,水滴重新融合在本体的液体中,即融合过程。由于上述过程(蒸发过程—冷凝过程—融合过程)是连续进行的,随着光斑的移动,液-气界面即光流就会前行。由于光可以精密地聚焦和控制,因此可实现光对流体进行精密的操纵和控制,极其适合在微流体检测芯片上进行微纳尺度的微流体控制操作,并具有大规模集成应用的前景,因而具有更大的发展潜力。

3.2.4.3　磁驱动泵

磁驱动泵(Magnetically-driven pump,MDP)是基于磁流控技术工作的微泵,也称磁流体动力微泵(Magnet hydrodynamic pump,MHP)。其常见的形式有两种:直流电磁微泵(DC-MHP)和交流电磁微泵(AC-MHP)。DC-MHP 的工作原理是:将分别接直流电源正、负的电极板和两块永久性磁铁(N、S 两极相对)垂直放置,洛伦兹力方向(右手定则判断)即是流体被驱动方向,如图 3-17 所示。该类泵构造十分简单,可以制作在硅片上,据此原理设计了一种微通道尺寸为 1 mm 宽、14 mm 高、40 mm 长的微泵,在电流为 118 mA 时流量可达 63 μL/min,压强可达 400 Pa。DC-MHP 泵的优点是:流体流向双向可调,例如改变电场方向即可改变流体流向;适用于中性电导液,可以用于生物医药,例如药物传送或微流体驱动;带正、负电荷的离子在洛伦兹力的驱动下将按同一方向运动等。其主要缺点是,电压稍高或溶液中电解质离子浓度较大时极易电解产生气泡。为此,现已在硅片上设计出用交流电供电可产生连续和无脉动的液流 AC-MHP。AC-MHP 设计的新颖之处在于,将正弦曲线的电场与一个同步的交流磁场垂直放置,由于这两个场是同步的,将使得洛伦兹力方向指向同一方向,没有电场梯度产生;而当高频交流电场通过电解质溶液时,化学反应快速地可逆进行,从而不形成气泡。与光激发泵相似,磁流控技术一般需要在被驱动流体中添加亲磁性纳米粒子介质,实现对流体的有效控制;但由于磁场的不可见性和其聚焦相对困难,因此,磁驱动一般把磁场作为一个类似电场的分离场对待,这对发展二维的微流体检测芯片十分重要,即微自由流磁泳技术。

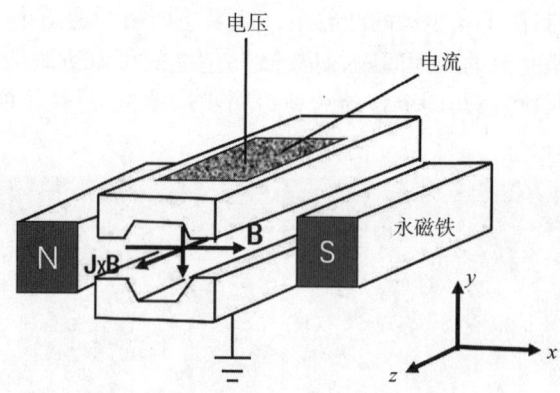

图 3-17　磁流体动力微泵示意图

3.2.4.4　基于表面张力的流控技术泵

在几毫米左右及更小尺度下,通常的重力和摩擦力不再起主导作用,表面张力(Surface tension)变得越来越明显,因此可以利用表面张力现象发展新的泵技术,对流体进行驱动和控制。利用光致表面自由能空间梯度可以驱动液滴。以下简单介绍微型电化学致动汞泵(Electrochemically-actuated mercury pump,ECMP)和微型重力驱动泵(Gravity pump,GP)技术。

(1)微型电化学致动汞泵

微型 ECMP 是 ECMP 的一种,微型 ECMP 的设计就巧妙地利用了常温下液态汞在微尺度下的表面张力现象。汞滴的表面由于电荷的积累和减少会引起表面张力发生改变,表面张力改变会引起汞滴的曲率增大或减小,使汞滴发生变形。利用汞的变形产生的机械力可以激发流体流动。汞泵由两部分组成,即一个上部开口的容器和一个 T 型毛细插入部分,T 的垂直部分底部开口并与容器大小匹配,水平部分为流体通道。微型 ECMP 的工作原理如下:

①当把汞和电解质水溶液加入容器并将 T 型毛细插入部分插入上部时,毛细作用使汞进入毛细柱,同时形成两个同心的汞柱。两同心的汞柱的高度取决于毛细作用力与重力的平衡。通过加电压来激活泵,加电压时外面汞柱的表面张力会发生变化,汞表面的形状发生变化而导致压力变化,两汞柱的平面将会达到一个新的平衡。

②当所加的是一个梯形电压时,泵将会在"fill"和"pump"模式下循环。在"fill"模式下,毛细柱内汞向下运动,使液体进入 T 型通道;而在"pump"模式下,毛细柱内汞向上运动,迫使液体流出通道。电压的频率决定了泵循环的快慢。汞泵能提供最高 40 kPa 的压力和$(736 \sim 5189) \times 10^{-3}$ μL/min 的流量。由于汞微泵有一对单向阀,可以输送任何流体,但输出压强较低。最近出现了基于微电极反应的电化学泵,其基本结构为在一个盛满水的微型储液池,储液池内放置一对距离很近的电极。输液时,将该储液池与充满待驱动液体的微通道相连接,当在电极施加直流电场时,由于水被电解为氢气和氧气形成气泡,这些气泡被用来推动微通道内的液体流动。

(2)微型重力驱动泵

微型重力驱动泵则是利用恒流重力泵的一类微泵。微型重力驱动泵采用了地球的自然重力场作用力,不需要额外的动力源,是微流体检测芯片系统优先考虑的泵系统,如图 3-18 所示。然而常规重力泵由于储液池的液面随流体的流出而逐渐下降,随之流体的驱动压力下降,从而导致流速随着时间的推移而不断变小,因此并无优势可言。

①实现恒流驱动的重力泵平置储液池由水平放置的内径为 3～4 mm 的管状结构(也可采用椭圆管状内径等结构)储液池、适当尺寸的连接管、匹配的微流体检测芯片和流速调节管等组成,系统可以实现恒流重力驱动操作和进样。这类泵输液时主要利用了储液池和输出通道出口之间的液面差。

②判断储液池内径的原则是:当管状结构的储液池水平放置时,所储存的液体的表面张力能够足够支撑液体,受最少的重力作用,使之能稳定在管中。内径小于 2 mm,过大的表面曲率会阻碍液体的流出;而内径大于 6 mm,则液体的表面张力由于受重力的作用,难以支撑液体。重力泵的压力很低,流量可控,可以驱动任何流体,是重要的泵技术。目前重力泵的平置储液池已被用来进行流体驱动和恒流进样等,取得了很好的驱动与控制效果。

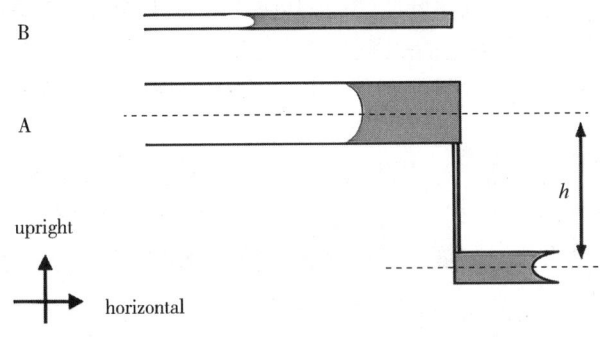

图 3-18　实现恒流驱动的重力泵平置储液池[51]

3.2.4.5　组合驱动流体技术和二维分离泵

组合驱动流体技术就是指采用一种以上驱动原理的微流体驱动与控制技术,通过将我们常见的电、光、磁、热等一种或几种致动形式的有效组合而实现,这些组合形式对于发展多维分离分析技术十分重要。与常规多维色谱分析相比,芯片式的多维分离分析具有更重要的应用潜力和发展前景。芯片式多维分离模式就是通过将正交的两种或多种分离机理整合到同一块玻璃、硅或高聚物材料的芯片上,可通过两种主要技术实现:一种是采用一种驱动场(例如电场力)结合不同驱动模式的(正交的或接近正交的)分离模式;另一种是采用一种驱动模式,两种正交的驱动场驱动的分离模式,通过正交的驱动模式实现混合样品的分离分析示,如图 3-19 所示。

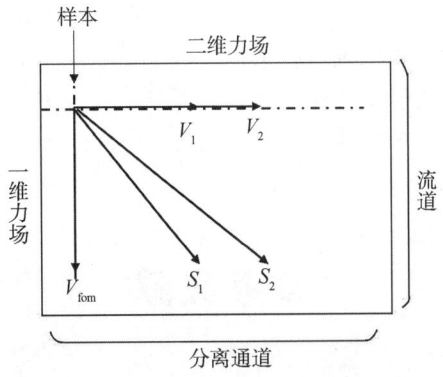

图 3-19　芯片式二维分离分析示意图[51]

为具体阐述上述两种主要技术,在此举例说明一些重要的基于电场力、磁场力、重力、压力流和光等的组合驱动形式及其相应的重要微分离技术。

重力-电场力——芯片流式细胞术。重力和电场力结合可以方便地实现细胞和颗粒筛选控制。Yao 等人在十字形微流体检测芯片上以重力和电场力两种驱动力相结合的方式实现了流式细胞检测技术。以 Hela 细胞(子宫颈癌细胞)作为样本,采用嵌入式染料 TO-PRO-3 穿透受损细胞膜对细胞内核酸进行标记。以 635 nm 激光器作为激发光源,采用激光诱导荧光检测方法不经破膜实现单细胞的荧光检测,并将该方法应用于紫外线诱导 Hela 细胞凋亡和坏死情况的微流体检测芯片流式细胞检测。

压力流-磁场力——芯片自由流磁泳(Free-flow magnetophoresis,FFM)。Pamme 和 Manz 等人[52]在芯片上实现了自由流磁泳分离,并将其应用于磁性微粒和聚集体连续分离。微芯片磁泳装置的核心部件为一矩形中空的平板微芯片分离室,两端均匀分布许多液体进口和出口通道,分离室的上方放置一块永磁铁。他们利用该技术实现了三种不同粒径和不同磁化率微球的连续分离。

压力流-电场力——芯片自由流电泳(Free-flow electrophoresis,FFE)。与 FFM 相似,可以利用压力流和电场力组合驱动实现 FFE,连续实现微量样品的分离分析。由以上举出的一些简单示例可见,组合驱动形式对发展二维甚至多维的微分离技术十分有效。

本章小结

微流体控制与驱动技术是微电子机械系统中经常要遇到的问题,也是其发展过程中亟待解决的关键技术之一。本章分别从微流体控制与微流体驱动两个部分介绍了当前应用较为广泛的控制与驱动技术。微流体控制技术是微流体检测系统乃至整个微全分析系统的核心技术,本章通过对电渗控制与微阀控制这两类主要的微流体控制技术的详细介绍,为读者普及基础的微流体控制技术相关知识。其中,电渗控制包括:添加剂电渗控制法、管壁涂层电渗控制法等。微阀控制则包含主动型微阀与被动型微阀两大部分。操控流体是微流体系统的基础和关键,这就依赖于微泵来实现。本章不仅为读者梳理了微泵的研究现状以及当前对于其的分类,还按照国际主流分类标准,从机械式微泵、非机械式微泵以及不属于以上两类但具有其他多功能的微泵三个部分对微流体驱动技术做详细说明。文中从不同类型微泵的原理、制作工艺以及相关学者所进行的对应工作等几个方面出发,介绍了各种微泵的有关知识供读者学习。

参考文献

[1] 冯焱颖,周兆英,叶雄英,等.微流体驱动与控制技术研究进展[J].力学进展,2002(01):

1-16.

[2] 李鹏飞. 基于压电驱动与控制的液滴式微混合器设计及实验研究[D].长春:吉林大学,2022.

[3] 朱英,陈义,竺安.毛细管电泳中的电渗及其控制[J]. 化学通报,1996(10):29-34.

[4] HJERTEN S. Free zone electrophoresis [J].Chromatographic reviews, 1967, 9(2):122-219.

[5] YAO X W, WU D, REGNIER F E. Manipulation of electroosmotic flow in capillary electrophoresis [J]. Journal of chromatography, 1993, 636(1): 21-29.

[6] HSIAO Y C, WANG C H, LEE W B, et al. Automatic cell fusion via optically-induced dielectrophoresis and optically-induced locally-enhanced electric field on a microfluidic chip [J]. Biomicrofluidics, 2018, 12(3):034108.

[7] OROSZI L, DER A, KIREI H, et al. Control of electro-osmostic flow by light [J]. Applied physics letters, 2006, 89(26):263508.

[8] XIAOSONG WU,SEONG-HYOK KIM,CHANG-HYEON J I, et al. A solid hydraulically amplified piezoelectric microvalve[J]. Journal of micromechanics and microengineering, 2011, 21 (9):095003.

[9] BAE B H, KEE H S, KIM S H, et al. In vitro experiment of the pressure regulating valve for a glaucoma implant[J]. Journal of micromechanics and microengineering,2003,13(5):613-619.

[10] 李松晶,刘旭玲,贾伟亮.气动电磁微阀的仿真研究[J].液压与气动,2013(07):6-8.

[11] TAKAO H, KAZUHIRO, et al. A mems microvalve with pdms diaphragm and two-chamber configuration of thermo-pneumatic actuator for integrated blood test system on silicon[J]. Sensors & Actuators: a. Physical,2004,119(2):468-475.

[12] PICCINI M E, BRUCE C TOWE. A shape memory alloy microvalve with flow sensing[J]. Sensors & Actuators: a. Physical,2006,128(2):344-349.

[13] HAMBERG M W, NEAGU C,GARDENIERS J G E,et al. An electrochemical microactuator [C]. Micro Electro Mechanical Systems,1995,MEMS 95,Proceedings. IEEE. IEEE xplore, 1995:106-110.

[14] SUZUKI H, YONEYAMA R. Integrated microfluidic system with electrochemically actuated on-chip pumps and valves[J]. Sensors & Actuators: b. Chemical, 2003,96(1):38-45.

[15] WANG J, CHEN Z, MAUK M,et al.Self-actuated,thermo-responsive hydrogel valves for lab on a chip [J]. Biomedical microdevices,2005,7(4): 313-322.

[16] HU M, DU HJ, LING SF, et al. A silicon-on-insulator based micro check valve [J]. Journal of micromechanics and microengineering,2004,14(3):382-387.

[17] LI BO, QUANFANG CHEN. Solid micromechanical valves fabricated with in situ uv-liga assembled nickel [J].Sensors & Actuators: a. Physical, 2005,126(1):187-193.

[18] 龚磊. 微流体系统流动—电场—离子运动多物理场耦合现象研究[D].武汉:华中科技大学,2008.

[19] 许忠斌,杨世鹏,刘国林,等.微泵的研究现状与进展[J].液压与气动,2013,262(06): 7-12.

[20] LI X, X YU.Development of micro pump with micro fins[C]∥Proceedings of the 2010 5th IEEE International Conference on Nano/Micro Engineered and Molecular Systems. Xiamen,

China,2010:505-508.

[21] 傅新,谢海波,杨华勇.Micro-DPIV 技术在微型无阀泵瞬变流场检测中的应用[J].自然科学进展,2005(03):82-88.

[22] MA H K, KOU B R ,et al.Development and application of a diaphragm micro-pump with piezoelectric device[J]. Microsystem technologies, 2008,14:1001-1007.

[23] MACHAUF A, NEMIROVSKY Y, DINNAR U. A membrane micropump electrostatically actuated across the working fluid[J].Journal of micromechanics and microengineering,2005,15 (12):2309-2316.

[24] ASTLE A A, KIM H S,et al.Theoretical and experimental performance of a high-frequency gas micropump[J]. Sensors actuators a,2007,134(1):245-256.

[25] 应济,李俊,等.静电微泵吸合与释放特性研究[J].机械强度,2011,33(1):68-72.

[26] 陈荣,王文.静电驱动柔性振膜型微泵的动力学分析[J].工程热物理学报,2010,31(2):197-200.

[27] SEUNG M HA, W CHO, Y AHN. Disposable thermo-pneumatic micropump for bio lab-on-a-chip application[J]. Microelectronic engineering,2009,86:1337-1339.

[28] CHRISTOPHE YAMAHATA, et al.A ball valve micropump inglass fabricated by powder blasting[J]. Sensors and actuator b,2005:1-7.

[29] CHAO ZHI, TADAHIKO SH, INSHI,et al.A micro pumpdriven by a thin film permanent magnet[J]. Journal of advanced mechanical design systems and manufacturing, 2012:1180-1189.

[30] XU D, WANG L, DING G, et al. Character-istics and fabrication of niti/si diaphragm micropump[J]. Sensors and actuators a, 2001,(93):87-92.

[31] SHUXIANG GUO, XUSONG SUN, et al.SMA actuator-based novel type of peristaltic micropump[C]//Proceedings of the 2008 IEEE International Conference on Information and Au-tomation June 20-23,Zhangjiajie,China,2008:1620-1625.

[32] YOSHITAKA NAKA, MASAKI FUCHIWAKI, et al. A micropumpdriven by a polypyrrole-based conducting polymer soft actu-ator[J]. Polym.Int,2010,59:352-356.

[33] CHEN C L, S SELVARASAH, et al. An electrohydro-dynamicmicropump for on-chip fluid pumping on a flexible parylenesubstrate[C]// 2007 2nd IEEE International Conference on Nano/Micro Engineered and Molecular System,New York,2007:573-576.

[34] CHEN C H, SANTIAGO J G. A planar electrosmotic micropump[J]. Journal of microelectro-mechanical systems,2001,11:672-683.

[35] HOMSY A, LINDER V, LUEKLUMF,et al.Magneto hydrodynamic pumping in nuclear magnetic resonance environments[J]. Sensors and actuators b chem,2007,123(1):636-646.

[36] NGUYEN B, S K KASSEGNE. High-current density dc ma-genetohydro-dynamics micropump with bubble isolation and release system[J]. Microfluid nanofluid,2008,5:383-393.

[37] YUN K S, CHO I J, BU J U, et al.A surface tension drivenmicropump for low voltage and low power operations[J]. MEMS,2002,11:454-461.

[38] CHEN L X, WANG H L,et al.Sens[J].Actuators b,2005,104(1):117-123.

[39] PRAKASH P, GRISSOM M D, RAHN C D, et al. Development of an electroosmotic pump for

high performance actuation[J]. Journal of membrane science, 2006,286: 153-160.

[40] JEERAGE K A, NOBLE R D, KOVAL C A. Investigation of an aqueous lithium iodide/triiodide electrolyte for dual-chamber electrochemical actuators [J]. Sensors and actuators chemical, 2007, 125(1):180-188.

[41] CHEN L X, LI Q L,et al. Chin. Electrokinectic pumping system based on nanochannel membrane for liquid delivery[J]. Chem.Letters,2007,18(3):352-354.

[42] CHEN L X, GUAN Y F, et al. Application of a high-pressure electro-osmotic pump using nanometer silica in capillary liquid chromatography[J]. Journal of chromatogr.a,2005,1064 (1):19-24.

[43] CHEN L X, MA J P,et al. Study of an electroosomotic pump for liquid delivery and its application in capillary column liquid chromatography[J]. Journal of chromatogr.a,2004,1028 (2):219-226.

[44] WANG L, HE Y Z, et al. Study on pressurizing electroosmosis pump for chromatographic separation [J]. Talanta, 2006, 70(2): 358-363.

[45] HAN F, HE Y Z, LI L, et al. Determination of benzoic acid and sorbic acid in foodproducts using electrokinetic flow analysis-ion pair solid phase extraction-capillary zone electrophoresis [J]. Analytica chimica acta, 2008, 618(1):79-85.

[46] WANG X K, HE Y Z, QIAN L L. Determination of polyphenol components in herbal medicines by micellar electrokinetic capillary chromatography with tween 20 [J]. Talanta, 2007, 74(1):1-6.

[47] LI F Y, ZHENG Y, WU J, et al. Smartphone assisted immunodetection of HIV P24 antigen using reusable, centrifugal microchannel array chip [J]. Talanta, 2019, 203:83-89.

[48] CHEN L X, CHOOT J, YAN B. The microfabricated electrokinetic pump: a potential promising drug delivery technique [J]. Expert opinion on drug delivery, 2007, 4(2):119-129.

[49] LEACH J, MUSHFIQUE H, DI LEONARDO R, et al. An optically driven pump for microfluidics[J]. Lab on a chip, 2006, 6(6):735-739.

[50] MARUO S, INOUE H. Optically driven micropump produced by three-dimensional two-photon microfabrication [J]. Applied physics letters, 2006,89(14):144101.

[51] 李清岭,陈令新.微流体驱动与控制技术[J].化学进展,2008(9):1406-1415.

[52] PAMME N, MANZ A. On-chip free-flow magnetophoresis: continuous flow separation of magnetic particles and agglomerates [J]. Analytical chemistry, 2004, 76(24):7250-7256.

第 4 章
进样及样品前处理技术

微流体检测芯片的实验流程包含进样和样品预处理两个重要环节,作用是将原始样品送入芯片系统中,将样品转换为适于运行的形式,并保证最终样品处理结果的质量和可靠性[1]。进样及样品预处理虽然只是微流体检测的前期准备工作,但往往能直接影响到最后的检测结果,同时进样及样品预处理也是微流体检测芯片实验室产业化的必要条件之一[2]。从微流体检测芯片实验室概念提出至今,已经累积了一整套进样和样品预处理技术,是微流体检测技术发展的重要基础[3]。

进样是微流体检测技术的第一步,指的是利用微流通道或者通道网络将样品从样品源引入芯片样品处理步骤[4]。广义上来说,在微流体检测芯片实验室中应当能够处理气态、液态或固态等不同形态的样品,样品源可在芯片上,也可置于芯片外,但若在芯片外,则需适配连接导管以输运样品。输运的样品多是以流体形态存在的液态和气态物质[5],一般前者居多。固态样品本身不具流动性,但可在流体化后实施进样,以溶解或以液/气流携带的技术为常用手段。同时根据需要辅助通道的数量,进样方法又可分为单通道辅助进样和多通道辅助进样两类[6]。

相对于进样而言,最常见且重要的前处理操作是复杂基质中的样品提取和预富集[7]。前者以液液萃取、固相萃取、过滤和渗析等为代表,后者则包括等速电泳和场放大堆集等。在芯片上实施时,样品的提取会因微型化而效率更高、耗费更少、更易于在线偶联后续操作单元,微型化也会改变实际情况中进样操作的原有操作模式,其中蕴含较多技术增长点,至今仍是芯片实验室研究的热点[8]。

本章将对进样与样品预处理的各项技术进行逐一说明。

第 1 节　微流体进样

利用芯片平台处理样品,首先需要将样品引入芯片的样品处理通道或通道网络,该步骤通常称为进样[9]。进样是芯片实验室的关键技术之一,通常又可分为上样和取样两个步骤。由于芯片体积微小,故引入样品的量、形态和方式等均会对后续样品处理产生影响,这种影响有时甚至是决定性的。稳定、可靠的进样是微流体检测芯片实验室产业化的必要条件之一。

芯片进样的驱动方式有手动、电泳、注射泵、静压力、表面张力、磁力、重力、微泡进样等。一般意义上的进样通常是针对液态样品;气态样品也可以直接进样;固态样品在微粒化后,经气体或液体携带可被引入芯片样品处理通道。在芯片实验中,进样方式是实验成功的重要保证之一。根据进样的驱动方式和辅助通道的设置,可以实现不同类型的样品引入。按所设置的辅助通道的数量,引入样品区带的进样方法又可分为单通道辅助进样和多通道辅助进样两类。

4.1.1 单通道辅助进样

经样品源向芯片样品处理通道内输入样品区带通常需要其他手段辅助,最简单的方法是设置一条辅助通道,该法被称为单通道辅助进样,通常分为上样和取样两步。单通道辅助进样按照上样和取样的驱动力不同可分为完全电动单通道辅助进样、完全压力单通道辅助进样和压力电动单通道辅助进样等。

(1)完全电动单通道辅助进样

完全电动单通道辅助进样简称电动进样,指的是一种仅以电动力(包括电泳力和电渗力)为驱动力,通过电压切换,在十字交叉处形成样品区带并将其引入样品处理通道的方法。电动进样操作简便,易于实施,是目前主流的单通道辅助进样技术。而依据电压施加策略的不同,这种进样方式又可分为简单进样、悬浮进样、压缩进样和门进样等。图 4-1 为简单进样原理示意图。

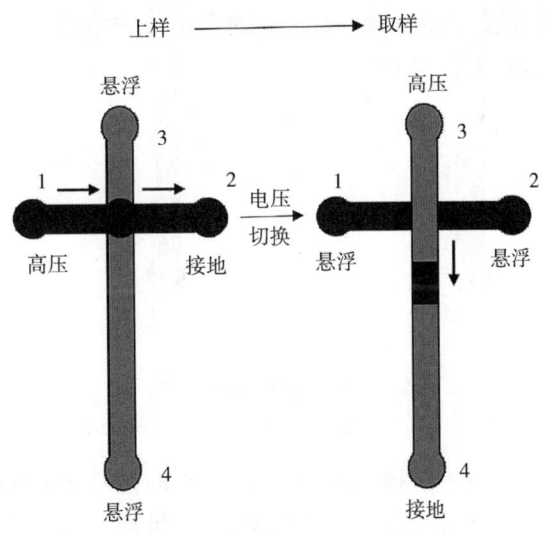

图 4-1 简单进样原理示意图
1—样品池;2—样品废液池;3—缓冲液池;4—缓冲液废液池

悬浮进样原理(悬浮指的是电极不施加电压的状态)如图 4-2 所示。上样和取样都只涉及单方向电场,操作简单,在预实验中较为常用。压缩进样原理涉及多方向电场,可较好地控制样品区带的量和长度,在实际中使用较多,如图 4-3 所示。门进样方法可向样品处理通道内连续输入区带,缺点在于输入区带的形态不甚规则。所有电动进样方法均服从基尔霍夫定律,即在任一时刻,各段流路内的电场强度的矢量和等于零。

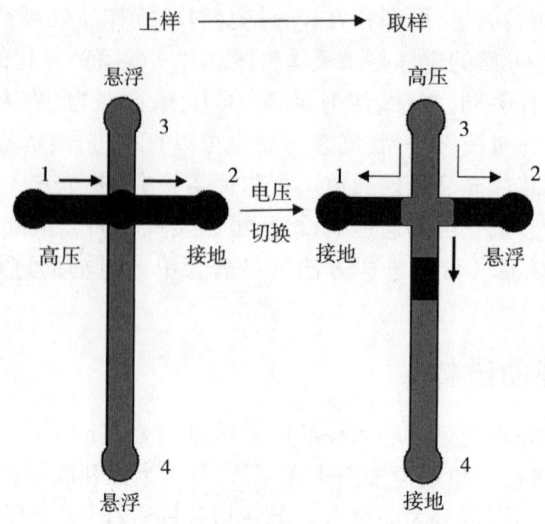

图 4-2 悬浮进样原理示意图

1—样品池；2—样品废液池；3—缓冲液池；4—缓冲液废液池

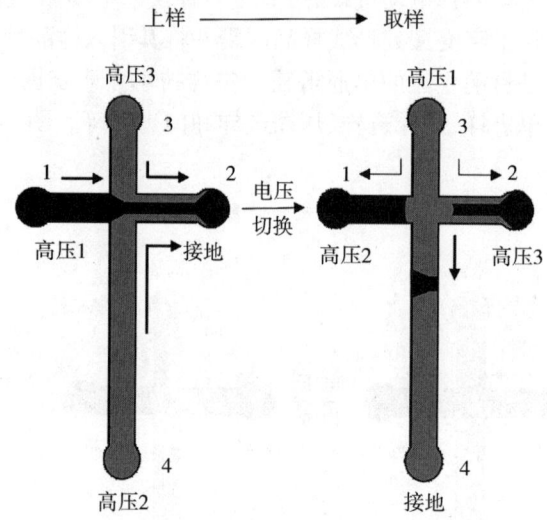

图 4-3 压缩进样原理示意图

1—样品池；2—样品废液池；3—缓冲液池；4—缓冲液废液池

电动进样的主要缺点是其存在一种进样歧视效应,指的是一种因样品中各组分电动性质相异而导致样品区带不能代表实际样品组成的现象,具体机理会因进样类型而存在差异并且在上样和取样阶段同时存在[10]。在上样阶段,门进样直接影响着样品的进样量,而进样量又与上样时间密切相关。在相同的上样时间内,不同组分的样品具有不同的电动淌度。这种电动淌度的差异会导致歧视效应的发生。电动淌度较大的组分会在进样过程中具有更大的进样量,而电动淌度较小的组分则会有较小的进样量,可以将这种现象理解为一种淌度电歧视。理论上只要上样时间足够长,保证所有组分均通过十字交叉口,则上述淌度电歧视效应可以避免。研究表明,上样过程中产生的一定程度的歧视效应主要由两个方面构成:一是溶液离子强度的变化;二是电极附近缓冲液的电解产生的流体系统 pH 值漂移[11]。较之上样阶段,对取样阶段电歧视的研究则相对滞后,目前了解的情况是这种电歧视与样品组分分子所带电荷的种类及上样通道与分离通道的宽度比有关[12]。

此外,门进样除存在淌度电歧视外,还存在弯角电歧视,因此不推荐其作为复杂样品定量分析的进样方法。弯角电歧视指的是由于样品各组分电动淌度不一致,使其自身在经过十字交叉时因转弯半径不一致所引起的歧视效应。

(2)完全压力单通道辅助进样

仅利用压力将样品带入样品处理通道的方法称为完全压力单通道辅助进样,简称压力进样[13],如图 4-4 所示。在压力作用下流体的行为与样品组成、管壁带电状况等基本无关,因此压力进样方法所引入的样品区带在很大程度上可代表样品中各组分的真实组成,但向微通道内施加压力操作比较繁杂,所需设备也较精密和昂贵,有一定的技术门槛。此外,压力进样方法并不涉及电场,因此,完全压力单通道辅助进样方法的实际应用面较窄,主要集中于芯片液相色谱类操作[14, 15]。

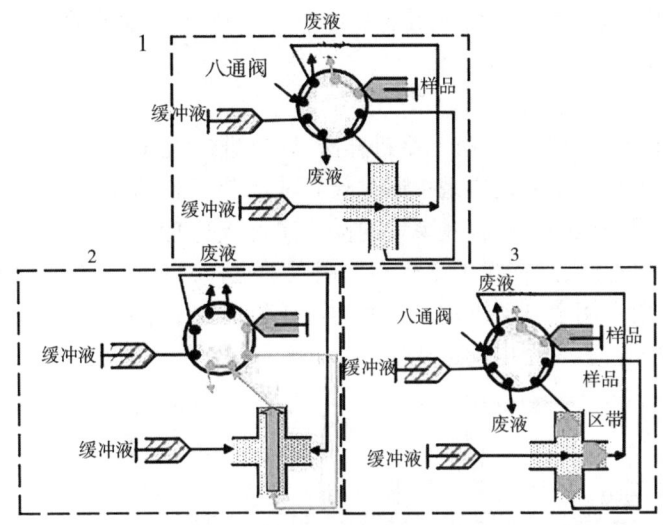

图 4-4　完全压力单通道辅助进样[16]原理示意图
1—预备状态;2—上样;3—取样通过

(3)压力电动单通道辅助进样

压力电动单通道辅助进样是一种上样驱动力为压力、取样驱动力为电动力的进样方法,简称压力电动进样。其基本原理是用压力上样使样品区为样品中各组分的真实组成[17]。类似于完全压力进样,压力电动进样的推广受限于压力上样的技术门槛,但因产生压力的方式种类繁多,此方法曾成为科学界的研究热点之一。此外,除静压力电动进样方法外,其他种类的压力电动进样方法还有注射泵致压力电动进样、气动微泵致压力电动进样、电动静压力进样等[18],如表 4-1 所示。

表 4-1　压力电动进样

方法	原理	使用方式
注射泵致压力电动进样	使用注射泵施加压力推动进样液体进入系统	都是通过施加外部压力推动进样液体进入系统,使用注射泵需要外部电动机驱动,需要连接液压或气动供应源

续表

方法	原理	使用方式
气动微泵致压力电动进样	通过气动微泵产生气压推动进样液体进入系统	使用气动微泵不需要外部电动机驱动,需要连接气源
电动静压力进样	利用施加电场来调控样品的压力差,从而推动样品进入芯片通道。这种方式无须复杂设备,适用于对电场敏感的样品	在芯片上施加适当的电场,以调控样品的压力差,精确控制电场的强度和方向,以确保样品能够准确地进入所需的处理区域

4.1.2 多通道辅助进样

设置多条辅助通道,向样品处理通道内输入样品区带的方法称为多通道辅助进样,主要有十字交叉结构、Double-T 结构以及 T 型结构[19]。对于十字交叉结构与 Double-T 结构,一般采用电动进样法,它的原理是利用电场作用下芯片中的 EOF 来推动液体的整体移动,此方法虽然操作方便,但由于电泳力的存在,会使得离子分离,存在检测偏差。Double-T 结构相对于十字交叉结构,增加了进样通道与分离通道交叉位置处的样品量,进而提高了检测精度[20]。对于这两种结构常用的电动进样方法有十字进样法、回流进样法、Double-L 进样法等。对于 T 型结构,一般采用压力进样。压力进样是指通过外界辅助装置施加一定的压力将待测样品注入微芯片中,该方法采用加压的方法将极少量的样品注入微通道的特定位置,对实验条件以及装置的要求很高。也有少数文献在 T 型结构中采用电动进样,该方法对进样时间以及进样电压的控制要求较高,一般采用全自动进样。典型的途径包括双十字静压力进样法(见图 4-5)、双十字静压力电动进样法、多 T 型电动进样法等[21]。

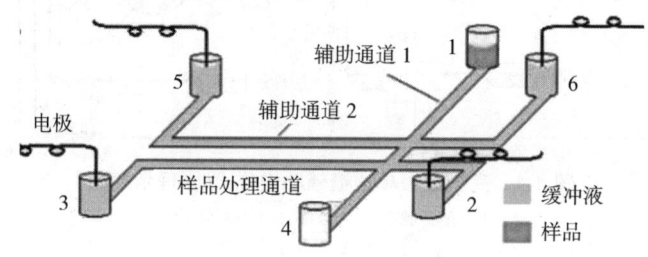

图 4-5　双十字静压力进样法

1—样品池;2—样品废液池;3,5—缓冲液废液池;4,6—缓冲液池

双十字结构是指在原有十字交叉设计基础上,增加第二个相似的十字交叉结构,且这两个十字交叉结构的间距非常小,通常在几微米和几十微米之间。上样操作时,首先将样品废液池排空,向其余的储液池内加入一定体积的溶液,在静态压力驱动下,样品从样品池 1 通过桥流入样品废液池。待两个十字交叉口充满样品后,同时在辅助通道 2 和分离通道内施加大小相等的电场进行样品采集。在电场作用下,分离通道中十字交叉口处的样品被导入分离通道,形成清晰的样品带;而来源于样品池的静态压力驱动样品流则通过电场作用转入辅助通道 2,从而避免进入分离通道,确保后续电泳分析不受干扰。得益于两条辅助通道的设计,该双十字静压力进样方法能够精确调控样品区带的形成。实验结果表明,在一定条件下,进样量与旁路电场强度之间呈现良好的线性关系[22]。该方法的局限性在于芯片微通道网络设计的复杂性,这可能导致制造成本增加和操作难度提升。

图 4-6 为双十字静压力电动进样法示意图,其操作流程如下:基于原有十字交叉结构,加

入一个新的十字交叉结构,两个十字交叉点之间的距离通常为几微米至几十微米。在上样过程中,首先将样品废液池排空,其余储液池内加入适量溶液,通过静态压力驱动样品从样品池1流入样品废液池。待两个十字交叉口充满样品后,施加相同的电场强度,在辅助通道 2 和分离通道中进行样品采集。在分离通道中,十字交叉口处的样品在电场作用下进入分离通道,形成样品带,而样品池中的静态压力样品则通过电场转移至辅助通道 2,避免进入分离通道,从而不干扰后续的电泳分析。

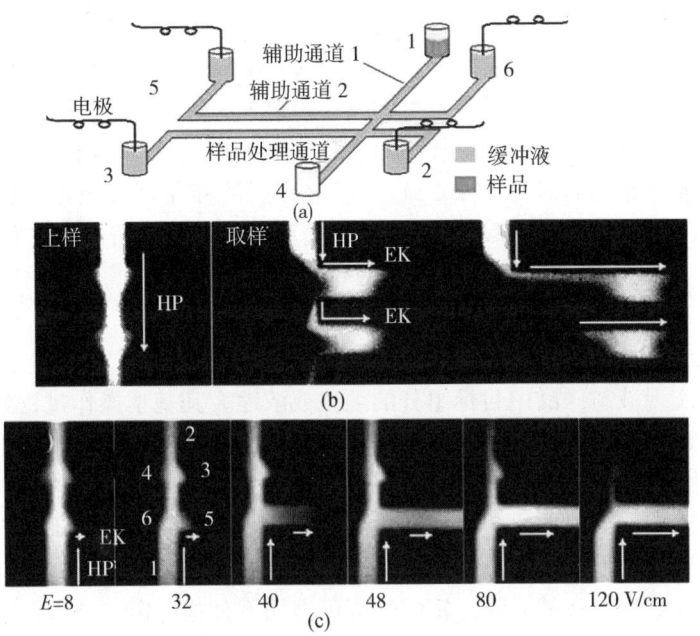

图 4-6　双十字静压力电动[4]进样法

1—样品池;2—样品废液池;3,5—缓冲液废液池;4,6—缓冲液

　　T 型进样系统在交叉通道系统中,由样品塞的体积注入通道的横截面几何形状决定,这意味着该系统提供的样本量总是恒定的。这种布置显然不适合于需要向分离过程提供较大样品塞的系统,故用双 T 型或三 T 型进样系统取代交叉通道布置。多 T 型系统(见图 4-7)可以用于通过以类似于稍后描述的多 T 型的方式控制电压施加序列来模拟双 T 型的功能。在样品输送到分离过程的阶段,其体积的大小受限于所采用的微流体检测芯片上进样系统的特性。然而,这些进样系统往往在某种程度上表现出一定的局限性,限制了其灵活性和适用范围。

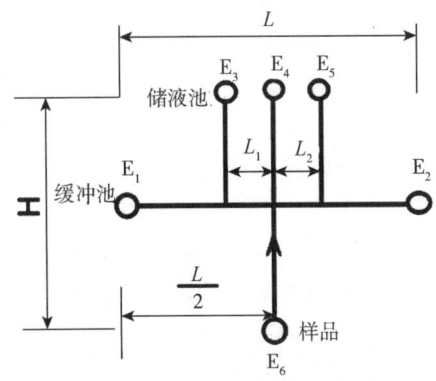

图 4-7　多 T 型系统示意图

第 2 节　样品预处理

微流体检测芯片实验室多涉及基质复杂的生物或化学样品,因此前处理单元显得尤为重要。在微流体检测芯片实验室范畴内,最常见且重要的前处理操作是复杂基质中的样品提取和预富集。前者以液液萃取、固相萃取[23]、过滤和渗析等为代表,后者则包括等速电泳和场放大堆集等[24]。当然,两者不能截然分开,譬如液液萃取、固相萃取和渗析也兼具富集功能。特别是固相萃取,其富集倍数有时可达 103,超过一些专门的样品富集技术。此外,固相萃取在芯片平台上较易实现,芯片设计也较简单,是芯片平台上最重要的前处理技术之一。

4.2.1　固相萃取

固相萃取(Solid phase extraction,简称 SPE)是一种样品前处理技术,通过在固态基质上的吸附和脱附过程,实现液态样品中目标组分的纯化或浓缩。其基本操作过程如下:使原始样品流过固相基质以吸附其中的待测组分,随后用溶剂冲洗固相基质将其吸附的干扰组分去除,最后将被测组分从固相基质上洗脱。在通常情况下,被测组分在洗脱液中的浓度在原则上与在原始样品中的浓度无关,而只取决于固相基质上被测组分的吸附量和洗脱液的体积。如果被测组分的原始浓度较低,但有足够量的样品流过固相基质,则被测组分在洗脱液中的浓度仍可能较高,虽然这往往需要较长的时间。富集效应可由如下公式确定:

$$F = p \times V_i/V_F \tag{4.1}$$

式中:F 为富集倍数;p 为相转移率;V_i 和 V_F 分别为样品溶液体积和洗脱液体积。

相转移率在理想状态下等于 1,即流经固定相的被测组分全部被吸附且全部被洗脱液洗脱。这就要求:①固相基质在体积一定的情况下能尽量多地吸附被测组分。通常有两种手段,一是采用比表面积较大的多孔基质或微球作为固定相,例如高压液相色谱中常用的 C18 微球、溶胶凝胶和整体柱等;二是在固相表面固载与样品有特异性相互作用的配体。②洗脱液能迅速从固相基质上全部脱附待测组分。脱附越快,则所耗洗脱液体积 V_i 越小,富集倍数越大,同时洗脱峰会窄而高。还需注意,如果采用光学检测,为防止不同溶液界面之间的折射率差异而可能产生的干扰,应使洗脱液尽可能与缓冲液介质的折射率相近。

4.2.2　等速电泳

等速电泳(Isotachophoresis,ITP)是一种基于离子淌度差异的"移动边界"电泳技术[25]。随着现代毛细管电泳技术的发展,等速电泳迅速与之结合,成为一种新型的高效分离技术。在等速电泳中,采用两种不同的缓冲液系统:一种称为前导电解质,充满整个毛细管柱,其淌度高于任何样品组分;另一种称为尾随电解质,置于一端的电泳槽,其淌度低于任何样品组分。在这样的设置下,被分离的组分按照其不同的淌度顺序排列在其中,以同一速度迁移,从而实现有效的分离。

20 世纪末,等速电泳又因具有样品预富集的功能而在一段时间内再一次成为研究热点。这种富集功能归因于等速电泳的"区带浓缩效应",指的是组分区带的浓度由前导电解质决定。一旦前导电解质浓度确定,各区带内离子的浓度也即成为定值。如果此时某组分离子浓度较小,就将被浓缩。浓缩倍数由 Kohlauch 公式决定,通常从几十倍至几百倍不等。

进入 21 世纪后,以微通道网络为基础的芯片实验室因其大规模集成各种单元技术的本质属性而被认为有望实现常规生物或化学实验室的各种功能[26]。而等速电泳作为一种与微通道有良好适应性且兼具分离和富集功能的单元技术当然也受到了学者们的关注,主要表现在作为芯片电泳进样前的一种样品富集技术,基本思想是:样品在浓缩通道中进行 ITP 预浓缩分离,迁移率最快的前导电解质经废液通道被引入废液池,而当浓缩后的待测组分迁移到分离通道的入口处时,切换电压,将待测组分的浓缩带引入分离通道进行分离和检测。国内外一些研究小组和研究团队如刘大渔、黄准青[27]等分别做了很多卓有成效的工作,诸如利用激光诱导荧光检测提高灵敏度,灵活设计芯片微通道网络从而摒弃原有的泵和阀等。

芯片分析的步骤如图 4-8 所示。该芯片在实际操作过程中无须任何泵和阀,只需 5 个电极便可控制样品的进样、浓缩和分离操作。该系统被应用于乙型肝炎病毒的基因分型研究。研究结果表明,标准 DNA 样品中 X174-Haedigest 浓缩倍数达到 300 倍以上,为基因分型研究涉及的低浓度 DNA 样品分析提供了技术支撑,且微流控芯片实验室设计灵活的优势在该装置上得到了充分的体现。在此芯片上,通过增加进样通道的长度,可以提高富集倍数和检测灵敏度,但由于这种增加会受到芯片尺寸及富集时间的制约,故不能无限增加。与此相比,毛细管等速电泳则必须采用进样耦合装置的设备,但此设备需附加硬件且容易造成死体积。

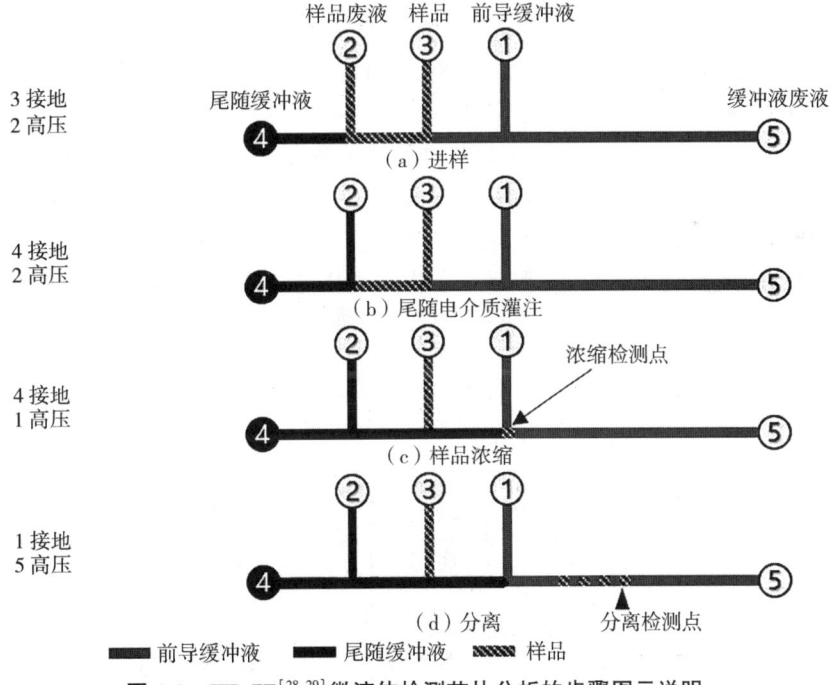

图 4-8 ITP-ZE[28,29] 微流体检测芯片分析的步骤图示说明

4.2.3 油液检测中的油样制备

在工程机械行业中,液压系统扮演着至关重要的角色。液压油作为液压系统的核心介质,传递力量、控制执行器运动。然而,近年来研究表明,约 80% 的液压系统工作不稳定或发生故障与液压油的污染有直接关联。因此,对液压油液中的主要污染物进行准确检测和分析变得尤为重要。通过这一流程,我们可以实现液压设备的故障预测与诊断,延长设备的使用寿命,同时节约经济成本。通过定期对液压油进行检测,可以及早发现潜在的污染问题,并采取相应的维修措施,避免设备故障发生。污染的液压油可能引发多种问题,如摩擦增加、密封失效、泵和阀门磨损,从而缩短设备的使用寿命。为了保持液压系统的正常运行状态并延长设备的使用寿命,及时检测和监测液压油的污染程度,采取适当的维护措施,有助于及早发现问题并调整维护计划,避免设备故障导致的生产中断和维修成本增加。同时,延长设备的使用寿命还可以减少购置新设备的经济负担,实现成本节约。另外,污染的液压油若不及时处理,可能对环境造成负面影响。废弃的液压油未经正确处理就排放到环境中,会对土壤和水源造成污染,对环境健康产生影响。液压油污染检测在工程机械行业中具有不可忽视的重要性。通过准确检测和分析液压油中的主要污染物,能够预测和诊断设备故障,延长设备的使用寿命,节约经济成本,并且对环境保护起到积极的作用。

当前,国际上最通用的液压油评价标准主要为美国航空航天学会提出的 NAS 1638 固体污染度等级标准(见表 4-2)和国际标准化组织制定的 ISO 4406 污染度等级标准(见表 4-3)。NAS 1638 固体污染度等级标准和 ISO 4406 污染度等级标准分别根据每 100 mL 液压油内各尺寸段的颗粒数和每毫升的颗粒数进行油液污染定级。在油液污染物检测中,实验油样需要根据具体的实验要求进行制备。在通常情况下,液压油液污染物可分为金属颗粒和非金属颗粒两类。金属颗粒包括铁磁性颗粒(如铁颗粒)和非铁磁性颗粒(如铜颗粒),而非金属颗粒则包括水滴和气泡等。当进行油液金属颗粒污染物检测实验时,通常需要使用电子天平和电子显微镜来挑选合适重量和尺寸(粒径)的金属颗粒。然后,从符合实验要求的油液品种中选取合适样品,并将金属颗粒与油液混合后充分震荡,从而得到实验所需的油液样品。而进行油液非金属颗粒污染物检测实验时,使用电子天平、振动器和超声波振荡器等设备来制备实验所需的油液样品[30]。为制备含气泡的油液,直接将油液装入密封塑料管中(此时管中已含有空气),并将塑料管放入振动器中振动,然后用超声波振荡器振荡一定时间即可。通过控制油液与空气的体积比和振荡时间,可以产生不同尺寸的气泡。类似地,制备含有水滴的油液时,将蒸馏水和油液装入塑料密封管中,放置在振动器上振动后用超声波振荡器振荡即可。

表 4-2　NAS 1638 固体污染度等级标准

污染度等级	颗粒尺寸范围(μm)				
	5 ~ 15	15 ~ 25	25 ~ 50	50 ~ 100	>100
00	125	22	4	1	0
0	250	44	8	2	0
1	500	89	16	3	1
2	1 000	178	32	6	1
3	2 000	256	63	11	2
4	4 000	712	126	22	4
5	8 000	1 425	253	45	8
6	16 000	2 850	506	90	16
7	32 000	5 700	1 012	180	32

续表

污染度等级	颗粒尺寸范围(μm)				
	5~15	15~25	25~50	50~100	>100
8	64 000	11 400	2 050	360	64
9	128 000	22 800	4 050	720	128
10	256 000	45 600	8 100	1 440	256
11	512 000	91 200	16 200	2 880	512
12	1 024 000	182 400	32 400	5 760	1 024

表4-3　ISO 4406 污染度等级标准

每毫升颗粒数		等级数码	每毫升颗粒数		等级数码
大于	上限值		大于	上限值	
80 000	160 000	24	10	20	11
40 000	80 000	23	5	10	10
20 000	40 000	22	2.5	5	9
10 000	20 000	21	1.3	2.5	8
5 000	10 000	20	0.64	1.3	7
2 500	5 000	19	0.32	0.64	6
1 300	2 500	18	0.16	0.32	5
640	1 300	17	0.08	0.16	4
320	640	16	0.04	0.08	3
160	320	15	0.02	0.04	2
80	160	14	0.01	0.02	1
40	80	13	0.005	0.01	0
20	40	12	0.002 5	0.005	0.9

本章小结

　　本章内容主要介绍了进样和样品预处理的相关知识以及油液污染检测中的油样制备的要求,着重介绍了单通道与多通道辅助进样操作流程、各自优势及应用场景,并且具体介绍了固相萃取和等速电泳技术,展示了具体进样相关技术。

参考文献

［1］ HAEBERLE S, ZENGERLE R. Microfluidic platforms for lab-on-a-chip applications［J］. Lab on a chip,2007,7(9):1094-1110

［2］ NGUYEN N T, WU Z, MICIC M, Bachman M. Surface-tension-driven flows in microsystems ［J］. Annual review of fluid mechanics, 2008,40:375-397.

［3］ WHITESIDES G M. The origins and the future of microfluidics［J］. Nature, 2006,442(7101): 368-373.

［4］ LUO Y, WU D P, ZENG S J, et al. Double-cross hydrostatic pressure sample injection for chip ce: variable sample plug volume and minimum number of electrodes［J］. Analytical chemistry, 2006,78 (17), 6074-6080.

［5］ YANG C. Microfluidic transport: Modeling and design principles for transport systems in lab-on-a-chip devices［J］.Lab on a chip,2016,16(9), 1655-1668.

［6］ SQUIRES T M, QUAKE, S R. Microfluidics: fluid physics at the nanoliter scale［J］. Reviews of modern physics, 2005,77(3), 977.

［7］ LEE G B, CHANG C C, HUANG S B, et al. Development of a microfluidic chip integrating pcr and electrophoresis for detecting bacterial pathogens［J］. Biosensors and bioelectronics, 2004,20(9), 1896-1902.

［8］ WANG J, CHATRATHI M P, TIAN B, et al. Integrated microfluidic platform for single-nucle-otide polymorphism genotyping of dna using microarray electrophoresis［J］. Lab on a chip, 2007,7(12):1644-1650.

［9］ 林炳承,秦建华.微流控芯片实验室.［M］. 2 版.北京:科学出版社,2006.

［10］ GAI H W, YU L F, DAI Z P, et al. Injection by hydrostatic pressure inconjunction with elec-trokinetic force on a microfluidic chip［J］. Electrophoresis, 2004,25(28):1888-1894.

［11］ KNOX J H, BARRY E F. Discrimination in electrophoretic analysis［J］. Science, 1949,109 (2836):609-613.

［12］ WHITEHEAD M A, JOHNSON D L. The effect of buffer composition on the electrophoretic separation of proteins［J］. Analytical biochemistry:1975,62(1):175-184.

［13］ YAMAMOTO K, TANAKA T. Effect of channel aspect ratio on on-chip preconcentration and separation of dna fragments by electrophoresis using a microchannel device［J］. Electrophore-sis, 2002,23(10):1617-1625.

［14］ AHN C H, WOOLLEY A T, MATHIES R A.Microchip-based high-speed capillary electropho-resis［J］. Analytical chemistry, 1998,70(24):5172-5176.

［15］ WANG Y, LIU W, LIU X, et al. Application of pressure-assisted injection for microchip-based capillary electrophoresis［J］. Journal of chromatography a, 2005,1074(1-2):115-120.

［16］ BAI X X, LEE H J, ROSSIER J S, et al. Hpressure pinched injection of nanolitre volumes in planar micro-analytical devices[J]. Lab on a chip,2002,2（1）:45-49.

[17] KAMEOKA Y, CRAIGHEAD E, ZHOU H. Electrokinetic injection with pressure-assisted reservoir filling for microchip electrophoresis［J］. Analytical chemistry, 2003, 75（11）: 2524-2529.

[18] WANG J, TIAN B, ZHU L, et al. Pressure-assisted electrokinetic injection for microchip electrophoresis[J]. Electrophoresis,2004,25(14):2384-2389.

[19] WANG L, QIN Y, LIU Q. A simple microfluidic chip for rapid bacterial purification and detection from blood samples[J]. Biosensors and bioelectronics, 2011,26(9):3881-3887.

[20] HUANG Y, HAN J, LI X, et al. Microfabricated electrophoresis chips for simultaneous analysis of multiple ions[J]. Journal of chromatography A,2004,1060(1):89-96.

[21] CAO X, WU Y, ZHENG W, et al. A microfluidic chip based on a t-shaped junction for the detection of circulating tumor cells[J]. Sensors, 2018,18(8):2463.

[22] WANG X, YANG K, WU H, et al. A review of solid-phase extraction: basic principles and new developments[J]. Chinese journal of analytical chemistry, 2016,44(6):835-850.

[23] WEN X, LI J, ZHANG X. Advances in microfluidic devices for sample preparation[J]. Analytical methods, 2016,8(28):5497-5505.

[24] CHEN Q, BAI B, DENG Y, et al. Sample preparation strategies in biological analysis[J]. TrAC-Trends in analytical chemistry, 2019,118:497-511.

[25] KUBAN P, BOCHAROVA V, SYKORA D.Isotachophoresis separation of amino acids in a microfluidic fevice[J]. Electrophoresis, 2018,29(19):3977-3983.

[26] LIU D, GUO J, YANG Y, et al. Recent developments in isotachophoresis: instrumentation and applications[J]. TrAC-Trends in analytical chemistry, 2015,64:1-14.

[27] 刘大渔, 黄准青. 灵活设计芯片微通道网络从而摒弃原有的泵和阀等[C]. 生物工程学报,2018,34(2):206-212.

[28] 林炳承,黄准青,戴忠鹏.一种蛋白质分离分析用微流控芯片及分离分析方法: 200410020971.9[P].2004-07-15.

[29] BEARD N P, ZHANG C X, DEMELLO A J. In-column field-amplified sample stacking of biogenic amines on microfabricated ellectrophoresis devices[J]. Electrophoresis, 2003,24(4): 732-739.

[30] LIN C C, CHEN C C, LIN C E, et al. Microchip electrophoresis with hydrodynamic injection and waste-removing function for quantitative analysis[J]. Journal of chromatography a, 2004, 1051(1-2):69-74.

第 5 章

微液滴技术

微液滴技术(也称微液滴微流体检测技术)是在封闭的微通道网络中生成和操控纳升至皮升级液滴的技术。微液滴技术作为一种独特的反应器具有诸多优点:(1)每个微液滴都可以形成独立的微反应器;(2)微液滴可以大大降低样品与试剂的消耗;(3)样品在微液滴内可以快速混合,从而减少反应时间[1]。微液滴技术在化学合成、精密制造、医药化工、材料制备、生物医学、生命科学等领域具有广阔的应用前景。

微液滴技术的分类方法有很多,现有的微液滴技术可分为运动液滴和数字液滴两大类[2]。其中,前者指的是液滴在微通道中运动的状况;后者主要是指液滴基于表面电润湿效应在平面上运动的状况。其根据技术流程又可以分为微液滴生成技术和微液滴操控技术。微液滴生成技术是通过利用流体自身性质(液面的不稳定性)和外部施加能量(热能、电能、磁能、机械能和声能等)导致流体界面破裂并形成新的界面,从而生成可精确控制体积的微液滴的技术;而微液滴操控技术则是通过利用外部施加的场力(热动力、电场力、磁场力、光压和声压等)对微液滴的空间位置进行二次编辑,进而将微液滴精确移动至理想位置,操控技术可以根据形成方法分为主动法和被动法,具体还可以分成多相流法、电润湿法、介电电泳法、气动法和热毛细管法[3]。本章将会对以上技术进行逐一说明。

第 1 节　微流体液滴芯片

微液滴技术是近年来在芯片上发展起来的一种新的操纵微小体积液体的技术,它的核心就是微流体液滴芯片。现有的微流体液滴芯片可分为在微通道内的运动液滴和基于表面电润湿效应在平面上运动的数字液滴两大类型。运动液滴的基本过程是:将两种互不相溶的液体,以其中的一种作为连续相,另一种作为分散相,分散相以微小体积($10^{-15} \sim 10^{-9}$ L)单元的形式分散于连续相中,形成液滴在通道内运动,如图 5-1 所示,图中颜色深浅不同代表液滴的组成不同。微流体检测芯片上液滴的形成类似于乳化现象。在传统的乳化过程中,两种不相溶的液体如油与水,在容器中分成两层,若加入适当的表面活性剂并强烈搅拌,油被分散在水中,形成乳状液滴。

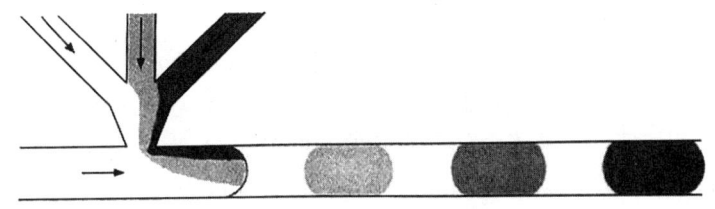

图 5-1　液滴示意图

根据分散相和连续相的不同,液滴可分为 W/O 型液滴和 O/W 型液滴[4]。其中,W/O 型液滴以水相为分散相,油相为连续相(俗称油包水);O/W 型液滴则以油相为分散相,水相为连续相(俗称水包油)。在下面的介绍中,若不特别提及,均指 W/O 型液滴。这里的油相泛指与水不相溶的有机溶剂,为保持液滴的稳定,通常都加入少量的表面活性剂,水相则为各种水溶液。

微液滴技术有着广泛的应用领域,其中最常见的用途是作为微型反应器进行微尺度反应及其过程研究[5]。这里所指的反应包括多种化学反应、生物化学反应,以及涉及相变的过程如纳米颗粒的合成等。微液滴技术是一种基于微流体检测芯片的新型液体操控技术,通过将液体分散成微小液滴单元作为微型反应器,在增强微流体检测芯片低耗、自动化和高通量等优势的同时,引起了越来越广泛的关注。它在物理学、化学、生物学等领域展现出巨大的应用潜力。美国哈佛大学的 George M. Whitesides 教授[6]研究团队在通道液滴的生成、运行及其操控等方面开展了相对全面的工作,为此后开展的一系列基于液滴的研究奠定了基础。本章将以该团队工作为主线,着力讨论微通道液滴的方方面面,也会以案例形式对该工作内容在智能数字液滴领域的工作予以简要说明。本章不讨论通道液滴的应用,将在相关的应用章节中对此做比较详尽的介绍。

第 2 节　微液滴技术的特点

微液滴技术主要强调了液滴的离散性。正因液滴在连续相中离散分布的特性,故而微液滴技术拥有更加特殊的优势,也极大地拓展了潜在应用价值[7]。微液滴技术主要优势如下所述。

(1)体积小、比表面积大

液滴的体积通常为 0.05~1 μL($10^{-15} \sim 10^{-9}$ L)[8],或者直径为 5~120 μm(实际大小与芯片通道尺寸和具体的操作条件有关),用于反应时所需样品量极微,试剂消耗极少,特别适用于某些样品来源非常有限和需要做大规模筛选的研究。更为重要的是,微小体积的液滴使其比表面积增大,大比表面积体系在传质、传热等方面有很多优势[9]。

(2)速度快、通量高

微流体检测技术的发展使液滴制备过程更加稳定,辅助以精确的控制,单分散液滴的生成频率可以高达数百千赫兹[10]。液滴的快速制备可以在非常短的时间内得到多个相同的微反应器单元,高效获得大量数据信息。

(3)大小均匀

微流体检测芯片上生成液滴时,油水两相界面张力以及油水两相内部的压力在水溶液断裂后的极短时间内即可恢复平衡,因此可以稳定生成大小均匀的液滴。液滴直径的相对标准偏差通常小于3%[11],保障了液滴内部反应条件的准确控制,为液滴内部反应的定量分析提供了可能,有利于材料合成中材料形貌的准确控制和材料合成条件的高通量筛选。

(4)混合充分

当液滴直径大于通道宽度时,液滴与通道壁接触,在其内部将形成以运动方向为轴的两个漩涡流,漩涡流内部的传质以对流为主,两个漩涡流之间的传质以扩散为主[12]。当液滴运动至直角拐弯通道时,上述漩涡流将沿运动方向被"拉伸"和"折叠",漩涡流内的溶液将有一半被另一个漩涡流的溶液所取代,经过多次这样的"拉伸"和"折叠",液滴内两个漩涡流的溶液将趋于均匀,这一充分混合的现象被称为混沌混合。液滴内部的混合效果在很大程度上取决于液滴被"拉伸"和"折叠"的次数,即液滴经历的直角拐弯数,增大液滴流速将缩短液滴经历"拉伸"和"折叠"的时间,可加速液滴内部的混合过程。

(5)体系封闭、内部稳定

油包水液滴生成后,包含试剂和样品的水溶液被不相溶的油相包裹,此时,液滴被看作一个封闭体系。这将带来三个方面的好处:首先,由于样品和试剂保留在液滴内部,避免了由分子扩散以及水分子的挥发造成的浓度变化,保持了液滴内部条件的稳定;其次,在油相的包裹作用下,液滴溶液与通道壁不直接接触,避免了液滴内样品分子吸附到通道壁上;此外,在油相的作用下,所有液滴随油相同步向前运动,消除了不同液滴间的交叉污染。在材料合成中,液滴的这种特征将有利于获得均一性、分散性较好的产物。

第3节　微液滴操控技术

微液滴操控包括微液滴生成和微液滴驱动。按液滴生成方式可以将微液滴操控的方法分为两大类:一类是被动法,即通过对微通道结构的特别设计使液流局部产生速度梯度来对微液滴进行操控,主要为多相流法,该法的主要特点是可以快速批量生成微液滴;另一类是主动法,即通过电场力、热能量等外力使液流局部产生能量梯度来对微液滴进行操控,主要包括电润湿法、热毛细管法、介电电泳法和气动法,该法的主要特点是可以对单个微液滴进行操控[13]。本节将就上述微液滴操控技术做有关介绍。

5.3.1　多相流法

多相流法(Multiphase flow)的原理是通过对流体微通道结构的独特设计以及对流体流速的控制,利用液流间的剪切力、黏力和表面张力的相互作用,使分散相流体在微通道局部产生速度梯度,从而被拆分生成微液滴。产生的微液滴均匀地分布在互不相溶的连续相中,形成单分散系统。有时为了减小表面张力以生成稳定的微液滴,还可以向液流中加入表面活性剂,但在多数情况下应尽可能避免添加,以防给分析物和试剂带来污染。多相流法的优势在于易对批量微液滴进行整体操控,而且实验装置简单,对芯片要求较低;其不足之处是较难实现对单个微液滴的精准操控。多相流法中常见的流体微通道结构主要有以下四种[14]。

（1）T 型结构

T 型结构是最简单和最早用于研究微液滴形成的微通道结构。前期有关学者针对 T 型结构做了一定研究,Nguyen 等人[15]报道了一种分散相通道与连续相通道互相垂直的 T 型结构,如图 5-2(a)所示。该结构以水为分散相,油为连续相,通过对连续相流速的改变（0.01 ~ 0.15 ms^{-1}）,在 T 型通道内生成粒径 100~380 μm 的微液滴。研究表明,连续相与分散相流量比越大,微液滴生成速率越快。Nguyen 等人[15]还对 T 型结构中微液滴的生成速率进行了理论分析,发现微液滴生成速率与连续相平均流速的 4 次方成正比,为准确地控制微液滴奠定了基础。

（2）Y 型结构

与 T 型结构相比,在相同条件下 Y 型结构[见图 5-2(b)]中连续相对分散相的剪切力较小,因此,仅仅利用 Y 型结构对微液滴进行操控并不多见。目前一般都是利用 T 型结构和 Y 型结构叠加在一起形成的组合结构,对微液滴进行操控。Liu 等人研究了结合 T 型结构和 Y 型结构的组合结构,并运用这种组合结构作为平台,生成了用于研究蛋白质结晶条件的微液滴[16]。

（3）流动聚焦结构

流动聚焦结构中包含了三个进样支路,两支路连续相对称进样,连续相对中间支路的分散相施加对称剪切作用,液滴生成位置位于三支路交会后端的缩颈窄通道处[见图 5-2(c)]。作为流动聚焦结构生成液滴的关键,缩颈窄通道使连续相的剪切作用力更加集中聚焦到分散相上,液滴生成具有更高的可控性和稳定性。因此可知,连续相黏度和进样流速、聚焦结构几何尺寸、表面活性剂等因素决定着液滴生成状态[17]。

（4）共轴聚焦结构

共轴聚焦结构是一种嵌套式结构,分散相通道以同轴心形式放置在连续相通道内部,属于三维结构[见图 5-2(d)]。在分散相和连续相进样后,分散相处于连续相包围中,受到连续相的剪切作用而生成液滴。液相性质和流速决定着液滴生成的大小和频率。共轴聚焦结构是生成多重乳化液滴的常用工具[18]。

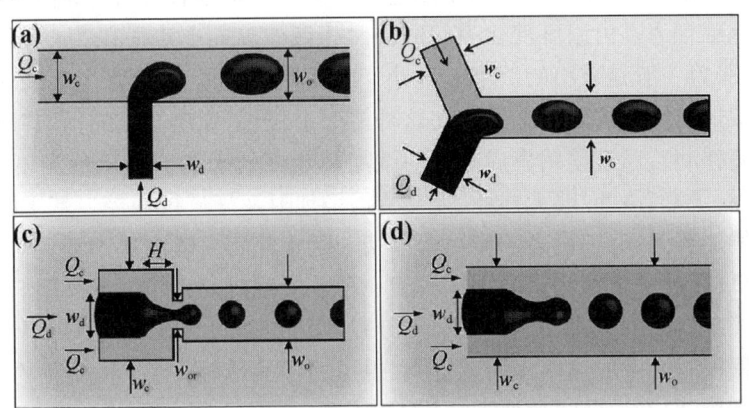

图 5-2　生成液滴的不同微通道结构图[15]

(a)T 型结构中液滴生成;(b)Y 型结构中液滴生成;
(c)流动聚焦结构中液滴生成;(d)共轴聚焦结构中液滴生成

5.3.2 电润湿法

介质上电润湿法(Electro wetting on dielectric,EWOD)是一种电控表面张力驱动法[19],主要通过对介质膜下面的微电极阵列施加电势来改变介质膜与表面液体的润湿特性。即通过局部改变微液滴和固体表面的三相接触角,造成微液滴两端不对称形变,使微液滴内部产生压强差,从而实现对微液滴的操作和控制。相关研究工作成果丰硕。如吴建刚等人研制出一种基于 EWOD 机制的可编程数字化微流体检测芯片[20],在 35 V 低驱动电压下实现了约0.35 μL和0.45 μL去离子水微液滴的传输和合并,并在 70 V 驱动电压下实现了 0.8 μL 微液滴的拆分等操作;Srinivasan 等人[21]运用 EWOD 法成功地操控了含有人体体液的微液滴,其装置如图 5-3 所示。Dubois 等人[22]运用 EWOD 法对微液滴进行操控,从而对宏观和微观范围内 Grieco 三组分缩合反应速率进行比较。电润湿法最大的优点是可以对单个微液滴进行精准操控,包括微液滴的拆分、传输和混合。因为要在芯片上集成微电极,还需要配置可编程微电极开关控制系统,所以对芯片系统的要求较高,另外这种方法也不适合对大量微液滴进行操控。

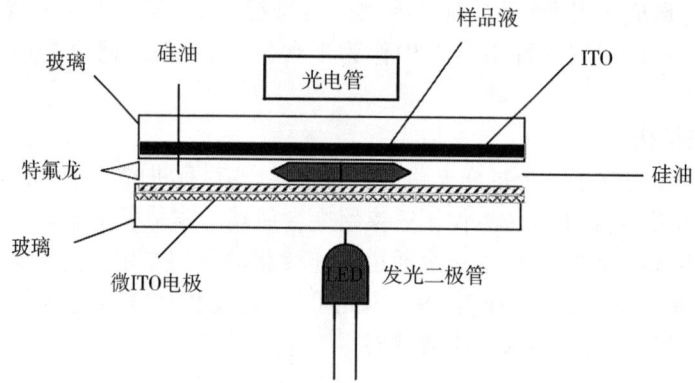

图 5-3　血糖吸收光度检测微流体检测芯片平台[22]

5.3.3 热毛细管法

热毛细管法(Thermocapillary)是利用热毛细管力来驱动浸没在互不相溶的液体中的液滴进行运动。热毛细管力是由温度变化引起的在两相液体界面上表面张力变化的现象,随着温度的增大,表面张力一般是减小的。当液滴处于温度梯度中时,表面张力会表现出切线方向的作用力来驱使液体向更冷的部分移动。在这种情况下,根据加热方式的不同,液滴就会受热毛细管力的作用而移动。通过使用集成起来的微加热器阵列来形成稳定的温度梯度,同时配合部分浸润的表面,研究者就能够无损耗、无交叉污染地对液滴进行操控。基于聚焦激光对液体界面进行原位的加热,热毛细管力的作用可以用来阻止液滴在微沟道中运动[23]。基于上述原理,研究人员可以通过和 T 型沟道联用以构建一种非接触式的光学微流体阀门,利用激化加热的方式就能够控制液滴的生成、分选、融合和分裂(见图 5-4)。Darhuber 等人[24]设计了在固相表面集成可编程控制的微加热器阵列装置,实现了微液滴传输、混合和反应的操控,也可对单个微液滴进行操控,但不适合对微液滴内热不稳定物质如酶、蛋白质的分析。

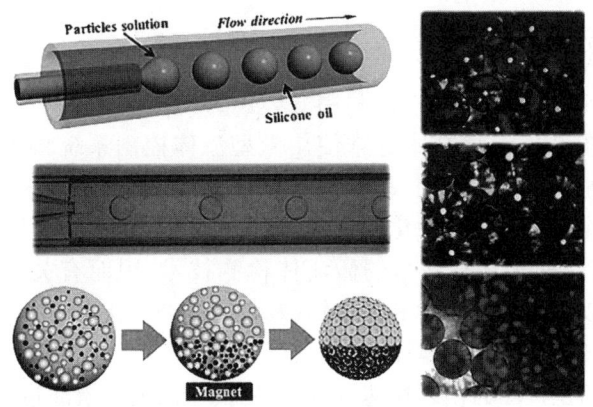

图 5-4　利用热毛细管力控制液滴融合[24]

5.3.4　介电电泳法

介电电泳法(Dielectrophoresis)是另外一种用于操控液滴的方法,主要用来操控电中性但具有极性的液体[25]。通常情况下介电泳系统包括一对共平面的有介电层包裹的电极,且系统要求液滴的相对介电常数要高于连续相液体。当液体留在疏水表面上时,通过短促的电压作用或改变电极连接可使液滴发生运动并且分散成很多微小的半球形液滴,在电极上同时施加电压,产生的介电泳作用则能够将液滴分选到收集液流中予以收集。实际上,由于液滴的相对介电常数高于连续相液体,因此介电电泳法将不可避免地产生焦耳热。针对这种现象可通过设计合适的电极以及施加短时间电压的方式来有效控制温度的上升,因此在一个直接的电流回路或者低频率交流电场中利用介电泳作用来操控液滴时,能够快速地进行液滴的生成和分选(见图 5-5)。Schwartz 等人[26]证明了可以利用介电电泳对微液滴进行操控,利用程序控制的二维微电极阵列操控了纳升级液滴的生成、移动和混合反应。Ameri 等人[27]不仅利用介电电泳法操控了微液滴的移动、分离和混合,还对处于电磁场中微液滴的运动进行了数值模拟,且实验结果与模拟结果相一致。受介电电泳法原理所限,此种方法对单个微液滴实现较好操控,但是其操控力度在很大程度上取决于外加电压的大小。

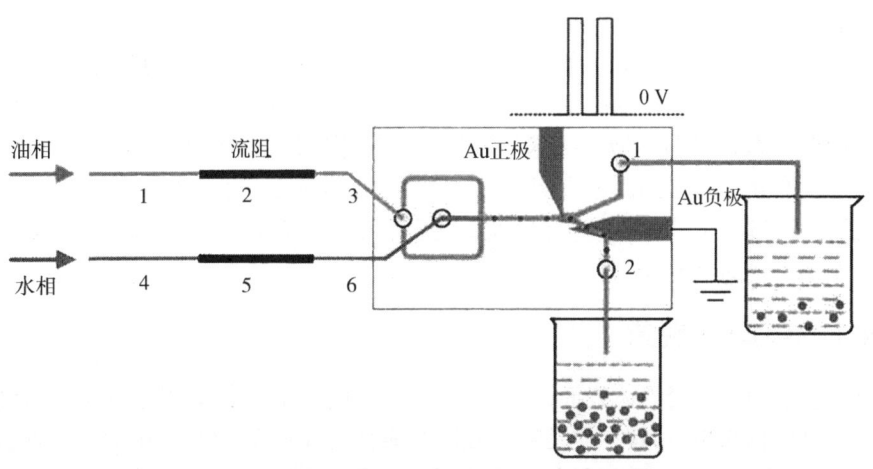

图 5-5　利用介电电泳法对微液滴进行操控[25]

5.3.5　气动法

气动法(Pneumatic pressure)是一种利用气体压力(正压或负压)作为剪切力和驱动力操控微液滴的方法(见图5-6)。该技术通常使用微型流体控制系统将气体流动引导到液滴上方,通过调节气体流速和方向来操控液滴的位置和运动轨迹。气动法可以实现高精度的液滴操控,适用于微流体检测、生物医学、化学合成、纳米材料制备等领域,具有操作简便、响应速度快、精度高等优点,是一种非常有潜力的微流体检测技术,因而有关研究仍在持续深入。如Hosokawa等人[28]在以PDMS为基片和PMMA为盖片的芯片上利用空气压力生成微液滴,以憎水微毛细管通道(HMCV)为阀门对阵列气动管道进行控制,生成了两种不同组分微升级液滴;再利用空气产生的正负压力使之快速混合,并对混合后的微液滴进行了检测。但是此种方法在实施过程中由于微液滴有部分暴露在气体中,因此不适合对含有易挥发性成分的微液滴进行操控。

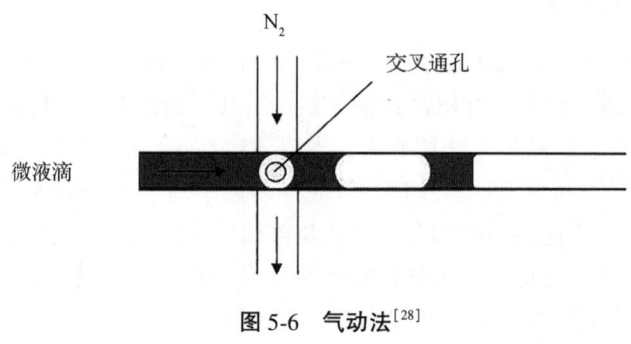

图5-6　气动法[28]

第4节　微流体检测芯片数字液滴

近年来,微流体数字液滴技术已逐渐发展为一门成熟的技术,并在化学、生物学、医学等领域展现出广阔的应用前景。上述各节谈及的液滴在微流体检测芯片通道上产生和运行,属于运动液滴且仍为当前液滴技术的主流。与运动液滴平行的还有一种可以在平面上运动,以离散(单个)控制为基础的数字液滴技术。该技术是利用液滴表面的电润湿现象,通过向芯片电极施加电压改变介电质层的固液表面张力,实现液滴的产生、输运和分裂等操作的一种技术。数字液滴可以通过电子技术直接操控,因此显示了正在崛起的微流体检测技术和已经成熟的电子芯片深度对接的可能性。

5.4.1　电润湿现象

电场能够灵活地改变固体表面的润湿性,此即为电润湿效应,其中浸润特性指的是液体维持和固体表面接触的能力,其本质是液体和固体表面分子间的相互作用力。因此,浸润度(或者叫可湿度)取决于液体分子间的结合力和液体分子与固体分子之间的黏和力的合力(表面张力)。电润湿效应已在可变焦透镜、电子书、户外显示、数字微流体等现代光电子器件和生物芯片中获得应用[29]。然而电润湿中的接触角饱和问题(当电压超过一定值时浸润性不再随电压的增加而增强)一直被认为是不可突破的极限,从而限制了众多器件的工作性能和产业发展。

当前微流体数字液滴技术发展基于介电质表面的电润湿现象。介电质表面的电润湿现象是指在外加电场下原来疏水的介电质表面由于电荷的大量积聚使其固液界面的自由能发生改变,从而引发亲水变化的现象。介电润湿装置由电极、涂覆疏水材料的介电质和外加电路组成,通过金属丝插入液滴施加电压。在未加电压时,液滴在介电质的表面呈疏水性,固液接触角大于 90°;在施加电场后,介电质与电极接触部分以及液滴与介电层之间分别形成两个双电层,由于电荷在液滴与介电质界面的积累,同性电荷发生排斥,拉动液滴向外部扩展,降低界面自由能,导致表面张力减小,接触角减小。其中接触角(Contact angle)是指当一液体滴在固体表面上时,在气、固、液三相的交会点上,三相间的表面张力会达成一种平衡状态,而以这三相的交会点为原点与液滴的弧所作切线的夹角,即所谓的接触角(见图 5-7 中的 θ)。

其实表面张力存在于不同相之间的界面,而一般所说的液体表面张力,指的即是液/气间的界面张力。然而表面张力并非只限于液/气之间,其他如液/固和气/固之间也有,甚至两个不互溶液体之间也有界面张力。表面张力与接触角的关系式可用 Young 方程(Young equation)表示:

$$\gamma_{SV} = \gamma_{LS} + \gamma_{LV} \cdot \cos\theta \tag{5-1}$$

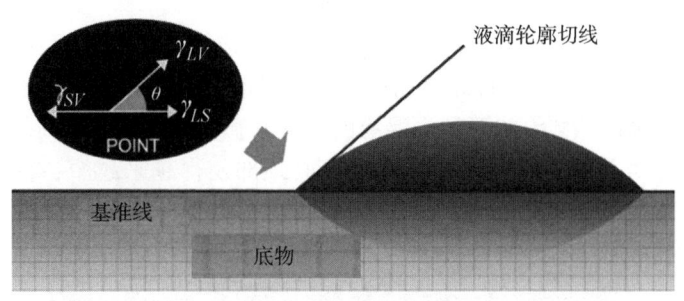

图 5-7 接触角示意图

若初始情况下忽略重力的影响,液滴在疏水介质层表面的三相接触角 θ_0 可由 Young 方程表示为

$$\cos\theta_0 = (\gamma_{sg} - \gamma_{si})/\gamma_{lg} \tag{5-2}$$

其中,γ_{sg}、γ_{si}、γ_{lg} 分别是疏水固体/空气、疏水固体/液滴以及液滴/空气之间的表面张力。一般来讲,离散液滴在疏水表面的三相接触角都大于 90°。

在电极和液滴之间施加电势后,疏水固体/液滴之间的表面张力变小,其关系可由 Lippmann 方程描述为

$$\gamma_{slv} = \gamma_{sl} - \varepsilon_0 \varepsilon_r v^2 / 2d \tag{5-3}$$

其中,γ_{sl}、γ_{slv} 分别是外加电势前、后的疏水固体/液滴之间的表面张力;ε_0、ε_r 分别是真空的有效介电常数和介质层的有效介电常数;d 是疏水介质层的有效厚度。由于疏水固体/液滴之间的表面张力变小,导致疏水表面的液滴三相接触角变小。外加电势后的三相接触角 θ_v 可由上面两方程推导而成,即由 Lippmann-Young 方程表示为

$$\cos\theta_v = \cos\theta_0 + \varepsilon_0 \varepsilon_r v^2 / 2d \cdot \gamma_{lg} \tag{5-4}$$

由 Lippmann-Young 方程可以看出,液滴的三相接触角随外电势 V 的绝对值增大而变小,

并且与介质层的厚度、介电常数都有关。尽管 Lippmann-Young 方程存在一定的局限性,但还是对电润湿现象最为合理的量化解释,在数字式微流体检测芯片设计、绝缘层制备和液滴驱动中,起到了重要的作用。

5.4.2 液滴制作

数字微流体检测芯片通过驱动电路的开闭造成液滴动态表面张力的失衡,从而实现液滴运动方向和运动过程控制的数字化。除运动功能外,数字芯片还可以通过对不同电极电压的启停,实现液滴的产生、分裂和融合,进而衍生出液滴的振荡混合、稀释、反应和存储等功能。下面对数字微流体检测芯片中的液滴制作略予介绍。

(1)微通道内液滴/气泡的产生原理

产生液滴/气泡的最常见方法是在微流体连接处控制流体流速,这种方法比较容易实现,如微流体中的乳液处理就是基于在微通道交点处(Junction)注入连续相(Q_c)和分散相(Q_d)时的流速控制。微通道的连接限定了液滴/气泡产生的几何形状,在微流体系统中主要有三种方法来产生和操纵液滴/气泡,按其通道的几何形状可区分为:共轴流法、交叉流动或 T 型交叉法和流动聚焦法[30]。液滴/气泡的形成取决于连续相施加在分散相上的剪切力,该剪切力使两种流体之间的界面变形,直到形成液滴或气泡。表征这种现象的参数是毛细管数 C_a:

$$C_a = \frac{U \cdot \mu_c}{\gamma} \tag{5-5}$$

式(5-5)表达了剪切力和界面力之间的竞争。U 是连续相的特征速度;μ_c 是连续相的动态密度;γ 是界面力。界面力试图将分散相保留在其通道中。当分散相穿透主通道(连续相的通道)时液滴/气泡开始产生,因此两种不混溶的流体在微通道的连接处形成界面。界面在连续相流的方向上移动并形成颈部,通过界面的运动,颈部变得越来越窄,直到其破裂并形成液滴/气泡,如图 5-8 所示。

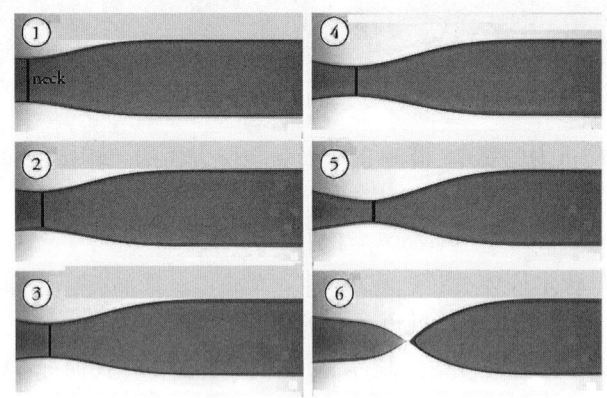

图 5-8　不断增长的液滴(油包水)的快照图

产生的液滴/气泡将连续相的流动限制在薄润滑膜中,液体界面和微通道壁之间,液滴/气泡越多,润滑膜越薄,此润滑膜的限制空间在局部区域内增加了对连续相流动的阻力。因此它在上游产生的压力增加,其限制界面直到颈部变得太窄并且断裂。

(2)交叉流动法产生液滴/气泡

产生液滴的器件有几种不同的几何形状,下面介绍一下交叉流动(或 T 型接头)几何形状的液滴产生,如图 5-9 所示。液滴/气泡的大小由许多因素校准。首先,当分散相进入主通道并填充时,液滴/气泡的长度 L 等于通道 ω 的宽度。定义 d 为颈部的大小,h 为微通道的高度。

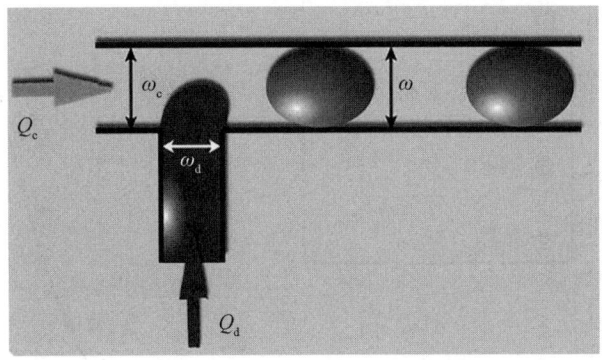

图 5-9　交叉流动(或 T 型接头)几何形状的液滴产生示意图

用于产生液滴的微流体流动控制系统是产生单分散液滴的最关键部件之一。OB1 微流体压力控制器被认为是最精确的、世界上最快的液滴生成流量控制器。当液滴/气泡进入主通道时,连续相的压力增加。因此,该压力使颈部收缩并以速度 V_c 减小其尺寸,连续相的流速可通过下式进行估算:

$$V_c \approx \frac{Q_c}{h \cdot \omega} \qquad (5\text{-}6)$$

在颈部压缩的这段时间内,分散相进入主通道。液滴以速度 V_d 增大,可以用下式推断分散相的流速:

$$V_d \approx \frac{Q_d}{h \cdot \omega} \qquad (5\text{-}7)$$

液滴/气泡的最终长度是填充主通道 ω 之前的初始长度和进入主通道的延伸时间内累积的长度之和。此时间是将颈部从其初始尺寸 d 压缩(以速度 V_c)直至其断裂所需的时间:

$$L \approx W + t_e \cdot V_d$$

$$\rightarrow L \approx \omega + \frac{d}{V_c} \cdot V_d$$

$$\rightarrow \frac{L}{\omega} \approx 1 + \frac{d}{\omega} \cdot \frac{Q_d}{Q_c} \qquad (5\text{-}8)$$

颈部的初始尺寸 d 取决于分散相的微通道 ω_d 的大小。根据科学家的选择,比率 d/ω 通常等于 1。因此,液滴的大小由科学家应用实验参数和/或约束来校准,并已通过实验验证(见图 5-10),该图显示了如何控制液滴/气泡的大小。同时液滴/气泡产生的频率也很容易控制,可以用一定比率的流速固定液滴/气泡的尺寸,在不改变液滴/气泡尺寸的情况下,通过增大流速来提高液滴的产生频率。

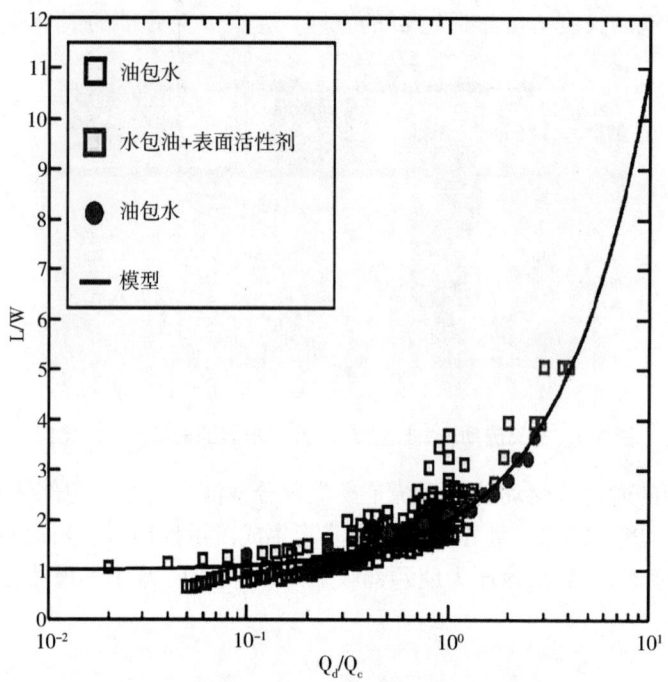

图 5-10　液滴尺寸的报告数据与两相流体的流量比率

5.4.3　数字液滴微流体检测技术研究进展

数字液滴微流体检测是基于离散液滴或气泡的设计、组成和操纵的用于替代微流体系统的一种技术。根据 Christopher 和 Anna[31] 的说法,"微流体技术提供了一种产生高度均匀的液滴和气泡的有效方法,也是一种操纵下游运动的便利机制。这些功能使得一些使用其他技术无法实现的新应用的开发成为可能"。在过去 5 年中乳液科学领域已发表的论文中超过 25% 都采用了微流体检测技术,数字微流体检测是微流体的主要应用领域之一。

数字微流控芯片(DMF)器件从结构设计上主要分为单板和双板两种形式,也称作开放式系统和封闭式系统[32]。2004 年,Fouillet 等人开展了平面上的数字液滴控制研究,提出了一种单板液滴控制系统,该系统中液滴的驱动电压通过基板上的电极进行施加,接地参考电极由基板电极上方的金属丝提供,形成的导线直接穿过运动的液滴[33]。

2006 年,Yi 等人开展了基于 EWOD 的有顶层盖板(无电极)和无顶层盖板的共面电极上液滴的驱动实验研究[34]。在该研究中,将驱动电极和参考电极布置在同一块基板上,这样的 DMF 装置布局可从上方集成更多的传感器部件,并且可以避免电极和液滴发生直接接触。该文测试了在保持电极自身面积不变,改变电极间距百分比,各种共面电极上接触角的变化情况。文章中提出三种驱动电极组合模式,即在保持一个驱动电极单元(1.4 mm×1.4 mm)尺寸不变的情况下,分别包含 2 个、4 个和 6 个子电极的设计,并开展了液滴驱动研究。

2009 年,Jebrail 等人提出一款用于自动化蛋白质组织学处理的数字微流控芯片设计,芯片实物如图 5-11 所示[35]。该芯片为双板结构设计,底层为带有 40 个驱动电极的玻璃基板,顶层以涂覆有 Teflon-AF 涂层(无图案)的氧化铟锡(ITO)玻璃基板作为参考电极。Jebrail 设计的数字微流控芯片相比 Yi 的双板结构,主要区别在于 Jebrail 的顶板是一个连续透明的通用参考电极,而 Yi 的顶板并不作为电极使用。

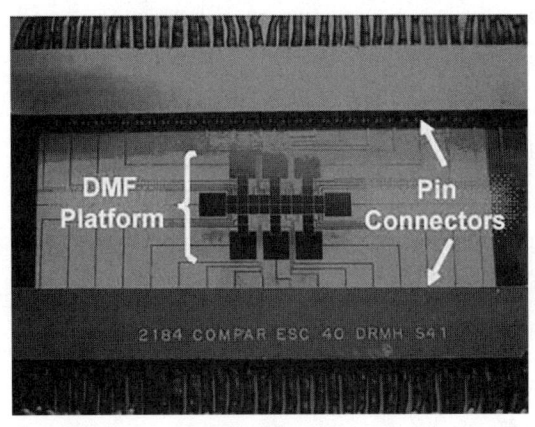

图 5-11　40 个驱动电极 DMF 芯片实物图[35]

到目前为止,DMF 装置基板一般由玻璃、硅晶片、印刷电路板(PCB)、纸基衬底等材料组成[36]。电极材料一般选择金属材料(金、铬、银、铜、铝等)和其他材料(ITO 或掺杂多晶硅等)进行图案化形成电极阵列[37]。介电层和疏水层材料的合理选择对降低液滴驱动电压具有重要意义,通常采用的介电层材料包括聚四氟乙烯、聚对二甲苯、二氧化硅、PI(聚酰亚胺)、PVDF-TrFE(聚偏氟乙烯-三氟乙烯)、PDMS 或 SU-8 等;疏水层材料一般为含氟聚合物材料(Teflon 和 CYTOP 等)[36,37]。在 DMF 芯片的研究中,研究者们除了从制作器件的材料出发去提高液滴的驱动能力,往往也从液滴驱动电极形状结构入手,寻求更加有效的液滴控制效果。方形电极作为最常规的液滴驱动电极,电极结构简单但液滴容易停留在两电极之间,此外为使得液滴能有效跨越到相邻电极上,还需要保证电极间距足够小。

2009 年,Abdelgawad 等人[38]采用数值模拟方法开展了单板数字微流体装置中液滴驱动电极结构设计方面的优化研究。研究结果表明,要达到提高液滴驱动效率的目的,应使得电极的形状与液滴边界接触线一致,并且平行于液滴运动方向的电极长度应小于液滴基本直径,垂直于液滴运动方向的电极宽度应大于液滴基本直径。图 5-12 所示为 Abdelgawad 等人提出的最优组合电极结构设计。该电极由两部分组成:第一部分为两边凹形结构;第二部分为类似于椭圆的两边凸起结构。该电极的不足之处是不能进行电极阵列集成,只能满足单通道上的液滴运动控制。

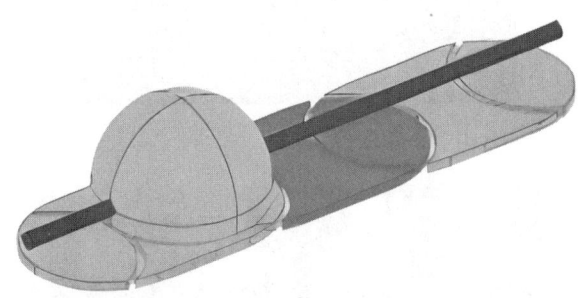

图 5-12　组合电极结构设计[38]

2010 年,Barbulovic-Nad 等人[39]创新性地提出一种具有风车外形的电极结构设计,并在电极中集成了用于细胞贴壁培养的黏附盘结构,电极结构设计如图 5-13 所示,这是 Barbulovic-Nad 等人在该电极设计基础上,首次将数字微流体技术应用到贴壁细胞研究当中。具有风车外形的组合电极设计相对于方形电极设计能使得液滴边缘有效跨越到相邻电极上,为下一次驱动提供了足够大的驱动作用力,并且能有效避免液滴滞留在两电极之间的问题,但在电极制作上难度较大。相比 Abdelgawad 等人设计的组合电极,该电极能集成为阵列电极,达到了驱动液滴向四周自由运动的目的。

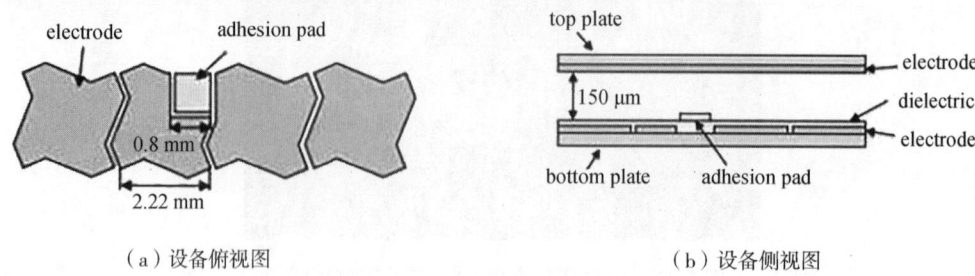

(a)设备俯视图　　　　　　　　　　　　　(b)设备侧视图

图 5-13　带有黏附盘的 DMF 设备[39]

2015 年,Foudeh 等人发表了利用数字微流体系统进行快速、多路军团菌 RNA 检测的研究文章[40]。文章中设计了如图 5-14(a)所示的 DMF 芯片,该芯片采用锯齿电极作为液滴驱动电极,一共包含 560 个驱动电极和 7 个储液池。图 5-14(b)为芯片顶部电极分布示意图,图中每个数字和字母都代表了特定的电压输入。Foudeh 等人采用的锯齿电极相比 Barbulovic-Nad 等人设计的电极结构要复杂,电极与电极之间由小锯齿嵌套,因此需要更高精度的加工工艺,但该电极可使得液滴边缘与下一个驱动电极有更多的接触面积。

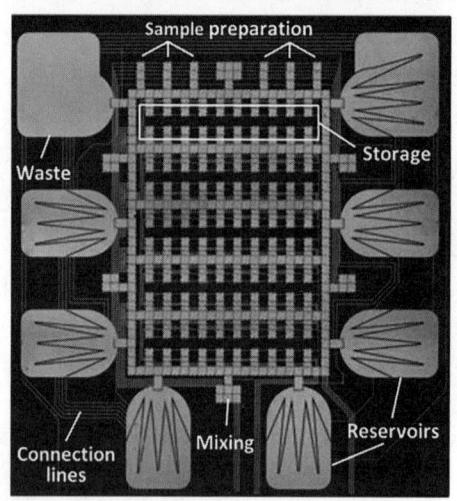

(a)用于军团菌RNA检测的DMF芯片设计

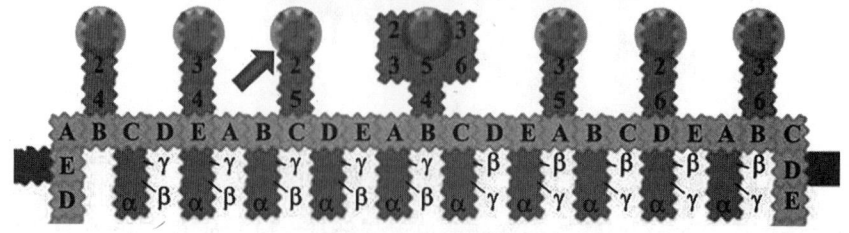

(b)芯片顶部电极分布示意图

图 5-14　军团菌 RNA 检测 DMF 芯片[40]

通过优化液滴驱动电极设计,可有效增强液滴驱动效果,相比选择价格高昂的 DMF 装置器材,该种途径显得更加经济,并适用于大多普通实验室开展数字微流控芯片研究。到目前为止,在国内外研究者的共同努力下,数字微流体技术在样品操作方面表现出很高的可控性,与各种生物应用兼容的设备正在大力开发中。目前数字微流体的应用主要包括酶促反应、免疫测定、基于 DNA 的应用、蛋白质分析、组织工程和细胞应用等方向。

本章主要介绍了微液滴技术,首先介绍了微液滴芯片的定义以及微液滴技术的优点;其次介绍了微液滴操控技术,按照生成方式可以将操控微液滴的方法分为两大类,分别是主动法和被动法,并对多相流法、电润湿法、热毛细管法、介电电泳法和气动法进行了介绍;最后分析了微流体检测芯片数字液滴,并对它的产生原理、制作流程以及研究进展进行了详细的介绍。

参考文献

[1] 白锋.介电润湿与电热流动的实验和数值模拟研究[D].上海:上海交通大学,2013.

[2] 余冬明.数值模拟微通道中液滴的非对称分断[D].天津:天津大学,2014.

[3] 王洪. 基于液滴生成及控制技术的数字微流控芯片研究[D].重庆:重庆理工大学,2020.

[4] 邓真真.基于毛细管狭缝的 O/W 和 W/O 型微液滴的制备方法研究[D].沈阳:东北大学,2015.

[5] 贾朋飞,蒋克明,刘聪,等.微流体液滴技术及其在生物医学分析中的应用进展[J].化学研究与应用, 2015, 27(8):1-9.

[6] 张文华.液滴微流体技术及其在化学生物学中的应用[D].厦门:厦门大学, 2012.

[7] 彭露,朱红伟,杨昱,等.微沟道内两相流速比对液滴形成的影响[J].传感技术学报,2010,23(9):1232-1235.

[8] 水玲玲,尹生平,金名亮.一种基于微流控芯片的双尺寸微液滴的产生方法:201810322608[P].2018-10-19.

[9] 冯璇,张志凌,庞代文.微流控芯片中液滴断裂:由皮升级到飞升级[J].分析化学, 2009, 37(A3):22-29.

[10] 朱平安,周春梅,王立秋.微流体"油相切断"法高通量制备单分散水-水乳液[C]//第十届全国流体力学学术会议,2018.

[11] 肖应鹏.大颗粒聚苯乙烯均粒树脂制备技术研究[D].杭州:浙江大学,2018.

[12] 王佳男.微通道中液液两相流动与混合过程的数值模拟[D].杭州:浙江大学,2013.

［13］陈耕潮. 微流操控技术中的微液滴生成和操控技术研究［D］.广州:华南理工大学,2021.

［14］冯江涛. 聚二甲基硅氧烷(PDMS)表面液滴动力学的实验研究［D］.北京:中国科学院研究生院,2009.

［15］NGUYEN NT, WU Z, MICIC M,et al. Surface-tension-driven flows in microsystems［J］. Annual review of fluid mechanics. 2008;40;375-397.

［16］刘艳华.浓度梯度液滴阵列形成系统用于蛋白质结晶条件筛选的研究［D］.沈阳:东北大学,2012.

［17］王翔.微通道交汇/分岔处液滴流动特性研究［D］.北京:北京工业大学,2019.

［18］胡盟明,董守平.油水乳化液中分散相液滴的力学行为初探:剪切流对油水乳状液分散相液滴集聚的影响［J］.流体力学实验与测量,2000,(4):46-50.

［19］赵平安.基于介质上电润湿效应的数字微流体器件［D］.上海:复旦大学,2009.

［20］吴建刚,岳瑞峰,曾雪锋,等.介质上电润湿液滴驱动的研究［J］.中国机械工程,2005(14):1266-1268.

［21］詹志坤,董再励,BALAJI S,等. 玻璃-PDMS 微混合器效率研究［C］∥中国仪器仪表学会.2010 中国仪器仪表学术、产业大会(论文集1),2010;27-31.

［22］BERTHIER J, DUBOIS P, CLEMENTZ P, et al. Actuation potentials and capillary forces in electrowetting based microsysterns［J］. Sensors and actuators a-physical, 2007, 134(2): 471-479.

［23］李鹤楠,闫卫平,刘军民.低电压驱动阵列电极式毛细管电泳芯片的研究［J］.仪器仪表学报,2006,(S3):2488-2489.

［24］SINZ D K N, DARHUBER A A. Self-propelling surfactant droplets in chemically-confined microfluidics-cargo transport, drop-splitting and trajectory control［J］. Lab on a chip, 2012, 12(4): 705-707.

［25］沈萍.介电电泳单颗粒捕捉中相互作用力的影响及应用［D］.西安:西安建筑科技大学,2013.

［26］SCHWARTZ J A, VYKOUKAL J V, GASCOYNE P R C. Droplet-based chemistry on a programmable micro-chip［J］.Lab on a chip, 2004, 4(1):11-17.

［27］AMERI S K, SINGH P K, DOKMECI M R, et al. All electronic approach for high-throughput cell trapping and lysis with electrical impedance monitoring［J］.Biosensors & Bioelectronics, 2014,54;462-467.

［28］HOSOKAWA M, HOSHINO Y, NISHIKAWA Y, et al. Droplet-based microfluidics for high-throughput screening of a metagenomic library for isolation of microbial enzymes［J］. Biosensors & Bioelectronics, 2015, 67: 379-385.

［29］任晓飞.基于晶格 Boltzmann 的微流体驱动理论与方法研究［D］.济南:山东大学,2019.

［30］于帅.微流体中液滴的形成与操纵机理及其实验研究［D］.哈尔滨:哈尔滨工业大学,2014.

［31］CHRISTOPHER G F, ANNA S L. Microfluidic methods for generating continuous droplet streams［J］.Journal of physics d-applied physics, 2007, 40(19): R319-R36.

［32］CHOI K, NG AHC, FOBEL R, et al. Digital microfluidics［J］. Annual review of analytical chemistry, 2012, 5(1):413-440.

[33] FOUILLET Y, ACHARD J L. Microfluidique discrète et biotechnologie[J]. Comptes rendus physique, 2004, 5(5):577-588.

[34] YI UI-CHONG, KIM CHANG-JIN. Characterization of electrowetting actuation on addressable single-side coplanar electrodes[J]. Journal of micromechanics & Microengineering, 2006, 16 (10):2053-2059.

[35] JEBRAIL MAIS J, LUK VIVIENNE N, SHIH STEVE C. C, et al. Digital microfluidics for automated proteomic processing[J]. Journal of visualized experiments, 2009,(33):1603.

[36] FOBEL R, KIRBY A E, NG A H C, et al. Paper microfluidics goes digital[J]. Advanced Materials, 2014,26(18):2838-2843.

[37] ABDELGAWAD M, WHEELER A R. The digital revolution: a new paradigm for microfluidics [J]. Advanced materials, 2009, 21(8): 920-925.

[38] ABDELGAWAD M, PARK P, WHEELER A R. Optimization of device geometry in single-plate digital microfluidics[J]. Journal of applied physics, 2009,105(9):1141-1149.

[39] BARBULOVIC-NAD I, AU S H, WHEELER A R. A microfluidic platform for complete mammalian cell culture[J]. Lab on a chip, 2010, 10(12): 1536-1542.

[40] FOUDEH A M, BRASSARD D, TABRIZIANM, et al. Rapid and multiplex detection of legionella rna using digital microfluidics[J]. Lab on a chip, 2015, 15(6):1609-1618.

第 *6* 章

微流体检测方法

自微流体检测芯片问世以来,检测器的研究一直是人们关注的热点。2004 年,美国《商业2.0》杂志的一篇封面文章从不同角度阐述了微流体检测技术的研究历史、现状和应用前景,将微流体检测技术列为"改变未来的七种技术之一"。2006 年,《自然》杂志发表了一期题为"芯片实验室"的专辑,其编辑部的社评认为微流体可能成为"这一世纪的技术"。直到现在,该技术的发展日新月异。微流体检测技术作为交叉学科融合的技术,它的出现对很多领域都带来了具有革命性的冲击[1]。微流体系统广泛用于体外检测,毛细管电泳,等电聚焦,免疫测定,流式细胞术,质谱中的样品注射,PCR 扩增,DNA 分析,细胞分离和操作,以及细胞图案化等程序[2~5]。另外,微流体检测技术将在即时检验中扮演着越来越关键的角色,在传染病检测、环境监察、食品安全检测、农残检测、家用医疗仪器等方面具有广阔的市场前景。

迄今为止,已发展出十几种微流体检测方法,其中以光学检测法和电化学检测法应用最为广泛。由于芯片电泳曾经是微流体检测芯片早期的主要形式,微流体检测芯片在一定程度上承袭了毛细管电泳的特征[6]。激光诱导荧光、化学发光和紫外吸收等光学检测至今仍是其主流检测手段,也是目前最灵敏的检测方法之一[7]。电化学检测方法因其结构简单,价格低廉,体积较小,在与芯片的整合上具有其他检测方法无法比拟的优势;质谱检测方法凭借其强大的分辨和鉴定能力在微流体蛋白质组学研究中有着难以替代的作用[8];等离子体发射光谱检测方法是无机分析领域中最灵敏的检测方法[9];热透镜检测方法通用性强,被分析物无须任何衍生或标记[10];电磁学检测方法种类多,具有专一、快速、易于微型化和自动化的特点。

本章将重点对上述几类微流体检测方法予以逐一介绍。

第 1 节 检测要求

前文已提及,一套完整的微流体检测芯片系统大体应包括三个部分:①承载不同功能的微流体检测芯片和检测装置;②支撑芯片流体控制及信号采集的控制和检测装置;③完成芯片功能化的试剂盒,如图 6-1 所示。

图 6-1　微流体检测芯片系统整体组成示意图

　　对于常规的生物或化学实验室来说,检测都是其不可或缺的一步,故实现常规生物或化学实验室各种功能操作的微流体检测芯片同样也离不开检测的基本过程。以微流体检测芯片为平台进行的各种化学、生物学反应和分离等通常都发生在微米量级尺寸的微结构中,这同传统意义上的类似操作有很大差别。为此,微流体检测芯片实验室对检测器的要求也较传统检测器更为苛刻。这主要体现在以下三个方面:

　　(1)灵敏度高

　　在微流体检测芯片运行过程中,可供检测物质的体积十分微小(微升、纳升甚至皮升级),且检测的区域一般也非常小,这就要求检测器应具有更高级别的检测灵敏度。

　　(2)响应速度快

　　由于芯片微通道尺寸较小,许多混合反应及分离过程往往在很短时间内(秒级甚至更短)即可完成,因此要求检测器具有更快的响应速度。

　　(3)体积小

　　微流体检测的最终目的是将尽可能多的功能单元集成在同一块微芯片上,因此,要求作为输出终端的检测器具有较小的体积,最好能直接集成在芯片上。

第 2 节　微流体检测芯片检测器分类

　　根据检测方式的不同,微流体检测芯片检测器一般可分为光学检测器、电化学检测器、电磁学检测器、质谱检测器和其他检测器[11-12]。本章将以图 6-2 所示的微流体检测芯片检测器分类图为脉络,按类别进行介绍。

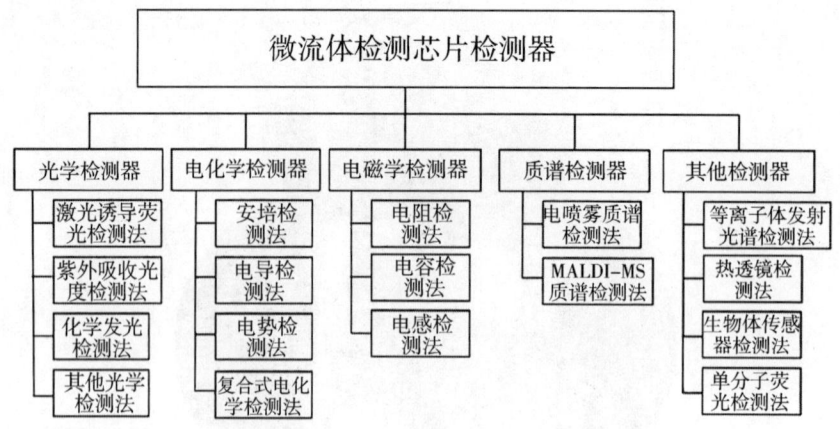

图6-2　微流体检测芯片检测器分类图

6.2.1　光学检测器

6.2.1.1　激光诱导荧光检测法

激光诱导荧光(Laser induced fluoresense,LIF)[13]是目前最灵敏的检测方法之一,其检测限一般可达到$10^{-13} \sim 10^{-9}$ mol/L,对某些荧光效率高的物质,通过采用光子计数、双光子激发等技术甚至可达到单分子检测。由于微流体检测芯片的研究对象多为具有荧光官能团或可衍生产生荧光的核酸、蛋白质、氨基酸等生化样品,所以激光诱导荧光检测是使用最早、应用最广泛的光学检测手段之一[14]。

多数化合物可以吸收一定波长的光,从而使原子中的某些电子从基态的最低振动能级跃迁到较高电子态的某些振动能级。随后,由于电子在分子中的碰撞,损失一定能量而无辐射地下降到第一电子激发态的最低振动能级,再弛豫回到基态中的不同振动能级,同时发射出比吸收光频率低的光,即为荧光。当采用特定频率的激光作为激发光源时,会大大提高产生荧光的强度从而提高检测的灵敏度,这种方式即为激光诱导荧光[15]。

常规荧光检测器采用正交型光路设计以降低背景干扰,但对于微小尺度的微流体检测芯片来说则多采用共聚焦型光路设计,其结构见图6-3。由激光器发射出的激光经滤波后被分色镜反射,再由一显微镜物镜聚焦到芯片微通道中,以激发检测物质产生出荧光;荧光由同一物镜所收集,透过二色分光镜后由发射光滤光片滤去杂色光,最后进入光电倍增管(Photo multiplier tube,PMT)或电感耦合器件(Charge-coupled device,CCD)中检测。

6.2.1.2　紫外吸收光度检测法

激光诱导荧光检测法灵敏度高,适合于芯片微通道内各种对象的高灵敏度检测,但是很多物质没有荧光性质,需要使用荧光标记。在很多实验中由于不能确保标记上染料物质后被测物质的性质是否发生变化,直接影响实验结果的可信度,上述缺陷使激光诱导荧光检测器的应用受到一定限制。相较而言,紫外吸收检测器则没有这层顾虑,是一种通用型光学检测器。

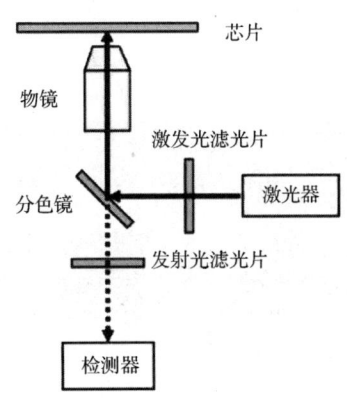

图 6-3　共聚焦型 LIF 检测器基本光路结构示意图

微流体检测芯片系统中由于芯片微通道一般仅为数十微米甚至几微米,其可提供的吸收光程有限,再加上紫外吸收对芯片的材料有一定要求,因此现阶段紫外吸收光度检测法在微流体检测芯片检测中的应用还远不如高效液相色谱和毛细管电泳广泛。但作为一种普遍使用的检测方法,紫外吸收光度检测法在微流体检测芯片研究领域应该发挥更为重要的作用。

芯片紫外吸收光度检测法存在的主要问题是检测灵敏度偏低,难以满足低浓度生化样品的检测要求。解决的办法除了优化检测器光路之外,更多的则应该是就芯片本身予以考虑,其主要方法是使用紫外吸收小的石英等为芯片材料,尽可能增长吸收光程,进行样品预富集等。鉴于紫外吸收光度检测对于芯片结构和材质提出一些新的要求,本小节除讨论紫外检测器结构之外还将就紫外微流体检测芯片的特点予以简要说明。

(1)芯片材料

常用的玻璃、塑料等芯片材料对紫外光都有较大的吸收,不适宜用于紫外检测;反之,石英、PDMS 等紫外吸收小的芯片材料则是较为合适的选择。

林炳承研究团队[16,17]设计开发了两种紫外吸收检测用芯片:PDMS 石英杂交芯片[16]和石英芯片[17]。杂交芯片是在 PDMS 或石英上刻蚀芯片通道结构,用另一片石英或 PDMS 为盖片进行封合。严格地说,PDMS 在紫外区尤其是远紫外区有较强的吸收,所以在使用中应该尽可能降低 PDMS 的厚度,以减小其对光的吸收。石英芯片则采用 HF 低温键合技术,设计局部加压模具,以大幅度降低石英芯片制作难度和成本。这两种芯片在使用中均取得了较好的结果。

(2)吸收光程

根据紫外吸收朗伯-比尔定律,吸光度同吸收光程成正比,对于高浓度样品使用普通尺度的芯片就可以满足检测要求,但对于低浓度样品则必须设计和制作长光程结构的芯片,而现阶段微流体检测芯片的通道深度一般在 15~30 μm。水平通道方向比垂直于芯片通道方向更容易实现长光程检测,故保证光在芯片内的水平入射和出射是实现水平方向吸收光度检测的关键问题。最常用的方法是用光纤耦合芯片通道两侧刻蚀的波导管来实现[18~21]。如图 6-4 所示[21],入射光经光纤耦合到芯片平面波导管,然后轴向入射到"Z"形流通池,透射光经平面波导,再透过光纤引入检测器,采用这种芯片结构增长了吸收光程。

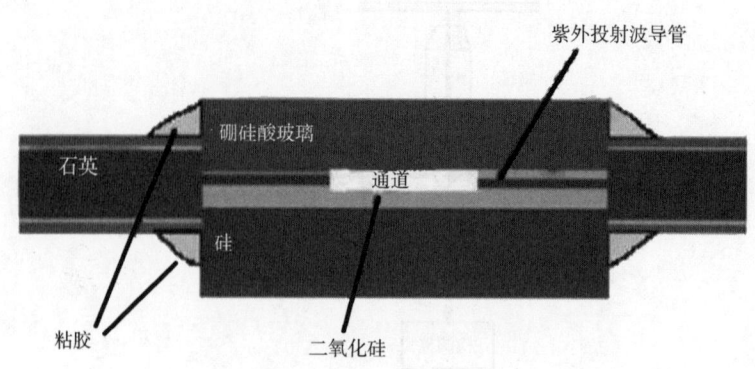

图 6-4　平面波导长光程[21]检测示意图

　　Hahn 等人设计了一种三层 PDMS 光校准吸收光度检测集成芯片[22]，用于在散射光对吸收光检测干扰很大造成吸收严重偏离朗伯-比尔定律情况下的检测口。该芯片集成了用于光校准的微透镜和光学狭缝，其结构示意图如图 6-5 所示。另外，也有通过检测窗的多级反射来增长检测光程的[23]，如图 6-6 所示。

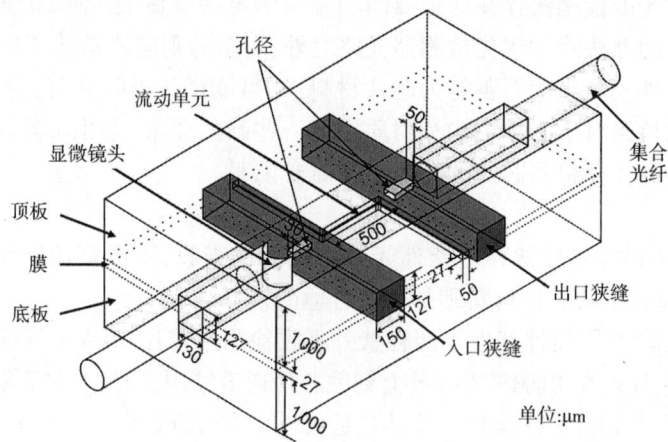

图 6-5　集成有光校准单元的 UV 检测芯片[22]结构示意图

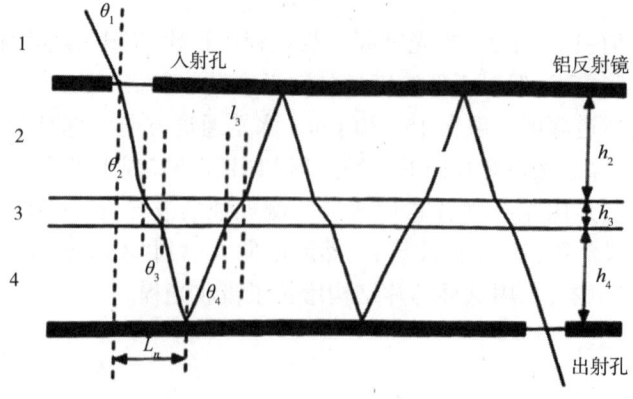

图 6-6　多级反射[23]增长检测光程示意图

（3）样品富集

在芯片上增加样品富集单元，大幅度提高最终流经检测池的样品浓度，也可提高紫外检测的灵敏度。

6.2.1.3 化学发光检测法

化学发光是物质在进行化学反应过程中伴随的一种光辐射现象。化学发光检测法是公认的高灵敏度检测方法之一，其检测灵敏度可以和激光诱导荧光相媲美。与其他光学检测法相比，化学发光检测法最大的优势在于其不需要光源，仪器设备简单，更容易实现微型化和集成化，因此更适合用作微流体检测芯片的检测装置[24]。

化学发光是分子发光光谱分析法的一种，是通过检测发光强度来确定待测物含量的一种痕量分析方法。其机理是基态分子吸收化学反应中释放的能量，跃迁至激发态，处于激发态的分子以光辐射的形式返回基态，从而产生发光现象[25]。微流体检测芯片利用化学发光单点检测实施简单这一优势，将光电检测器直接置于反应通道的下方，因其不需要复杂的光路系统，故大多由研究者自行搭建而成。任吉存等人在PDMS芯片上采用等电聚焦与在线化学发光检测相结合的方法测定了亚血红素类蛋白[25]。其芯片结构与装置如图6-7所示。

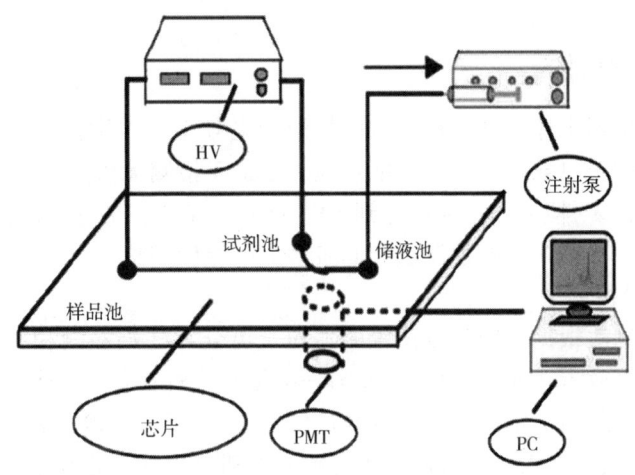

图6-7 集成有等电聚焦与在线化学发光检测相结合的芯片[25]结构及装置示意图

6.2.2 电化学检测器

电化学检测法是通过电极将溶液中的待测物的化学信号转变成电信号以实现对待测组分检测的一种分析测试方法。电化学检测法的主要优势是灵敏度高、选择性好、体积小、装置简单、成本低廉，具备较高的兼容性，适合微型化和集成化。根据电化学检测原理的不同，微流体检测芯片电化学检测法可以分为四种检测方法，即安培检测法、电导检测法、电势检测法和复合式电化学检测法。

6.2.2.1 安培检测法

安培检测法的原理是在工作电极上施加一个恒定的电极电位以引起待测物质在工作电极上发生氧化还原反应，同时输出在氧化还原过程中产生的电流，其输出的电流和待测物质的浓度成正比。按照检测器放置位置的不同,安培检测法可做如下分类[26],如图6-8所示。

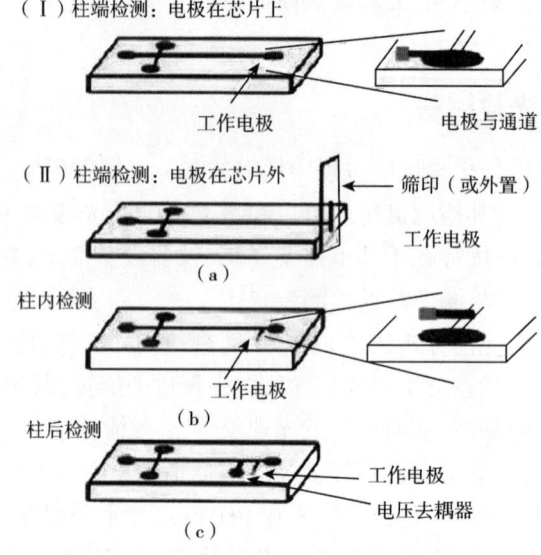

（Ⅰ）柱端检测：电极在芯片上

工作电极　　　　　　　　　电极与通道

（Ⅱ）柱端检测：电极在芯片外

筛印（或外置）

工作电极

（a）

柱内检测

工作电极

（b）

柱后检测

工作电极

电压去耦器

（c）

图6-8　安培检测法[26]分类示意图

6.2.2.2　电导检测法

电导检测法是根据主体溶液与被测物区带溶液电导率的差别而进行定量的检测方法,被测物的浓度可以对应于电导率的变化。电导检测法适于检测无机离子、氨基酸等物质,其中以对无机离子的研究较多,检出限一般可达到 $10^{-8} \sim 10^{-5}$ mol/L。电导检测法根据检测电极是否同溶液接触可以分为接触式电导检测法和非接触式电导检测法。

（1）接触式电导检测法

接触式电导检测法根据电极放置位置的不同又可分为柱端检测和在柱检测两种:柱端检测是将一个电极直接放置在通道出口处,而另一电极则放置在距第一个电极很近的位置;在柱检测是在芯片的分离通道上钻出微孔,将两电极放入。由于在柱检测制作简便,可实现多个电导检测器同时检测,故现在大部分接触式电导检测的研究工作都是基于在柱检测的方式。

（2）非接触式电导检测法

在微流体检测芯片检测中,非接触式电导检测法就是将检测用电极直接放置在具有分离通道的芯片外表面,以此对分析物进行检测。该类检测方法的热点问题集中在检测系统设计的优化上。Lichtenberg 等人在一块玻璃片上同时刻蚀出微通道和放置电极的凹槽。凹槽和分离通道垂直,它们被 $15 \sim 20$ μm 厚的玻璃壁分开[27],电极处于凹槽中,解决了具有电极的玻璃芯片难以封接的问题。

Pumera 等人用铝膜作为电极在 PMMA 芯片上制作了一种非接触式电导检测器[28],如图6-9所示。检测器采用两电极体系,电极为矩形的铝膜,两电极平行相对用胶粘在 PMMA 盖片上。该检测器对 K^+ 和 Cl^- 分别在低于 20 μmol/L 和 7 mmol/L 的浓度范围内呈线性关系,检测10 次的相对标准偏差在 5% 以内,各自的检测限分别为 2.8 μmol/L 和 6.4 μmol/L。

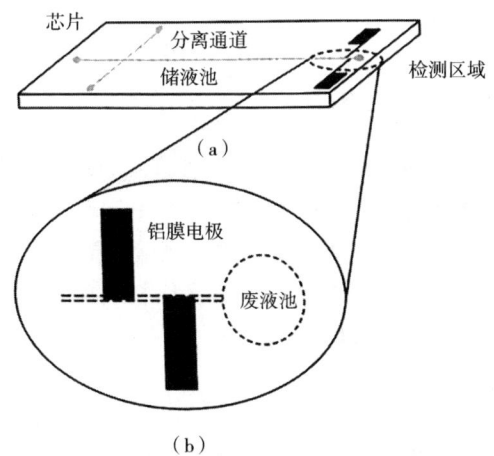

图 6-9　两电极非接触式[28]电导检测器

(a)芯片整体示意图;(b)检测区域放大示意图

6.2.2.3　电势检测法

电势检测法是利用半透膜两侧因不同的离子活度产生电势差而实现检测的方式,分析物通过一个具有离子选择性的半透膜(即离子选择性电极),在电极外部和内部的溶液由于离子活度的不同会出现电位差异,这个电位差异将被记录。需要提及的是电势检测法建立在离子选择性半透膜的基础上,具有专一性,而芯片电泳中通常涉及分离、检测多种物质,同时背景溶液在电极上不能具有响应,所以这种检测法在芯片电泳上的应用不多[29,30]。

6.2.2.4　复合式电化学检测法

复合式电化学检测法是将多种电化学检测方式联合使用以充分发挥每种检测方式的优点,相互补充,实现更多被分离物的同时检测。Wang 和 Pumera 发展了一种新型的可以实现非接触式电导检测法和安培检测法同时检测的系统[31],如图 6-10 所示。在检测池中加入三联吡啶钌等电致化学发光试剂,可同时进行检测。汪尔康等人在芯片毛细管电泳上实现了电化学检测和电致化学发光的同步检测[32],他们使用 ITO 玻璃湿法刻蚀 ITO 电极,并将分离通道末端置于电极前面 30 μm 处,检测采用三电极体系。

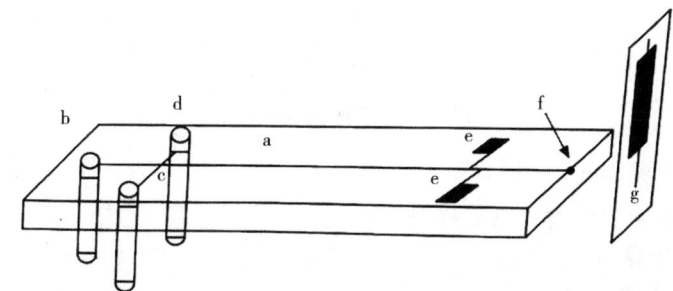

图 6-10　非接触式电导检测法和安培检测法[31]同时检测的芯片结构示意图

a—玻璃芯片;b—缓冲液池;c—样品池;d—未用池;e—非接触式电导检测的铝电极;f—分离通道出口;
g—安培检测用的厚膜碳电极

6.2.3　电磁学检测器

6.2.3.1　电阻检测法

电阻型磨粒检测技术的原理是当颗粒通过狭窄通道的电阻传感器时,不同的颗粒有不同的电阻率,因而可反映出颗粒的浓度和粒度分布[33]。电阻型颗粒计数器目前已得到应用,英国的 Coulter 公司推出的电阻型颗粒计数器,其粒度测量范围为 $1 \sim 100~\mu m$,这种传感器通常只有当介质中有大量的金属磨粒时才起作用。因非金属材料的磨粒间电阻相差大,且润滑油的电阻率通常都较大,故该方法的灵敏度欠佳。

6.2.3.2　电容检测法

电容式传感器是指能将被测物理量的变化转换为电容量变化的一种传感器。该传感器结构简单、体积小、分辨率高、具有平均效应,可用以非接触式测量,并能在高温、辐射和强烈振动等恶劣条件下工作,故广泛应用于压力、差压、液位、振动、位移、加速度、成分含量等多方面测量。

电容式传感器结构简单,易于制造和保证够高的精度,可以做得非常小巧,以实现某些特殊的测量;能工作在高温、强辐射及强磁场等恶劣的环境中,可以承受很大的温度变化,承受高压力、高冲击、过载等;能测量超高温和低压差,也能对带磁工作进行测量。电容式传感器的电容值一般与电极材料无关,这有利于选择温度系数低的材料,因材料本身发热很小,影响稳定性甚微。

电容式传感器的基本工作原理可以用图 6-11 所示的平行板电容器来说明。若忽略其边缘效应,其电容量为

$$C = \frac{\varepsilon S}{d} = \frac{\varepsilon_r \varepsilon_0 S}{d} \tag{6-1}$$

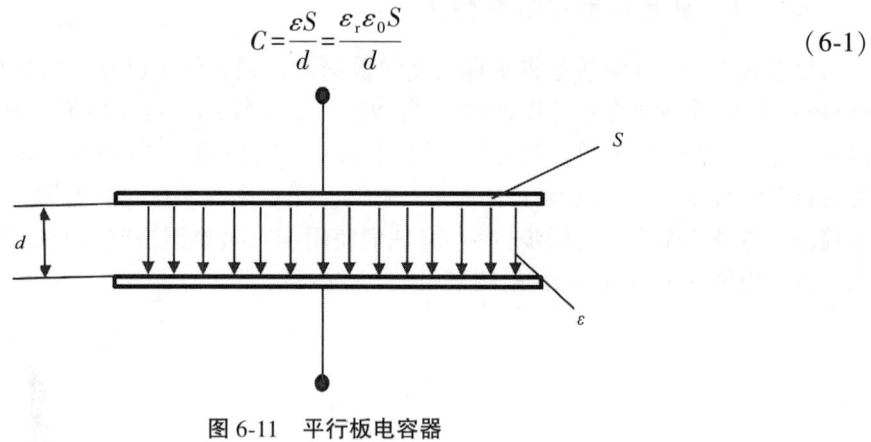

图 6-11　平行板电容器

式中:S——极板相对覆盖面积(m^2);

　　ε——电容极板间介质的介电常数(F/m);

　　ε_r——相对介电常数(F/m);

　　ε_0——真空介电常数(F/m)。

$$\varepsilon_0 = 8.85 \times 10^{-12}~F/m$$

上式中 d、S 和 ε 中的某项或几项有变化时,就改变了电容 C。d 和 S 的变化可以反映线位移或角位移的变化,也可以间接反映压力、加速度等的变化;ε 的变化则可以反映液面高度、材

料厚度等的变化。

通过两个距离很近的电极构成一个电容,当颗粒经过两个电极之间时改变两个电极之间的介质,由于介电常数的不同,从而引起电极电容变化,其原理如图6-12所示。两个金属电极在油液流道内部构成一组电容,当流体处于静电场中时,流体内颗粒将处于静电平衡状态。由于电场作用,颗粒内部电荷将分布于颗粒距离近的两端,颗粒表面的电荷与邻近极板上的自由电荷异号,两极板上所储存的总的电荷将会有所增加,电容器极板上储存的电荷总量增加,从而导致两电极等效电容的增加。这种方法的实质是利用介电常数差异来检测。

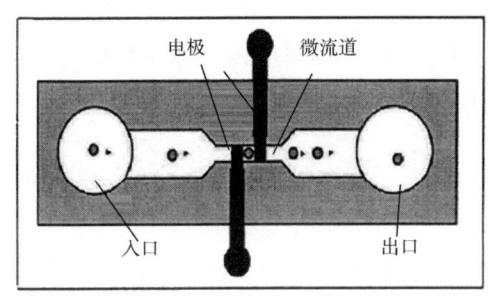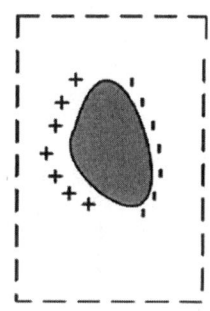

图 6-12　基于电容检测法的金属颗粒检测原理

6.2.3.3　电感检测法

电感形式的微流体检测技术是应用待检流体穿过或经过线圈时引起线圈周围介质磁导率发生变化,从而改变线圈电感的一种感知并区分检测铁磁颗粒和非铁磁金属颗粒的技术方法。利用电磁感应原理将被测非电量如位移、压力、流量、振动等转换成线圈自感系数 L 或互感系数 M 的变化,再由测量电路转换为电压或电流的变化量输出,这种装置称为电感式传感器,也叫电磁式传感器。

电感式传感器常用来测量位移、振动、压力、流量、比重等物理量,具有结构简单、工作可靠、测量精度高、零点稳定、输出功率较大等一系列优点;其主要缺点是灵敏度、线性度和测量范围相互制约,传感器自身频率响应低,不适用于快速动态测量。电感式传感器种类很多,按工作原理可以分为自感式、互感式和电涡流式三种类型,这些传感器能实现信息的远距离传输、记录、显示和控制,在工业自动控制系统中被广泛采用。

6.2.4　质谱检测器

质谱(MS)检测是使试样中各组分在离子源中发生电离,生成不同荷质比的带正电荷的离子,经加速电场的作用,形成离子束,进入质量分析器,并在质量分析器中,再利用电场和磁场使离子发生相反的速度色散,将它们分别聚焦从而确定其质量的一种分析方法[33]。该方法的优势体现在其能够提供试样组分中生物大分子的基本结构和定量信息,对涉及蛋白质组学的研究具有难以替代的作用[34];难点是微流体检测芯片与质谱接口的问题。微流体检测芯片与质谱联用接口分类如图6-13所示。

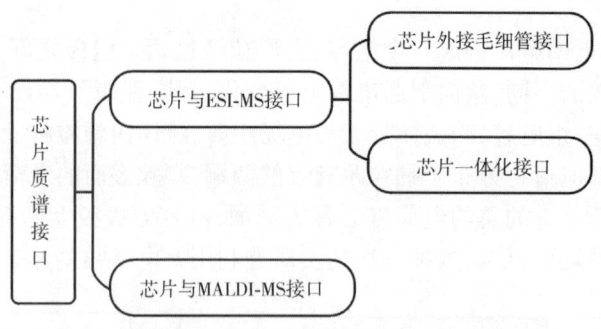

图 6-13　微流体检测芯片与质谱联用接口分类示意图

ESI—电喷雾电离；MALDI—基体辅助激光解析电离

6.2.4.1　电喷雾质谱检测法

（1）芯片出口直接电喷雾质谱

1997 年，Xue 等人最早报道了芯片质谱电喷雾接口，他们直接将微流体检测芯片的通道对准质谱的进样口，将质谱进样端接地，向芯片的样品池或缓冲液池施加电压进行离子化[35]。这种方法最大的问题是开管式的电喷雾接口置于玻璃平面上，会在芯片末端形成液体，从而大大影响离子化效率；同时玻璃的亲水性令液体容易在表面吸附扩散，会增加液滴形成的机会并导致离子化不稳定。解决这一问题的主要办法是通过修饰玻璃表面以提高疏水性，但这一办法会引入新的问题，即玻璃表面疏水，导致在没有外在驱动力的情况下，仅依靠电渗驱动液体，流速缓慢，引起以平面为喷头的离子化过程不稳定。

（2）玻璃芯片外接毛细管与电喷雾质谱连接

Daniel 等人最早将毛细管连接到玻璃芯片上，毛细管通过一个不锈钢套管和一个纳米喷头连接进行蛋白质检测[36]。随后，Zhang 等人在芯片/质谱接口上加了喷雾化气和鞘液，显著改进了接口的喷雾性能[37]。这种引入外接毛细管的方式大大简化了装置，但是却带来了一定的死体积，使质谐检测的分辨率和灵敏度大为降低。为了减小死体积，Harrison 等人在芯片末端钻一个平面孔对准通道，将毛细管插入孔中并用环氧胶固定，一定程度上减小了毛细管和通道连接的死体积。另外，将连接在芯片上的毛细管末端拉细至 2~20 μm，形成纳米喷头或将制备好的喷头用套管同芯片连接[38~41]，以此制作无鞘液辅助纳米接口也是较为常见的芯片接口方法。

（3）塑料芯片外接毛细管与电喷雾质谱连接

塑料芯片外接毛细管同玻璃芯片外接毛细管接口类似，塑料可塑性强、易处理、价格便宜，外接毛细管更为方便。其中比较容易同纳米喷头连接的是 PDMS 芯片。Sung 等人建立了一种 CE-MS/MS 联用装置，成功地用于多肽混合物及蛋白质酶解产物的分析鉴定[42]，芯片示意图见图 6-14。

（4）塑料芯片一体化接口

在实际应用中，塑料芯片一体化接口的一般做法是将芯片通道末端加工成夹角适合的三角锥形喷头。由于需要喷头具有一定的机械强度，所以多选用硬质塑料，如 PMMA[43]、SU8[44]、PI[45] 等。

6.2.4.2 MALDI-MS 质谱检测法

MALDI-MS 的最主要特点是:对样品溶液组成成分无特殊要求,能耐高浓度盐和非挥发性缓冲溶剂;灵敏度高,样品量只需要 1 μmol 甚至更低;谱图中单电荷、双电荷的分子离子峰很强,有利于信号解析。但也存在一些问题,比如离子化过程中要求样品与基质共结晶,实现直接联用困难等。

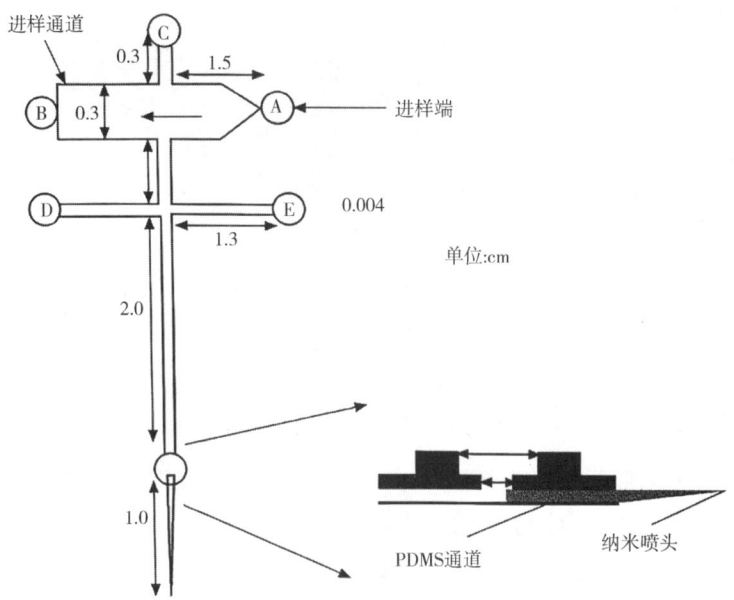

图 6-14　PDMS 芯片与纳米喷头[42]连接示意图

Liu 等人使用开管快速电泳芯片,让寡糖和肽的混合物在电驱动下流过开口通道进行电泳分离[46],分离后溶剂快速蒸发,让加在缓冲液中的基质和溶剂共结晶;然后将芯片转移进特殊设计的 MALDI 离子源中,由激光扫描芯片上的开口通道使结晶的样品离子化,其芯片结构示意图见图 6-15。

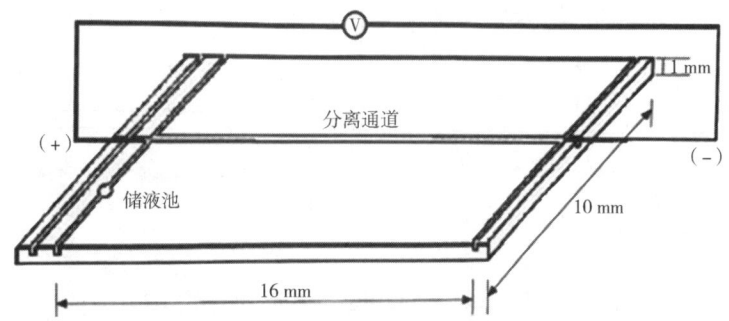

图 6-15　与 MALDI-MS[46]联用的开管快速电泳芯片结构示意图

与上述直接在芯片上进行结晶并离子化方法相比,更多的接口设计是围绕着 MALD-MS 的标准靶板进行的。这类技术虽然是离线的,但实现起来更为简单,无须对 MALDI 离子源进行改造。图 6-16 是聚碳酸酯芯片与 MALDI-MS 联用的电喷雾沉积接口示意图[47]。

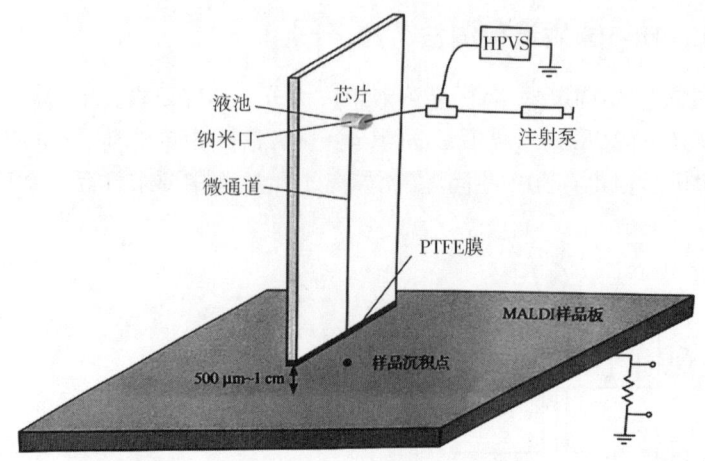

图 6-16　聚碳酸酯芯片与 MALDI-MS 联用的电喷雾沉积接口[47]示意图

6.2.5　其他检测器

6.2.5.1　等离子体发射光谱检测法

电感耦合等离子体原子发射光谱法(ICP-AES)是无机分析领域最灵敏的检测方法之一,将其与微流体检测技术相结合,充分发挥微流体检测芯片的特点,是解决环境分析中诸如元素形态分析等难点课题的一个重要方向。而这种联用技术的最大难题仍然是接口问题,其难点在于微通道中的流体速度同 ICP-AES 进口流速不匹配。香港大学陈荣达课题组设计了一套高效芯片毛细管电泳与 ICP-AES 联用接口装置,通过引入辅流,在一定程度上克服了流速不匹配的难点,其结构见图 6-17[48]。

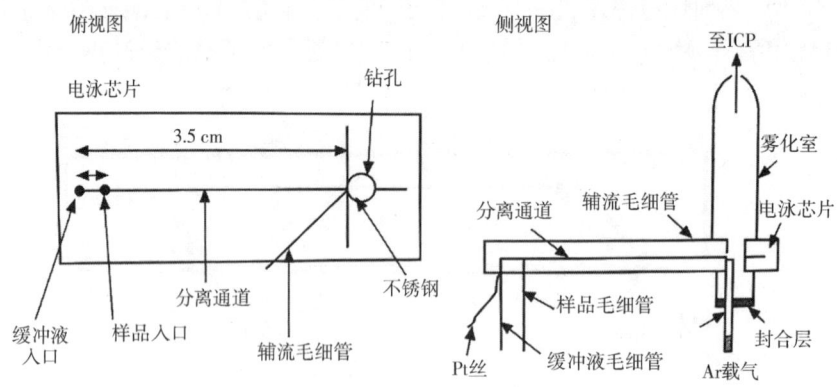

图 6-17　电泳芯片与 ICP-AES 接口[48]示意图

为了克服分离通道流速与 ICP 样品抽提速率不匹配的现象,在分离通道末端用注射泵经外接 PTFE 毛细管引入一股辅助缓冲液流,通过优化辅助流流速以及载气流速,可以达到约 10% 的雾化效率。利用该系统分离测定 Ba^{2+} 和 Mg^{2+} 标准溶液,两者在 30 s 内得到良好分离,分离度为 0.7,多次进样的相对标准偏差为 3%($n=3$)。图 6-18 为 Ba^{2+} 和 Mg^{2+} 标准溶液分离谱图。

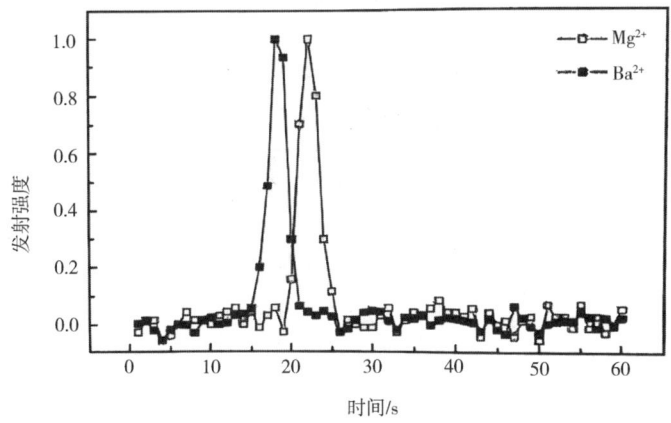

图 6-18　Ba^{2+} 和 Mg^{2+} 标准溶液分离谱图

6.2.5.2　热透镜检测法

两束同轴激光经过光学显微镜照射于样品溶液后,共焦区域的样品溶液因吸收其中一束激光(激发光)能量而温度升高,折射率随之改变,进而形成类似于光学透镜的液体凹透镜。另一束激光(探测光)通过该液体凹透镜后焦距被延长,发散轨迹变窄,探测物镜检测到的光强增大。通过固定激发光强度,测定探测光强度的变化可间接检测样品溶液的浓度,利用该原理的检测技术即为热透镜显微镜(TLM)[49],其工作原理如图 6-19 所示。

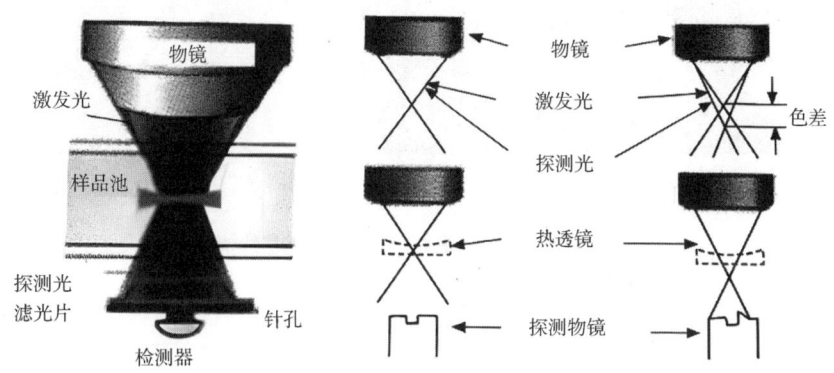

图 6-19　热透镜显微镜[49]工作原理示意图

热透镜显微镜的优点在于灵敏度高和普适性强,检测物质并不需要具有某些特定性质,比如荧光、电化学活性等。当然,这点也造成热透镜显微镜不具有选择性,它无法分辨不同被分析物质所引起的温度和光强的变化,因而不能用于复杂体系的研究。另外,热透镜显微镜仪器过于精密和复杂,价格昂贵,普通实验室无法自行搭建,因此大大制约了其在检测领域的应用。

6.2.5.3　生物体传感器检测法

传感器是测量系统中的一种前置部件,它将输入变量转换成可供测量的信号,其工作原理如图 6-20 所示。

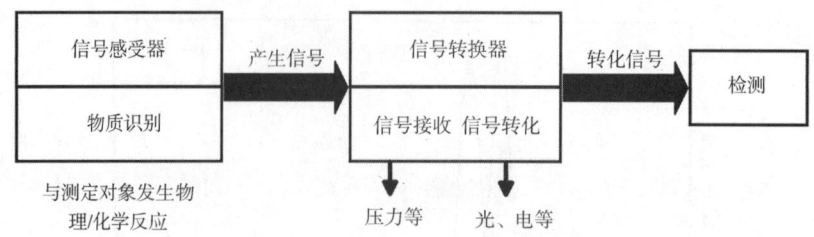

图 6-20　传感器工作原理示意图

传感器可简单分为物理、化学和生物传感器。生物传感器是指用固定化的生物体成分（如酶、抗原、抗体、激素、细胞、细胞器、组织等）或生物体本身作为信号感受部分的传感器。生物传感器作为一种检测途径,由于其专一、快速、易于微型化和自动化等特点,已经越来越多地受到微流体检测芯片研究人员的关注,并开始被用作微流体检测芯片系统中的检测单元,下面举例说明。

Moser 等设计了包含酶电极传感器阵列的微流体检测芯片体系[50],用于肝内转氨酶的快速检测。所用芯片结构如图 6-21 所示,在微流体通道中先进行由转氨酶催化的酶促反应并生成产物谷氨酸;然后通过酶电极上固定的谷氨酸氧化酶对谷氨酸进行氧化,生成过氧化氢,过氧化氢在销电极上产生电信号,由此得到谷氨酸的浓度,进而确定血清中转氨酶的活性。

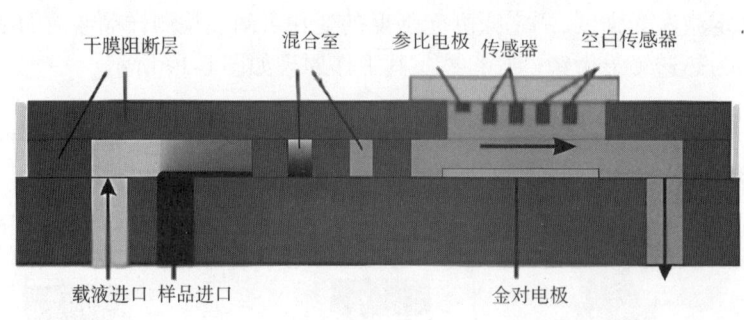

图 6-21　转氨酶检测用微流体[50]检测芯片剖面图

Morin 等分别在两层基片上建造了尺寸、位置相互匹配的细胞培养池和微电极阵列培养池培养神经细胞,然后将两者结合,进而利用电极进行刺激并记录所产生的电信号,见图 6-22[51]。

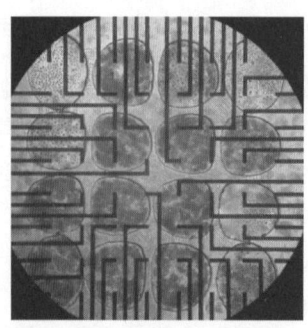

图 6-22　细胞培养池中的微电极阵列[51]

除上述例子外,在生物传感器中报道最多的是 DNA 传感器,它以 DNA 为敏感元件,通过信号转换器将 DNA 与 DNA、DNA 与 RNA 或 DNA 与其他有机、无机离子之间作用所产生的生物学信号转变为可检测信号(光、电、声等)。除 DNA 传感器外,细胞传感器也是近年研究的热点,以活细胞作为研究对象,定性或定量地检测目标细胞的基本功能信息;或利用活细胞作为敏感元件,定性或定量地检测被分析物的性质。Fan 等人在金电极上结合修饰过的有特定序列的 DNA,使之与样品中互补 DNA 杂交后,DNA 的构象发生变化并产生可被检测的电信号[52]。Hayashi 等人在芯片上集成酶修饰的预反应器和微阵列电极,利用预反应器消除血液中的杂质干扰,利用微阵列电极检测具有氧化活性的多巴胺含量等[53]。

随着微加工技术和纳米技术的进步,未来的生物传感器将趋于微型化,逐步向体内检测、在线检测的方向发展,同时也将愈加趋于和微流体检测芯片融为一体,成为微芯片系统的重要组成部分。

6.2.5.4　单分子荧光检测法

对单个分子进行观察和操纵是人类由来已久的愿望。从某种意义上讲,单分子检测(Single molenle dertion,SMD)的成功是人类认识论上的一个飞跃。与传统方法仅提供体系的平均性质相比,单分子检测技术能探测到物理量的分布和时间轨迹信息,因此可以用来鉴别、分类及定量比较某一非均相体系中的各亚群,可以研究平衡状态下体系的涨落及非平衡态下的反应途径。单分子检测技术已经成为分析化学、生物化学、高分子化学,甚至流体力学领域的研究热点。其中在生物物理学领域取得了较高的成就。1976 年,Hirschfeld 首次实现了多染料标记的单分子荧光检测[54]。1990 年,Shera 等人第一次实现室温下流体中的单荧光团分子的荧光检测[55]。此后 SMD 技术发展迅猛,先后出现了近场扫描显微镜技术(NFOSM)和远场共焦显微镜技术。随着 CCD 性能的提高,宽场显微镜也已经应用于单分子荧光成像中。在对简单体系的单分子检测中,分子的识别和检测通过各种光学性质实现,而没有对不同的分子做先行分离。1995 年,Haab 等人首次将 SMD 与毛细管电泳(CE)相结合[56],引入电泳淌度作为识别参数之一,而把 SMD 视为 CE 的一种检测手段,成功地使毛细管电泳达到单分子检测水平,从而产生了单分子毛细管电泳的概念。毛细管电泳向芯片电泳的移植进步将 SMD 推广到微流体检测芯片平台上。单分子毛细管电泳及单分子芯片电泳代表了电泳发展的最新趋势之一,虽然用于实际样品分析尚有一定距离,但显示了极具诱惑力和挑战性的发展前景。近几年,生物大分子的功能监测及活细胞内单分子的示踪已成为单分子检测领域内新一轮的研究热点。

单分子检测有可能在以下几个方面取得突破性的进展:①在生理条件下对"稀有"分子结构和活性的大规模筛选;②对为数众多的不同物质实现单个分子层次上的最高灵敏度检测;③实现反应中间产物的检测及反应途径的监测;④跟踪大分子在执行生理功能时的结构变化。

盖宏伟等人针对单分子荧光成像检测技术的实现及其在微纳米尺度上的流体测速和分子相互作用中的应用开展研究,自行搭建了单分子荧光成像装置[57~60],建立了多染料标记分子和单染料标记分子(包括染料分子)的单分子荧光成像方法,证实了微流体检测芯片上联用静压力和电动力驱动样品的可行性,并分别用于简单进样和门控式进样中。静压力结合电动力的简单进样方法是目前微流体检测芯片上最简单的一种进样方法。盖宏伟等人还建立了在单分子水平上同时测量微通道中静压力驱动下的主体流速和近壁流速的方法,实现了微纳米尺度上的流速测量,扩充了目前实验流体力学的测速方法,促进了分子与通道表面的相互作用的研究。盖宏伟等人还发现了隐失场中分子个数随分子量的增大而减少这一现象,并据此发展了一种无须分离面检测分子相互作用的新方法。

第3节　微流体检测芯片对比

各种检测方法的优点与不足见表6-1。

表6-1　各种检测方法一览

类别	检测方法	优点	不足
光学检测器	激光诱导荧光检测	检测灵敏度高,尤其是对于某些荧光效率高的物质可达到单分子检测	分析物需要有荧光或含有通过衍生反应得到荧光信号的官能团
	紫外吸收光度检测	一种通用型光学检测器,分析物质无须衍生或标记	灵敏度低,对芯片材质、芯片结构有特殊要求;石英芯片制作工艺复杂,价格偏高
	化学发光检测	检测灵敏度高,同其他光学检测器相比不需要光源,仪器设备简单,更易实现微型化和集成化	对检测池的设计有特殊要求,要求化学发光试剂和被测物质高效混合、充分反应。另外要考虑反应本身对芯片的影响,如反应体系伴随有气体的释放,有些体系需要在非水溶剂中进行
电化学检测器	电化学检测	灵敏度高,选择性好,体积小,装置简单,成本低,可以与微加工技术兼容,具有微型化和集成化的前景	被检测物质需要有电化学活性(安培检测),重现性较差
电磁学检测器	电磁学检测	结构简单,灵敏度高,工作稳定可靠,零点稳定,输出功率大,具有在线实时化状态检测的应用前景	传感器自身频率响应低,不适用于快速动态测量
质谱检测器	质谱检测	能够提供试样组分中生物大分子的基本结构和定量信息,在涉及蛋白质组学研究中有着难以替代的作用	现行仪器体积庞大,价格昂贵,不符合芯片微型化的特点,只能用于芯片外检测;芯片同质谱的接口仍然是发展的重点与难点

（续表）

类别	检测方法	优点	不足
其他检测器	等离子体发射光谱检测	是无机分析领域最灵敏的检测方法,同芯片结合是解决环境分析中诸如元素形态分析等难点课题的突破口	等离子体同芯片的接口问题影响分离与检测
	热透镜检测	灵敏度高,通用性强,被分析物无须任何衍生或标记	仪器精密、复杂,价格昂贵;不具有选择性,不能分辨不同分析物所引起的温度和光强变化,不能用于复杂体系的分析
	生物体传感器检测	种类多,具有专一、快速、易于微型化和自动化的特点	部分生物传感器使用寿命偏短

本章小结

微流体检测技术作为改变未来的七种技术之一,检测器的研究一直是人们关注的热点。本章分别从检测要求与各种微流体检测芯片两个部分,介绍了各种微流体检测器的核心技术及应用。本章通过对光学、电化学、电磁学这三类主流的微流体检测器的详细介绍,为读者普及基础的微流体检测技术相关知识。此外,本章为读者提供了生物学中的质谱检测,介绍其在微流体中的具体应用;梳理了其他检测器的有关知识供读者了解。

参考文献

[1] 李建勇.机电一体化技术[M].北京:科学出版社,2004.

[2] 康可人,李凯,黄绮玲,等. NT-proBNP 侧向免疫层析荧光定量检测方法的建立及性能评价[J].中华检验医学杂志,2014（11）:842-846.

[3] 邢婉丽,程京.生物芯片技术[M].北京:清华大学出版社,2004.

[4] 黄银花,胡晓湘,徐慰倬,等.影响多重 PCR 扩增效果的因素[J].遗传,2003,25(1):65-68.

[5] 何宇清,孙蒙祥.单细胞技术进展及其在植物研究中的应用[J].植物科学学报,2016,34（3）:475-487.

[6] 邵建波,金庆辉,赵建龙.细胞微系统技术及其应用[J].细胞生物学杂志,2007,29(6):

859-863.

[7] 赵书林. 微芯片电泳-质谱, 激光诱导荧光, 化学发光检测联用技术及应用[C].第 21 届全国色谱学术报告会及仪器展览会会议论文集,2017.

[8] 戴玉子, 刘洁, 赵君, 等. 改进的食品中三聚氰胺的高效液相色谱串联质谱检测法[J]. 食品工业科技, 2009 (3): 325-327.

[9] 吴玉红, 邢丽梅, 宋辉, 等. 肝中砷含量电感耦合等离子体发射光谱检测法研究[J]. 中国刑警学院学报, 2004(2):60-61.

[10] 曹泉, 郭亚辉, 周晓东, 等. 微流控芯片中的激光诱导热透镜检测系统的构建[J]. 中国化学会第十届全国发光分析学术研讨会论文集, 2011.

[11] 郭伟强. 毛细管电泳光学检测器的进展[J]. 分析测试技术与仪器, 1996, 2(4): 9-19.

[12] JIANG X, CHENG Q. Recent advances in droplet microfluidics for single-cell omics analysis [J]. Micromachines,2021, 12(5):550.

[13] PAEZ A. Non linear optics for materials fabrication and medical instrumentation[D].El Paso: The University of Texas at El Paso, 2019.

[14] 梁锡辉, 区伟能, 任豪, 等. 激光诱导荧光检测技术[J]. Laser & Optoelectronics Progress, 2008, 45(1): 65-72.

[15] 杨秀晗. 激光诱导荧光检测法[J]. 光谱仪器与分析, 2006 (Z1): 197-200.

[16] 林炳承,王刚,周小棉,等.一种微流控芯片;200520088915.9[P].2005-01-13.

[17] 戴忠鹏,马波,林炳承.一种用于石英微流控芯片的常温快速键合方法及加压模具: 200510046835.1[P].2005-07-08.

[18] 杜文斌,方群,方肇伦.基于液芯波导原理的微流控芯片长光程广度检测系统[J].高等学校化学学报,2004,25(4): 610-613.

[19] DUGGAN M P, MCCREEDY T, AYLOTT J W. A non-invasive analysis method foron-chip spectrophotometric detection using liquid-core waveguiding within a 3d architecture[J]. Analyst,2003,128(11):1336-1340.

[20] PETERSEN N J, MOGENSEN K B, KUTTER J P. Performance of an in-place detection cel-with intergrated waveguides for uv/vis absorbance measurements on microfluidic separation devices[J]. Electrophoresis, 2002, 23(20):3528-3536.

[21] RO K W, LIM K, SHIM B C,et al. Integrated light collimating system for extended optical-path-length absorbance detection in microchip-based capillary electrophoresis[J]. Analytical Chemistry,2005,77(16):5160-5166.

[22] SALIMI-MOOSAVI H, JIANG Y T,LESTER L,et al.Amultireflection cell for enhanced absorbance detection in microchip-based capillary electrophoresis devices[J]. Electrophoresis, 2000,21(7): 1291-1299.

[23] 武竟存, 章竹君, 吕九如. 液相色谱化学发光检测法的新进展[J]. 分析化学, 1994, 22 (4): 396-405.

[24] 杨建雄. 生物化学与分子生物学实验技术教程[M]. 北京:科学出版社,2002.

[25] 任吉存, 孙航, 刘建民,等. 等电聚焦与在线化学发光检测在 PDMS 芯片上测定亚血红素类蛋白[J]. 分析化学, 2014,42(1):97-102.

[26] VANDAVEER W R, PASAS-FARMER S A, FISCHER D J,et al.Recent developments in

electrochemical detection for microchip capillary electrophoresis[J]. Electrophoresis,2004,25(21-22): 3528-3549.

[27] LICHTENBERG J, DE ROOIJ N F, VERPOORTE E. A microchip electrophoresis system with integrated in-plane electrodes for contactless conductivity detection[J]. Electrophoresis,2002, 23(21): 3769-3780.

[28] PUMERA M, WANG J, OPEKAR F, et al. Contactless conductivity detector for microchip capillary electrophoresis[J]. Analytical chemistry, 2002, 74(9): 1968-1971.

[29] TANTRA R, MANZ A. Integrated potentiometric detector for use in chip-based flowcells[J]. Analytical chemistry, 2000, 72(13): 2875-2878.

[30] FERRIGNO R, LEE J N, JIANG X Y,et al. Potentiometric titrations in apoly(dimethylsiloxane)-based microfluidic device[J]. Analytical chemistry, 2004,76(8): 2273-2280.

[31] WANG J, PUMERA M. Dual conductivity/amperometric detection system for capillary electrophoresis[J]. Analytical chemistry, 2002, 74(23):5919-5923.

[32] QIU H B, YIN X B, YAN J L, et al.,Simultaneous electrochemical and electrochemiluminescence detection for microchipand conventional capillary electrophoresis[J]. Electrophoresis, 2005,26(3):687-693.

[33] 白文斌, 李凯. 三线圈电感式油液金属磨粒检测系统[J]. Computer Measurement & Control, 2022, 30(1):78-85.

[34] SPARKMAN O D. Mass spectrometry desk reference[J]. Journal of the american society for mass spectrometry, 2000, 11(12): 1144-1144. .

[35] PARKINS, WILLIAM E. The uranium bomb, the calutron, and the space-charge problem [J]. Physics today, 2005, 58(5):45-51.

[36] XUE Q F, FORET F, DUNAYEVSKIY Y M, et al.Multichannel microchip electrospray mass spectrometry[J]. Analytical chemistry, 1997,69(3): 426-430.

[37] FIGEYS D, NING Y B, AEBERSOLD R. A microfabricated device for rapid protein identification by microelectrospray ion trap mass spectrometry[J]. Analytical chemistry, 1997, 69(16):3153-3160.

[38] BINGS N H,WANG C, SKINNER C D, et al.Microfluidic devises connected to fused-silica capillaries with minimal deadvolume[J]. Analytical chemistry, 1999, 71(15): 3292-3296.

[39] BARNIDGE D R, NILSSON S, MARKIDES K E. A design for low-flow sheathless electrospray emitters[J]. Analytical chemistry,1999,71(19): 4115-4118.

[40] BARNIDGE D R, NILSSON S, MARKIDES K E,et al. Metallized sheathless electrospray emitters for use in capillary electrophoresis orthogonal time-of-flightmass spectrometry [J]. Rapid communications in mass spectrometry, 1999,13(11):994-1002.

[41] CHANG Y Z, CHEN Y R, HER G R. Sheathless capillary electrophoresis/electrospraymass spectrometry using a carbon-coated tapered fused-silica capillary with abeveled edge[J]. Analytical chemistry, 2001, 73(21): 5083-5087.

[42] SUNG W C,HUANG S Y,LIAO P C, et al.Poly(dimethylsiloxane)-based microfluidic device with electrosprayionization-mass spectrometry interface for protein identification[J]. Electrophoresis,2003,24(21):3648-3654.

［43］ MUCKA, SVATOS A. Atmospheric molded poly (methylmethacrylate) microchipemitters for sheathless electrospray［J］. Rapid communications in mass spectrometry, 2004, 18 (13): 1459-1464.

［44］ GACS L E, ARSCOTT S, ROLANDO C. A planar microfabricated nanoelectrosprayemitter tip based on a capillary slot［J］. Electrophoresis, 2003, 24(21): 3640-3647.

［45］ GOBRY V, VAN OOSTRUM J, MARTINELLI M, et al. Microfabricated polymer injector for direct mass spectrometrycoupling［J］. Proteomics, 2002, 2(4): 405-412.

［46］ LIU J, TSENG K GARCIA B, LEBRILLA C B, et al. Electrophoresis separation in open microchannels［J］. A method for coupling electrophoresis with MALDI-MS. Analytical chemistry, 2001, 73(9): 2147-2151.

［47］ WANG Y X, ZHOU Y, BALGLEY B M, et al. Electrospray interfacing of polymer microfluidics to MALDI-MS［J］. Electrophoresis, 2005, 26(19): 3631-3640.

［48］ HUI A Y NWANG G, LIN B, CHAN W-T. Interface of chip-based capillary electrophoresis-inductively coupled plasma-atomic emission spectrometry(CE-ICP-AES)［J］. Journal of analytical atomic spectrometry, 2006, 21(2): 134-140.

［49］ KITAMORIT, TOKESHI M, HIBARA A, et al. Thermal lens microscopy and microchip chemistry［J］. Analytical chemistry, 2004, 76(3): 52A-60A.

［50］ MOSER I, JOBSTG, SVASEK P, et al. Rapid liver enzyme assay with miniaturized liquid handling system comprising thin film biosensor array［J］. Sensors and actuators b-chemical B, 1997, 44(1-3): 377-380.

［51］ MORINF, NISHIMURA N, GRISCOM L, et al. Constraining the connectivity of neuronal networks cultured on microelectrode arrays with microfluidic techniques: a step towards neuron-based functional chips［J］. Biosensors & Bioelectronics, 2006, 21(7): 1093-1100.

［52］ FAN CH, PLAXCO K W, HEEGER A J. Electrochemical interrogation of conformational changes as a reagentless method for the sequence-specific detection of DNA［J］. Proceedings of the national academy of sciences of the United States of America, 2003, 100(16): 9134-9137.

［53］ HAYASHI K, IWASAKI Y, KURITA R, et al. On-line microfluidic sensor integrated with a micro array electrode and enzyme-modified pre-reactor for the real-time monitoring of bloodcatecholamine［J］. Electrochemistry communications, 2003, 5(12): 1037-1042.

［54］ HIRSCHFELD, T. Fluorescence quantum yield of dyes: attempted molecular interpretation ［J］. Journal of chemical physics, 1976, 64(8): 2921-2929.

［55］ SHERA E B, SEITZINGER N K, DAVIS L M, et al. Detection of single fluorescent molecules ［J］. Chemical physics letters, 1990, 174(6): 553-557.

［56］ HAAB B B, MATHIES R A. Single-molecule detection of dna separations in microfabricated capillary electrophoresis chips［J］. Nature biotechnology, 1995, 13(4): 397-401.

［57］ 盖宏伟, 段苏芳, 刘红叶, 等. 单分子荧光成像技术及其在微纳米尺度上的流体测速中的应用［J］. 物理化学学报, 2001, 17(4): 321-329.

［58］ 盖宏伟, 程美喜, 孙静, 等. 单分子荧光检测方法在微流控芯片上的应用［J］. 化学学报, 2005, 63(9): 735-742.

［59］ 盖宏伟, 闫妍, 刘红叶, 等. 静压力与电动力联用的微流控芯片进样及控制方法［J］. 物

理化学学报, 2008, 24(2):345-350.

[60] 盖宏伟, 孙静, 刘红叶, 等.微流控芯片上动态的单分子荧光检测及其应用[J]. 物理化学学报, 2010, 26(11):2951-2958.

第 7 章
微流体检测技术在生物医疗领域中的应用

微流体检测技术主要是通过微电子机械技术在固体芯片表面构建微型生物化学分析单元和系统的技术,以实现对无机离子、有机物质、蛋白质、核酸以及其他生化组分的准确快速的大信息量检测。最近十几年来,微电子技术、生物技术、化学技术等多学科的交叉融合是微流体检测技术的基础,其实质就是一种微型化的生化分析仪器。微流体检测芯片在生化方面发展的最终目标是实现生化样品的微全分析,即把样品处理、生化反应和结果检测等三个典型的步骤全部集成在微芯片上完成,已经广泛应用于生物医学领域。它由于具有成本低、通量高、分析过程自动化、分析速度快、试剂消耗少、易于集成化等优点,目前已经成为分析学科领域发展前沿的热点技术,代表着未来分析仪器走向微型化、集成化的发展趋势。本章主要向读者简单介绍微流体检测芯片在核酸、蛋白质及细胞方面的研究与应用。

第 1 节　核酸

近些年,微流体检测技术显示出了十分成熟的核酸研究功能,可将核酸提取、聚合酶链式反应(PCR)扩增、分子杂交、电泳分离和检测[1]等技术,单一或集成地转移到一块几平方厘米的芯片上完成。因此,微流体检测技术适合于核酸研究所涉及的大部分应用领域,包括临床基因诊断,遗传学分析和法医鉴定等。

核酸是以核苷酸为基本单位的重要生物分子,包括脱氧核糖核酸(DNA)和核糖核酸(RNA)两种。核酸是遗传信息的携带者,也是基因表达的物质基础,对核酸结构、功能与调控的认识是人类在分子水平研究遗传进化和疾病诊断的第一步。已有的工作所显示的微流体检测芯片的基本应用包括:基因突变检测、基因分型和 DNA 测序与计算,本节将依次介绍这三个方面。

7.1.1　基因突变检测

基因突变是指基因在结构上发生碱基对组成或排列顺序的改变,检测方法包括单链构象多态性分析法、异源双链分析法、等位基因特异性寡核苷酸分析法等[2]。利用微流体检测技术进行基因突变检测,不仅可以精准确定突变位点和突变类型,而且可以同时检测多个基因乃至整个基因组的突变,另外快速高效特性是其他检测方法无法比拟的,所以微流体检测技术是基因突变检测技术的重大突破。

然而,几乎所有现阶段的基因突变检测都离不开 PCR 技术。PCR 技术是一种用于在体外酶促合成特定 DNA 片段的分子生物学技术,由 Mullis 于 1985 年使用大肠杆菌 DNA 聚合酶发明[3]。由于该酶不耐热,因此在每个循环中加入一种新的 Taq DNA 聚合酶,并且仅通过添加一次酶来完成整个反应,扩增特异性和扩增效率显著提高。随着荧光检测技术在生物分子测定领域中的发展,qPCR 技术应运而生。qPCR 技术通过测量荧光物质发出的荧光强度间接测量 PCR 产物的总量[4]。随后为满足学者对样品多种指标检测的需求,mPCR 技术诞生了。虽然这些技术具备很好的准确性和灵敏度,即使是基因表达的微小差异也可以检测到,但是许多因素仍然影响扩增效率并导致检测结果的偏差,因此这些结果也只是"相对定量的"。而 dPCR 不受这些限制,扩增效率不会影响其结果,通过泊松计算和计数样品的荧光来计算样品浓度,此绝对定量方法可以将误差降低到 5%[5]。上述 PCR 对比分析结果如图 7-1 所示。

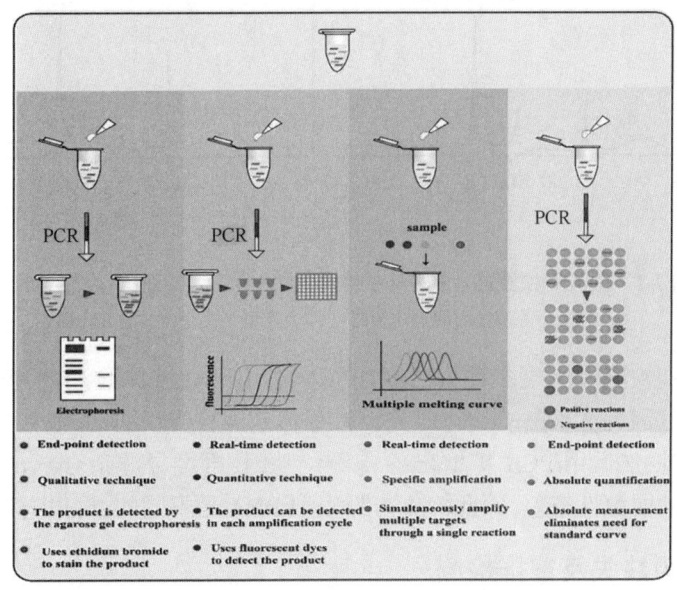

图 7-1 基于聚合酶链式反应的技术(PCR,qPCR,mPCR,dPCR)[6]

PCR 技术作为分子生物学研究必不可少的一部分,其种类繁多,广泛应用于基础研究、疾病诊断、农业检测和法医调查等领域。而在基因突变检测领域中,PCR 技术往往需要与其他技术结合检测,主要表现在点突变检测、基因缺失及重排检测、基因甲基化检测。

7.1.1.1 点突变检测

点突变是指基因序列中单个碱基的变异,包括单碱基的替换、插入和缺失等。而 PCR-SSCP 技术是用于检测已知点突变的常用方法,其原理基于单链 DNA 在中性条件下易形成依赖于其碱基组成的二级结构[7]。对这种二级结构而言,即使一个碱基的差别也会使单链 DNA 空间构象发生变化,因此突变可在非变性电泳条件下根据电泳度不同而得以鉴别。对于野生型突变,只能检测到两条单链 DNA;对于突变型基因,原则上可检测到四条单链 DNA[8]。

以乳腺癌的突变基因为例：研究表明，BRCA1 和 BRCA2 是乳腺癌的突变热点基因，这些基因某些位点可发生多种点突变(如插入、缺失或替换突变)，与乳腺癌的发病密切相关[9]，对这些点突变的快速检测有利于乳腺癌的早期诊断和治疗。微流体检测芯片与上述多种基因突变检测方法结合已用于 BRCA1 和 BRCA2 基因多种点突变的测试，其中对 BRCA1 基因两种点突变的检测结果如图 7-2 所示。针对目的基因的 PCR 扩增产物经变性后，单碱基差异引起的单链 DNA 构象变化，使野生型和突变型等位基因的电泳谱图明显不同[10]。从图 7-2 中可见，前者在双链 DNA 区出现相对单一的单链 SSDNA 电泳峰，后者则在相应位置出现至少三个电泳峰提示有点突变存在。与毛细管电泳相比，芯片电泳方法所需检测时间明显缩短，仅用 120 s[11]。

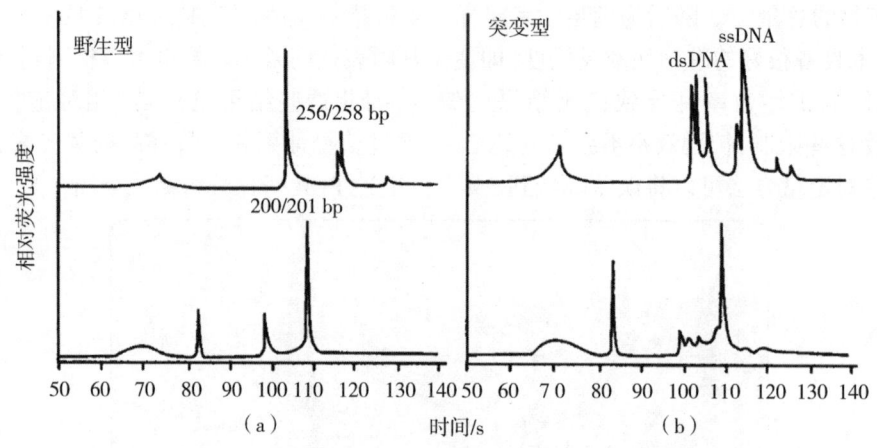

图 7-2 微流体检测芯片和 SSCP 结合对 BRCA1 点突变的检测结果[12]
(a)野生型等位基因的电泳谱图；(b)突变型等位基因的电泳谱图

此外，其他突变检测方法或多种方法联用同样适用于微流体检测芯片，如将 ASA 和 HA 联用进行 BRCA1 基因突变检测。运行时先设计等位基因特异性引物，使其分别与野生型和突变型 DNA 序列互补，然后用 PCR 扩增出各自等位基因，再经异源杂合双链分析[13]。由于异源双链 DNA 分子的同源性较差，因此构象与野生型 DNA 是不同的，可以通过电泳进行鉴别。

7.1.1.2 基因缺失及重排检测

对于某些遗传病的致病基因来说，其基因缺失具有明显的异质性，即不同患者的缺失片段有所不同，因而难以用一对 PCR 引物检出所有的缺失突变。在这种情况下，主要采用 PCR 扩增检测技术，该技术通过多对引物检测该基因的不同外显子区域，是检测已知结构基因有无缺失片段行之有效的途径[14]。例如：杜氏肌营养不良是一种常见的 X 染色体连锁隐性遗传病，60%患者伴有抗肌萎缩蛋白基因的大片段缺失，主要发生在 9 个突变热点区[15]。利用微流体检测芯片的微尺度下比表面积大、热传导快、易于微型化等特征，将多重 PCR 反应集成在硅-玻璃芯片上并用于 DMD 缺失突变的检测，整个分析过程需要在几个芯片上完成：先在一块芯片上进行随机引物的 PCR 扩增(DOPPCR)；再以此扩增产物为模板，在第二块芯片上进行 DMD 基因特殊位点的多重 PCR 反应；然后进行芯片电泳检测。上述单元技术的部分集成为最终实现集成化的 DNA 诊断奠定了基础。另有研究者采用远红外线加热方式进行 PCR 热循环反应，并与芯片电泳过程相偶联以实现对 DMD 的快速诊断，但由于 PCR 热循环过程使毗邻的筛分介质受热,对电泳分离效率产生一定影响[16]。

基因重排同样可以通过 PCR 扩增技术进行检测。研究证明,T 细胞受体(TCR)基因和免疫球蛋白(IGH)基因是 TB 恶性淋巴瘤的高表达基因,TCR 和 IGH 基因重排是诊断 TB 恶性淋巴瘤的重要依据[17]。Munro 等人通过多重 PCR 扩增,结合芯片电泳分析,完成了对 18 例恶性淋巴瘤的快速诊断,实验中选择多对引物对 TCR 可变区和 IGH 结合区进行 PCR 扩增,以 YO-PRO1 光探针标记 dsDNA 片段,然后进行芯片电泳-激光诱导荧光检测[18]。如图 7-3 所示,由于正常细胞来自多克隆细胞,PCR 扩增后芯片电泳可呈现多个产物峰。而淋巴瘤细胞则来源于单克隆,即单一的 IGH 或 TCR 基因重排方式,因此 PCR 扩增产物只出现单一的电泳峰。据此,可判定是否存在基因重排。从图中可见,芯片电泳检测时间仅相当于毛细管电泳的 1/10。

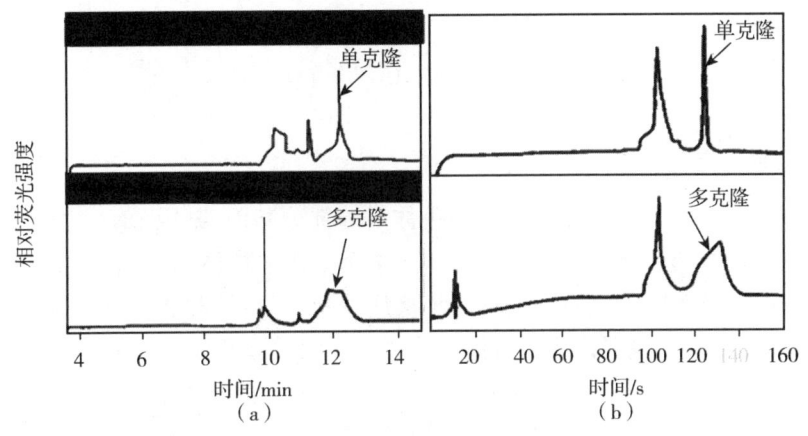

图 7-3 IGH 基因重排 CE
(a)和片电泳;(b)检测结果:上图为 B 细胞淋巴瘤阳性样品,下图为阴性样品

7.1.1.3 基因甲基化检测

在甲基转移酶的作用下将甲基基团加到 DNA 分子核苷酸碱基上的生化过程,被称为基因的甲基化,也是基因突变的一种形式[19]。基因甲基化是基因正常的修饰形式,但是异常基因甲基化则是基因失活的一种重要机制,对肿瘤的发生及其发展有重要影响。同样,利用芯片电泳可对甲基化样品进行分析,微流体检测芯片电泳在诊断敏感性和特异性方面保持了现行凝胶电泳的水平,由于采用激光诱导荧光检测,其检测灵敏度和检出率均较现行方法要高。

p16 是一种重要的抑癌基因,该基因的启动子区 CpG 岛甲基化存在于多种肿瘤,被认为与肿瘤发生有关[20]。世界范围内已有课题组利用微流体检测芯片系统结合巢式 PCR 方法,对来自临床大量肿瘤样品的 p16 基因甲基化进行了检测,并与现行凝胶电泳方法进行对比分析。图 7-4 所示为 p16 基因甲基化阳性样品的微流体检测芯片电泳图谱,图中 150 bp 为特异性扩增产物。实验中盲性分析了 193 份肿瘤病人的血浆和肿瘤组织,30 份肿瘤 p16 基因甲基化阳性细胞株,以及 30 份阴性细胞株样品。结果显示,微流体检测芯片电泳在诊断敏感性和特异性方面保持了现行凝胶电泳的水平,由于采用激光诱导荧光检测,其检测灵敏度和阳性率均高于现行方法[21]。

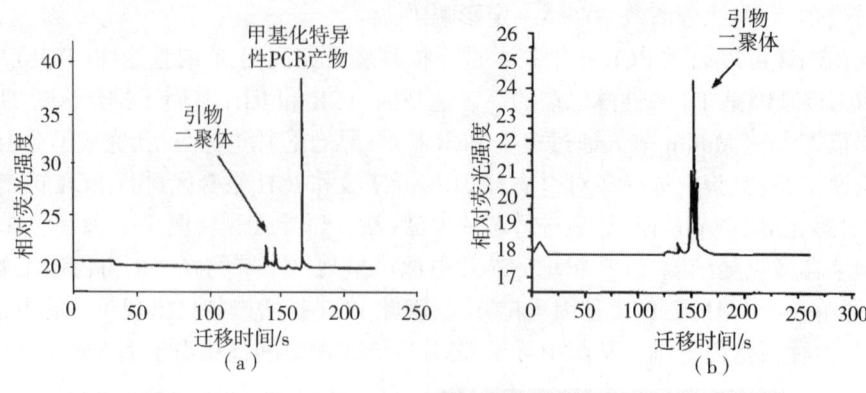

图 7-4 p16 基因甲基化阳性

(a)阳性样品;(b)阴性样品

7.1.2 基因分型

基因分型(Genotyping)是指确定一条染色体上的部分基因、某段 DNA 序列或一部分遗传标记的连锁组合,实际上就是确定一条染色体上某个区段的单体型(Haplotype)。基因分型是进行遗传基因多态性分析的必要途径,常用于疾病诊断、遗传学和法医学等应用研究,也是微流体检测芯片核酸研究的主要内容。微流体检测芯片实验室集快速、高效和集成化特点为一体,为大规模人群基因分型和多态性研究提供了一个高通量的技术平台,现阶段基因分型技术主要是单核苷酸多态性检测和短串联重复序列多态性检测。

7.1.2.1 单核苷酸多态性检测

单核苷酸多态性(Single nucleotide polymorphism, SNP),主要是指在基因组水平上由单个核苷酸的变异所引起的 DNA 序列多态性,基因组内特定核苷酸位置上存在两种以上不同的核苷酸,其中最少一种在群体中的出现频率不少于 1%,如图 7-5 所示。SNP 是继第一代的 RFLP(限制性片段长度多态性)及第二代的 STR(微卫星)后出现的第三代遗传标记,可用于致病基因的定位、克隆和鉴定[22]。在人类基因组中 SNP 最大限度地代表了不同个体之间的遗传差异,在基因组学、功能基因组学及药物基因组学研究中发挥重要作用。如果使用现行的方法,即使对基因组中部分 SNP 位点进行检测,费用也极其昂贵,因此建立和发展大规模、高通量、低成本的 SNP 分型技术就成为一个重要的解决途径。

SNP 基因分型方法有多种,其中直接测序法即对待检测片段进行直接扩增、测序,被认为是最准确的方法。以微流体检测芯片为平台的 SNP 基因分型,通常采用其于 PCR 基础上的分子技术并结合限制性片段长度多态性(RFLP)分析来实现。

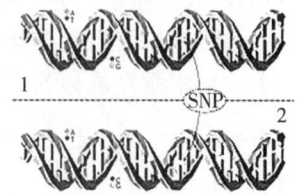

图 7-5 单核苷酸多态性示意图

7.1.2.2 短串联重复序列多态性检测

短串联重复序列(Short tandem repeat,STR),又称为微卫星标记,广泛存在于原核和真核生物的基因组中,是具有长度多态性的DNA序列,一般长度为100~500 bp,其核心部分由2~8 bp的重复序列构成,两侧是保守的侧翼序列[23](见图7-6)。

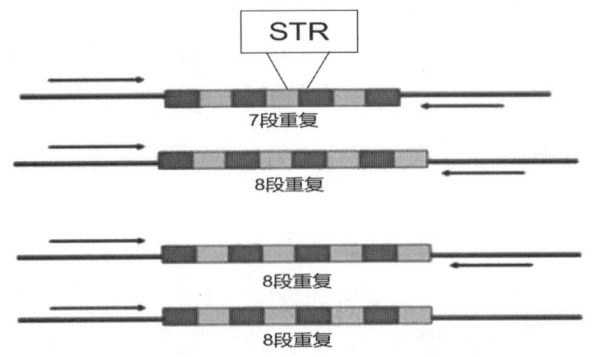

图7-6 短串联重复序列示意图[24]

STR种类多,多态信息含量高,被认为是理想的遗传标记,用于单基因病致病基因定位、遗传图谱构建、遗传连锁分析,以及人群个体识别等诸多方面。STR分型方法具有简便、准确度高、扩增片段大小适中、便于DNA降解检材等特点,目前已发展为个体识别的主要标记。如今STR各个位点的等位基因均采用数字命名,如TPOX11/12,适合于构建大规模的DNA-STR遗传标记数据库。法医上常用的STR多为4 bp重复单位,理论上要求分辨率必须在4 bp以上,但由于部分STR位点(比如TH01)存在核心序列的非整数倍重复和基因的突变,实际上要求分辨率须达到1~2 bp[25]。

在微流体检测芯片上进行STR基因分型是开展遗传连锁分析和法医学应用的潜在平台。常规STR位点的等位基因分析是结合不同STR位点的等位基因特异性PCR扩增与凝胶电泳进行基因分型(见图7-7),STR引物是根据STR位点两侧的保守序列设计的,通常用PCR扩增STR位点的等位基因,并用凝胶电泳做基因分型[26]。毛细管电泳曾以其高效快速的分离特点在法医学STR基因分型中起到重要作用,微流体检测芯片将使这种分型过程更加规模化和通量化。

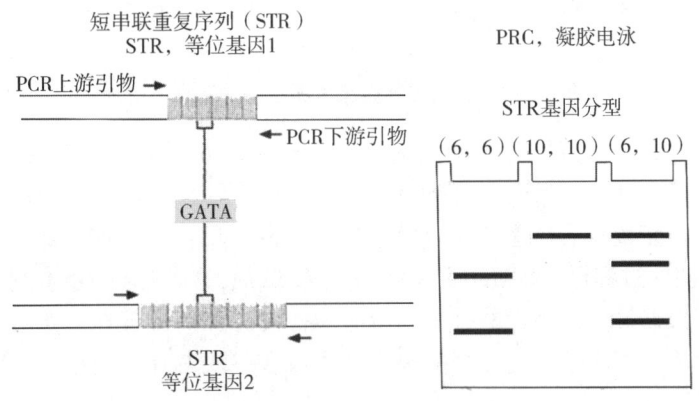

图7-7 STR位点的等位基因分析

Ehrlich 研究组利用微流体检测芯片对法医学 STR 基因分型方面开展了一系列工作,早期曾利用 2.6 cm 长的单通道硅芯片,以线性聚丙烯酰胺为筛分介质,以 500 V/cm 的分离场强,对 4 个常用 STR 位点(CSF1PO、TPOX、THOI、VWA)的基因分型时间仅为 50 s。此后,又通过双色荧光检测,实现了对 8 个 STR 位点的基因分型。为进一步改善分辨能力并提高分析通量,该课题组将分离通道延长为 11.5 cm,并采用四色激光诱导荧光检测,实现了对包含 15 个 STR 位点和 1 个性别位点的复合 PCR 扩增产物的检测,得到了单碱基分辨的结果,其中包含了美国联邦调查局(FBI)公布的 13 个核心 STR 位点(Combined DNA index system,CODIS),整个检测过程不足 35 min,并显示出很高的检测灵敏度[27]。

7.1.3 DNA 测序与计算

7.1.3.1 DNA 测序

DNA 测序是指对 DNA 分子中核苷酸排列顺序的测定,是核酸序列分析的根本手段。利用 DNA 测序可获得 DNA 序列的信息,研究疾病的发病机制,可应用于遗传学、法医学等的研究和疾病的个体化治疗。在目前的人类基因组工程 DNA 测序技术中,阵列毛细管电泳是最主流的技术,该技术所采用的主要测序方法为 Sanger 法(又称链结构转化法)。在微流体检测芯片 DNA 测序的流程中,毫无疑问芯片电泳分离是 DNA 测序的基础。阵列微流体检测芯片的出现显示了在芯片上实现 DNA 测序的可行性,图 7-8 所示是 96 通道阵列微流体测序芯片,分析长度为 41 000 bp 的序列仅用 25 min,准确率达 99%[28]。近些年来,基于微流体检测芯片的 DNA 测序技术研究发展极为迅猛,内容繁多,读者可自行了解。

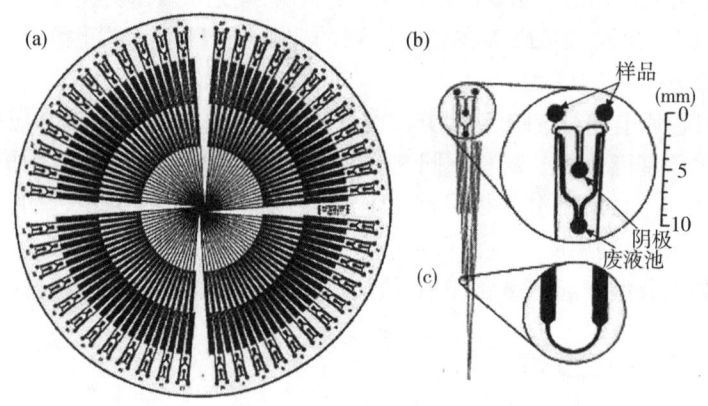

图 7-8　96 通道阵列微流体测序芯片示意图[29]

现阶段的基于 Sanger 法的 DNA 测序流程包括细菌转化、细菌培养、细菌筛选克隆、DNA 复制、Sanger 双脱氧染料末端标记、产物纯化和电泳分离等几个步骤[30],整个测序过程烦冗,运行成本高,仪器设备庞大,不适于大规模基因组 DNA 测序应用的需要。其中由酶介导的 DNA 扩增反应和测序过程标记等还要消耗大量昂贵试剂,这种传统 DNA 测序方法面临着大规模应用时成本、仪器等方面因素的挑战。微流体检测芯片的出现在一定程度上满足了这一实际需求,并有可能将测序过程的几个关键步骤集成在一块芯片上完成,以达到高通量、集成化和微型化的目的。

7.1.3.2 DNA 计算

DNA 计算是一种模拟生物分子 DNA 的结构并借助于分子生物技术进行的计算,是使用 DNA 分子储存信息并利用 DNA 生化反应进行计算的新型计算机。DNA 计算的基本原理是以 DNA 分子中的基因编码作为存储数据,利用 DNA 分子在某种酶的作用下瞬间完成某种生物化学反应(杂交、变性、酶连和酶切等)来完成计算,DNA 分子在此过程中从一种基因编码变为另一种基因编码。如果将反应前的基因编码作为输入数据,那么反应后的基因编码就可以被视为运算结果,继而完成各种不同的运算过程。

微流体检测芯片的加工工艺和实验技术可以将 DNA 计算相关的生化反应有机地集成在芯片平台上加以实现,包括 DNA 分子的有机合成、萃取纯化、杂交反应、PCR 扩增反应、毛细管电泳、DNA 测序以及各种 DNA 检测手段,同时,此方法还提供了在芯片上实现 DNA 分子移动、存储和定量混合等技术。2006 年,Quake 研究组的黄岩谊等人利用过氟聚醚(PFPE)材料加工实现了一种耐久性微流体检测芯片,并在芯片上实现了 DNA 分子的有机合成和纯化[31]。这种芯片可以快速合成长度为 20 bp 的寡核苷酸片段,并通过凝胶电泳和荧光反应验证了合成结果。

在微流体检测芯片平台,可实现 DNA 分子的毛细管电泳。图 7-9 提供了一种由 12 个微通道组成的毛细管电泳芯片加工图,其中标记的 1、2、3、4 分别为样品池、排放池、缓冲池和废液池。在这种芯片内可以有效地实现 DNA 分子的长度分离。图 7-9 还给出了这种芯片中实现 DNA Ladder 分离的电泳图谱,其中标记的 1~10 分别为不同长度 DNA 片段相对的荧光强度。从实验结果可看出这种芯片可以有效地实现不同 DNA 分子的长度分离。

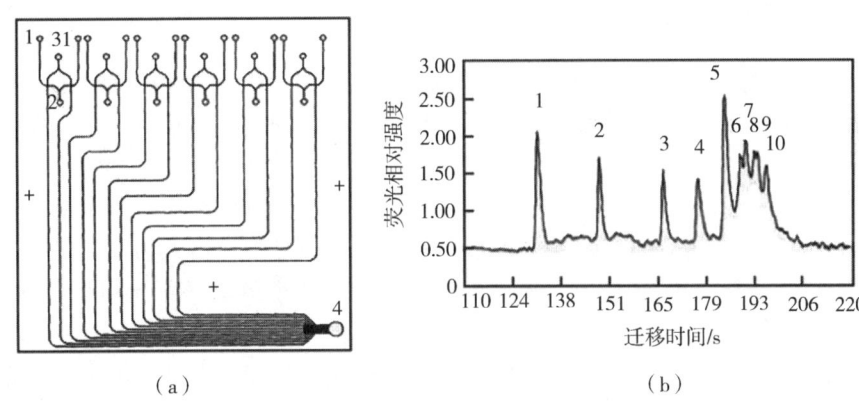

(a)   (b)

图 7-9　DNA 筛选毛细管电泳芯片加工图及实验结果
(a)DNA 筛选毛细管电泳芯片加工图;(b)芯片的 DNA 分离电泳图谱

第 2 节　蛋白质

蛋白质是构成生物体细胞的基本物质,生物体的生长发育、组织的更新和修复都离不开各种各样的蛋白质。蛋白质是生理功能的执行者,也是生命现象的直接体现者,对蛋白质本身的存在形式和活动规律,以及对蛋白质结构和功能等的研究将直接阐明生命在生理或病理条件下的变化机制,如翻译后修饰、蛋白质间相互作用和蛋白质构象等的认识,都将具有重要的生物学意义和医学价值。

当前的蛋白质研究有两个方面的发展趋势:一是以蛋白质组为对象,即对由一个细胞或一个组织的基因组所表达的全部蛋白质进行研究,而后对蛋白质本身及其所执行的生命活动做出尽可能精细、准确、本质的阐述;二是以蛋白质组中单个具体的蛋白质分子作为研究对象,分析蛋白质分子的结构和构象变化、分子间的相互作用和动力学活性等,以期获得分子结构、功能及其关系的详细信息,如蛋白质分子的折叠、抗原–抗体的相互作用或酶的活性等。

由于蛋白质是由二十多种氨基酸根据不同的组合形式和排列顺序,以肽键的形式(–CO–NH–)结合而成的具有一定空间结构的链状化合物,所以蛋白质的可变性和多样性导致了蛋白质研究就技术而言要比核酸研究复杂和困难得多,因此对研究平台提出了更高的要求。迄今为止还没有哪种研究手段可以单一解决蛋白质研究的所有问题,而微流体检测芯片作为蛋白质研究平台的优越性日益凸显,在下面两小节中,将对其中的部分研究简略叙述。

7.2.1 微流体检测芯片蛋白质分析技术

微流体检测芯片具有各种操作单元灵活组合、规模集成的特点,传统分析方法难以比拟,十分符合蛋白质组学研究发展的需要。目前,有关蛋白质分析的各种单元技术,包括样品预处理、分离和检测等都已经在微流体检测芯片上实现。下面仅对微流体检测芯片上的蛋白质样品预处理技术和分离技术做一介绍,着重关注其有别于其他类型样品的特殊性。

7.2.1.1 样品预处理

样品预处理是对样品进行分析或研究的重要环节,蛋白质的样品预处理是蛋白质能否被准确测定的一个关键步骤,目前主要涉及蛋白质样品的纯化、脱盐、富集等几个方面。

(1)纯化

样品纯化的主要目的是使主要组分与背景杂质分离,减少背景杂质对分离或分析的影响。蛋白质样品的纯化主要是进行样品的脱盐处理,这在质谱检测中显得尤为重要,蛋白质样品中的盐类不仅影响离子化效果,还会造成质谱的污染。一个典型的真核细胞可以包含数以千计的不同蛋白质,为了研究其中的一个蛋白质,必须首先将该蛋白质从其他蛋白质和非蛋白质分子中纯化出来。用于分离蛋白质的最重要特性有大小、电荷、疏水性和对其他分子的亲和性,通常采用多种方法的组合来实现蛋白质的完全纯化[32]。主要方法包括:

①根据分子大小不同的分离方法:透析和超过滤(利用蛋白质分子不能通过半透膜);密度梯度离心(蛋白质在介质中离心时质量和密度较大的颗粒沉降较快);凝胶过滤(一种柱层析)。

②利用溶解度差别分离方法:等电点沉淀法(由于蛋白质分子在等电点时净电荷为零,减少了分子间静电斥力,因而容易聚集沉淀,此时溶解度最小);盐溶与盐析(利用一定浓度的盐溶液增大或减小蛋白质的溶解度)。

③根据电荷不同的分离方法,主要包括电泳和离子交换层析分离。

④蛋白质的选择吸附分离方法(利用颗粒吸附力的强弱不同达到分离目的)。

⑤根据配体特性的分离方法——亲和层析(利用蛋白质分子与另一种称为配体的分子能

够特异而非共价地结合这一生物性质）。

（2）脱盐

①蛋白质脱盐是指由于蛋白质溶液中盐分子与蛋白质分子相比尺寸较小,会随着层析流动相进入孔径较小的固定相,先从层析术中流出的过程。脱盐是蛋白质预处理的重要过程,目前应用较为广泛的是微渗析法和液-液萃取法。

②微透析是根据分子对透析膜的选择性透过来实现的一种蛋白质脱盐方法。目前研究人员用的蛋白质纯化用双层微渗析微流体检测芯片,即在三层流体通道间加入了两片截留分子量不同的透析膜(见图 7-10),上层通道内的蛋白质样品先经过高截留的透析膜进入中间通道与基质分离,而进入中间层的样品与下层溶液呈逆向流动,其中的盐分和其他小分子干扰物透过低截留的透析膜进入下层而被除去。将该芯片用于大肠杆菌裂解液中的蛋白质分析,通过两次微渗析后质谱峰的信噪比提高了约 20 倍[33]。

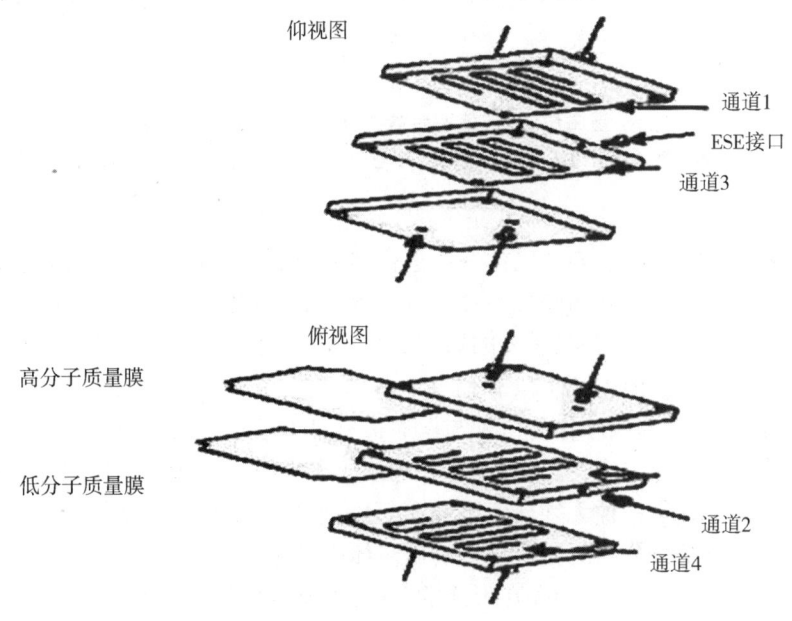

仰视图

通道1

ESE接口

通道3

俯视图

高分子质量膜

低分子质量膜

通道2

通道4

图 7-10　双层微渗析微流体检测芯片

③液-液萃取是根据样品中蛋白质和杂质小分子扩散系数不同而实现的一种蛋白质脱盐纯化方法。液-液萃取操作相对简单,芯片微通道中流体的层流状态为液-液萃取提供了便利条件,大大加快了蛋白质样品脱盐的速度。图 7-11 所示为具有四个出口的矩形微通道构成的液-液萃取脱盐微流体检测芯片,样品蛋白质溶液和脱盐缓冲液分别从不同的入口中注入,通过压力驱动使两种溶液在芯片通道内形成层流,根据样品溶液中蛋白质与盐类小分子对该缓冲液的扩散系数不同,进行扩散脱盐,脱盐的蛋白质在目标分析物出口处被收集后,可进行后续的质谱分析,而大多数盐则随着缓冲液进入废液池中,60 ms 内就可以实现蛋白质样品的纯化[34]。脱盐后的质谱结果与非脱盐结果比较,信号明显增强,见图 7-11。

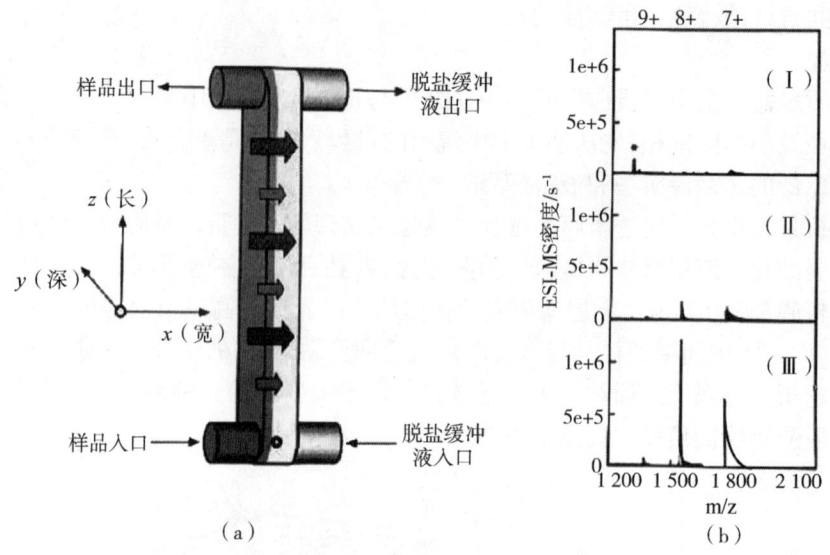

图 7-11　蛋白质液-液萃取脱盐微流体检测芯片及其应用[35]

(a)微流体检测芯片蛋白质液-液萃取脱盐示意图;(b)脱盐与非脱盐的质谱图结果比较

(3)富集

富集也是预处理的一种。芯片电泳一般进样体积很小,检测光程很短,而蛋白质在实际样品中的含量往往很低,因此,如何降低芯片电泳过程中蛋白质样品的检出限受到了很多学者的关注。在通常情况下,开发更高灵敏度的检测器是一个行之有效的办法,所以微流体检测芯片富集技术成为蛋白质富集的主流手段。

①等速电泳富集:等速电泳作为一种与微通道有良好适应性且兼有分离和富集功能的单元技术受到了学者的普遍关注,主要用作芯片电泳分离前的一种基于电堆积的样品富集技术。黄淮青的研究团队设计了一种无须任何泵和阀,只需 5 个电极便可以控制蛋白质样品的进样、等速电泳浓缩和无胶筛分分离的蛋白质分析微流体检测芯片[36]。

②固相萃取富集:按照吸附剂存在形式的不同,微流体检测芯片中的固相萃取可分为开管柱、填充柱和整体柱三种类型。整体柱中的原位聚合法简单,光引发可在微通道的确定位置上定位合成整体柱,因此非常适合微流体检测芯片平台,已被有效地用于微流体检测芯片蛋白质固相萃取预富集[37]。通过不同组成和配比的单体溶液可以制得不同表面性质、孔径和孔隙率的整体柱,在制得的疏水性聚合物整体柱固相萃取微流体检测芯片上,对绿色荧光蛋白质进行富集,其富集率达到 10 以上[38]。

③多孔膜富集:微流体检测芯片上的多孔膜富集技术是目前采用较多的一种蛋白质富集技术,其原理是基于多孔膜对蛋白质大分子的选择性截留作用[39]。在芯片上利用多孔膜富集蛋白质,既可以直接采用商品化膜,也可以通过微加工和原位合成法制作各种多孔类膜结构。商品化膜在玻璃等刚性材质的芯片上集成有一定的难度,因此更多的是采用后一种方法制得的多孔类膜结构来进行蛋白质的在线富集。

④纳米通道富集:利用玻璃和 PDMS 封接处所形成的纳米级通道来进行蛋白质的富集,是目前较为新颖的富集方法。芯片(见图 7-12)上下两个通道通过厚度为 20 μm 的 PDMS 相互隔开,将蛋白质样品置于 3 和 4 样品池内,1 和 2 为样品缓冲液池。在两边加上 200 V 电压后,带负电荷的蛋白质样品在交界处的样品池一侧发生富集,30 min 后蛋白质的富集倍数高达

10%。这可能是由于纳米级的通道高度和偶电层相当,因此在玻璃和 PDMS 封接处会产生一个阳离子通道,为保持电中性,带负电荷的蛋白质受到排斥而不能通过该通道,由此在该交界处发生富集[40]。

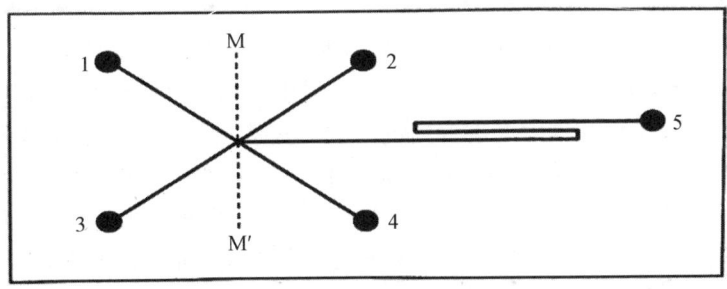

图 7-12 纳米通道富集微流体检测芯片

7.2.1.2 蛋白质分离

蛋白质组学研究的基本任务之一是进行蛋白质混合样品的分离。随着蛋白质组学研究的深入,微流体检测芯片上的二维分离能力逐渐被学者所认识,它在提高分离度、增加峰容量上的优势使其成为目前蛋白质分离重要的研究方向之一。其中电泳是最主要的蛋白质分离技术,微流体检测芯片电泳不仅具有很高的分离效率,还可与其他功能单元相结合,实现进样、分离、检测等多步骤的集成化,因此更为学者所关注。理论上,芯片上的蛋白质分离可以采用毛细管电泳中所有的分离模式,而蛋白质所特有的性质决定了其在实际分离中大多采用筛分电泳和等电聚焦。

众所周知,芯片区带电泳是在微通道中直接利用物质的质/荷比差异实现分离的一种电泳模式,由于其所用的分离介质简单,分析速度快,因此成为最早用于蛋白质分析的芯片电泳分离模式。Harrison 研究组在一块玻璃石英杂交微流体检测芯片上,以 100 mmol/L 硼砂加 2 mmol/L 乳酸盐(pH 为 10.5)作为缓冲液,用区带电泳分离了人血清蛋白模型体系[41]。但由于使用的磺酸盐类染料(TNS)标记血清蛋白质的灵敏度较低,只分辨出四个区带,并未实现真实人血清样品内所有五个蛋白质区带的分离。对蛋白质而言,芯片区带电泳分离模式一般存在较为严重的管壁吸附,因此影响分离效果,目前已较少采用[42]。

7.2.2 微流体检测芯片蛋白质研究应用

微流体检测芯片利用微电子机械系统(Micro-electro-mechanical systems MEMS)技术在玻璃、硅和有机高分子聚合物等基片表面,构建微管、微池和微泵等分析单元和系统,或基于芯片毛细管电泳技术,以实现样品进样、生物和化学反应、预浓缩、分离和检测,并且具有快速、高效、高通量、低成本、低样品量、可批量分析等优点,是蛋白质研究的优良工具。其中微流体检测芯片检测蛋白质在技术上已经比较成熟,已经开始向商业和临床应用发展。

7.2.2.1 蛋白质性质鉴定

蛋白质的性质鉴定主要包括对蛋白质分子质量和等电点等理化性质的确定,传统用于蛋白质分子质量测定的方法一般采用聚丙烯酰胺凝胶电泳,但是该方法的整个操作过程烦琐费力,采用微流体检测芯片凝胶筛分电泳可以实现快速、高效、高灵敏度的测定。Muo 等人利用一套表面涂层的石英芯片和 CCD 吸收成像全程检测装置,用等电聚焦法分离肌球蛋白,结果发现所测的肌球蛋白样品是两种带不同电点蛋白质的混合物[43]。

7.2.2.2 蛋白质结构分析

蛋白质的一级结构是蛋白质多肽链中氨基酸残基的排列顺序,也是蛋白质最基本的结构。蛋白质氨基酸序列分析的一般过程是:蛋白质先经过蛋白酶水解得到肽,然后用质谱测定肽的分子质量得到肽谱,再进行数据库搜索得到蛋白质的氨基酸序列。而上述过程皆可在微流体检测芯片上实现,如蛋白质进样、脱盐、酶解、富集和分离等,与高效率、高灵敏度的质谱检测器联用,可以使得蛋白质的氨基酸序列分析更加快速、简便和准确。将胰蛋白酶反应器和芯片电泳集成在微流体检测芯片上并与质谱联用,3~6 min 内就可完成蛋白酶水解反应,对细胞色素 C 和牛血清白蛋白的氨基酸序列覆盖率分别达到了 92% 和 71%[44]。除此之外,一个有活性的蛋白质分子不但有特定的氨基酸序列,还具有一定的空间构象,特定的空间构象主要由蛋白质分子中肽链和侧链 R 基团形成的次级键维持。在生物体内,蛋白质的多肽链一旦被合成,即可根据一级结构的特点自然折叠和盘曲,形成一定的空间构象。蛋白质的空间构象是其功能活性的基础,构象发生变化,其功能活性也随之改变,因此蛋白质构象的确定对蛋白质功能的研究具有重要的意义。

第 3 节　细胞

相比于核酸,以细胞为对象的微流体检测芯片研究起步较晚,但发展很快。这种发展一方面表现为芯片上各种与细胞操纵相关的单元技术如微泵、微阀、光镊、电泳等日趋成熟;另一方面则体现在细胞培养、细胞分选、细胞裂解等与细胞研究直接相关的核心技术已被基本掌握;特别是,上述单元技术已经开始部分集成到微流体检测芯片平台,并正在向生命科学的不同领域渗透。微流体检测芯片已显示了它对哺乳动物细胞及其仿生微环境的极为出色的操控能力,基于微流体检测芯片的细胞实验室将成为新一代细胞研究的主流技术,以细胞芯片为基础迅速发展起来的组织芯片和器官芯片的研究将有可能影响以制药工业为代表的一批产业的发展进程,本节将简要阐述上述单元技术。

7.3.1　细胞的微流体检测芯片

细胞是生物形态结构和生命活动的基本单位,近 20 年来细胞的研究已从细胞整体和亚细胞结构深入到分子结构(见图 7-13),特别是不仅要从形态上研究细胞各部分的亚显微结构、超微结构和分子结构,还要从功能上研究细胞内各个部分的化学组成和新陈代谢、信号传递等生命活动,并力图阐明它们之间的关系和相互作用,进而发现生物有机体的生长、分化、遗传、变异等基本生命活动的规律。

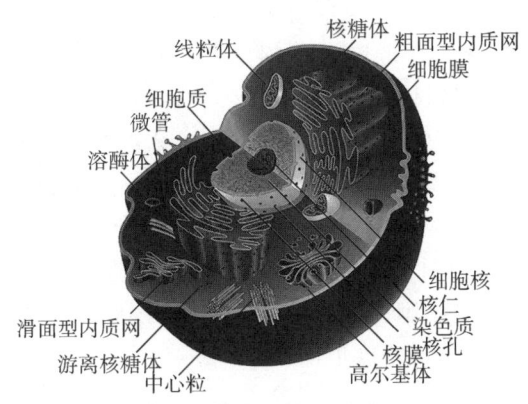

图 7-13　动物细胞超微结构模式图

微流体检测芯片已成为新一代细胞研究极其重要的平台。微流体检测芯片所具有的不同操作单元技术灵活组合、整体可控和规模集成的特点在用于细胞研究的过程中主要表现为以下几点：①芯片通道尺寸(通常为 10～100 μm)与典型哺乳类细胞直径大小(10～20 μm)相匹配,利于单细胞操纵、分析;②芯片的多维网络结构形成相对封闭的环境,与生理状态下细胞微环境的空间特征接近;③芯片通道微尺度下传热、传质较快,可以提供有利的细胞研究环境;④芯片可以满足高通量细胞分析的需要,有可能同时获取大量的生物学信息;⑤芯片多种单元技术的灵活组合使集成化的细胞研究成为可能,诸如细胞进样、培养、分选、裂解和分离检测等过程都可在芯片上完成。

7.3.2　细胞研究中的微流体检测芯片单元技术

7.3.2.1　细胞培养

在生物实验中,细胞培养是生物研究的基本操作单元,在无菌、适宜的温度、稳定的酸碱度和营养条件下,通过可模拟人体内环境的体外培养,培养细胞,保持细胞的结构与功能。随着研究的不断深入,各种与细胞有关的检测技术不断发展,使人们可以从不同层面、不同角度获取细胞相关的重要信息。但是,细胞培养技术仍然停留在传统的瓶、微孔板形式,操作烦琐,试剂消耗大。其严重性在于,相对于细胞的大小,培养环境与体内环境差异较大,在客观上很难真实反映生理状态下细胞的某些生物学特性[45]。伴随着现代生物学研究模式的不断转变,以细胞为目标的微芯片研究受到了许多研究者的关注。微流体检测技术作为一种可以在微米级流道中对纳升或皮升级流体进行操作的技术,是当今飞速发展的多学科高度交叉的科学技术前沿领域之一。研究表明,微流体检测技术将成为细胞芯片研究中极为重要的技术平台。微流体检测芯片是一种高度并行化、自动化的集成微型芯片,可将数以万计的细胞培养和检测单元集成到几平方厘米面积上,体积只有纳升或皮升级[46]。

微流体检测技术将成为细胞芯片研究中极为重要的技术平台,其中最主要的原因就是微流体检测芯片容易形成类似于生理状态的细胞培养微环境[47]。因为微流体检测芯片依托于发展中的微加工技术,已能构建不同尺度且相对独立的二维或三维网络结构,实现各种功能单元如微泵、微阀和微反应器等在局部区域的集成,形成相对封闭的环境,其中间结性接近于生理状态,微流体检测技术灌注复制了细胞内流体运输的生理过程,对营养物质的交换、废物的清除和剪切力的应用非常重要。

微流体检测芯片的不同材料均可用于细胞培养,其中主要可以分为 PDMS 和水凝胶。PDMS 是用得较多的一种,该类材料具有良好的生物相容性,对气体有一定的通透性,有利于细胞培养过程中 O_2 和 CO_2 的气体交换,还可以构筑由多层 PDMS 芯片组成的堆栈式细胞培养器以实现细胞的大规模培养。水凝胶是另一类可用于细胞培养的材料,图 7-14 为在玻片表面制备纳米级厚度的水凝胶二维微结构图案,这种结构可使材料(玻璃)表面特定区域具有特定的化学性质。已知部分水凝胶材料如聚丙烯酰胺(PAAM)、聚乙二醇(PEG)等能有效地抑制蛋白质在表面的吸附,进而抑制细胞在表面的黏附生长,因此在合成有水凝胶图案的玻片表面,细胞的黏附和生长呈现出明显的空间取向性[48]。

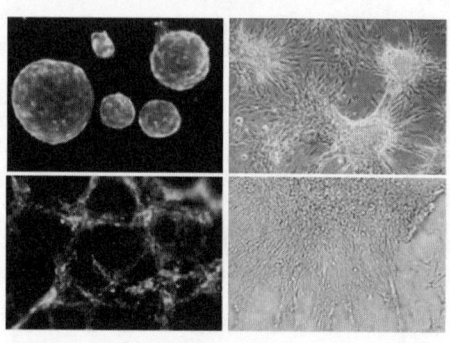

图 7-14 细胞在各种水凝胶二维微结构表面

7.3.2.2 细胞分选

细胞分选是从大量非均一细胞群体中获取某种特定细胞的一种技术,常用于细胞生物学和临床医学领域。目前常用的细胞分选技术以流式细胞仪为主,其原理如图 7-15 所示。流式细胞仪价格昂贵、体积庞大、需要专人操作,且细胞用量较大($>10^4$),难以在实验室和医院得到广泛应用。微流体检测芯片的出现在一定程度上克服了这些局限性,并且其成本很低,有可能实现仪器的小型化、集成化、自动化和便携化。基于微流体检测芯片的细胞分选方法包括:荧光激发细胞分选、磁珠免疫细胞分选、夹流细胞分选、介电电泳细胞分选、微过滤器分选和表面改性分选等。

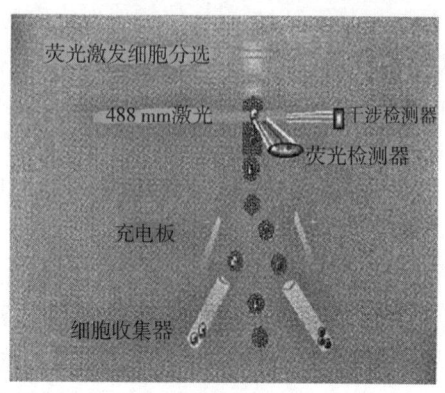

图 7-15 流式细胞分选原理示意图

(1)荧光激发细胞分选

荧光激发细胞分选是微流体检测芯片细胞分选常用的一种方法,其原理与流式细胞仪相似。首先对细胞进行荧光标记,采用电动力、压力或空气夹流等形成鞘流的方式实现细胞进样;在细胞流经激光诱导荧光检测区域后,根据检测到的荧光信号的有无或强弱,并借助多种控制方式(如电、光镊、泵阀等)进一步完成细胞分选。

(2)磁珠免疫细胞分选

磁珠免疫细胞分选主要利用磁场筛选,磁珠表面包被了特异性抗体,在外加磁场作用下,能与磁珠表面抗体特异性结合的细胞被滞留在磁场中,不能与磁珠上的特异性抗体结合的细胞没有磁性,不在磁场中停留,进而被流体带走,从而使不同的细胞得到分离。

(3)夹流细胞分选

夹流分选法可连续分离大小不同的颗粒,并结合末端非对称多分支通道进一步提高分离效率。流体在微通道中呈层流状态,颗粒随着流体稳定流动,如果受到另一侧通道的流体挤压,其中的颗粒都会被挤压在管壁上,管道直径增大时流线会随着扩展,大小不同的颗粒将随其中心位置所对应的流线而被分离开来。用这类方法,可实现芯片上血液中的白细胞以及单核、双核肝细胞的分离。

(4)介电电泳细胞分选

介电电泳是指电中性颗粒被放置于非均匀电场下,会产生诱导极化并与电场相互作用而产生介电泳动现象。当溶液的极化率大于颗粒的极化率时,产生负向介电电泳,颗粒向场强最低的区域移动;反之,则产生正向介电电泳,颗粒向场强最高的区域移动。当细胞靠近电极时,电场很容易损害细胞功能,所以负向介电电泳使用相对更为广泛。在非均匀电场下,根据不同细胞所受到的介电泳力不同而实现分离,介电泳力的大小和方向主要与外加电场的频率,溶液和细胞的介电特性、电导率,以及细胞的大小有关[49]。除此之外,还有其他的细胞分选方法,如微过滤器分选和表面改性分选。总体而言,以微流体检测芯片为平台的细胞分选技术具有微型化、集成化、细胞用量少、污染概率低等特点,可根据实际需要选择合适的技术,达到有效分选细胞的目的。

7.3.2.3 细胞捕获

细胞捕获是指在细胞分析中,借助电场力、介电力、流体动力学陷阱、空间位阻和固定化技术等手段实现对细胞的灵活操纵,并将细胞提取到微流体检测芯片通道的特定位置。

(1)电场力捕获细胞

细胞表面带有静电荷,在电场力作用下会发生运动,即电泳现象。可通过反复切换高低电压,使细胞在电场力作用下不断改变流速和方向,最终沉降至微通道检测。

(2)介电力捕获细胞

介电力除了可以用于细胞分选外,也可用于细胞的操控和捕获。可利用正向介电泳力将单个细胞捕获在微电极点阵上。当单个细胞被捕获在电极中间而占据了介电泳力最大的位置时,其余细胞由于介电泳力较小而被流动的溶液冲走。也可利用负向介电泳力作用来捕获单个细胞,比如设计一种平面微电极芯片,包含一中空方形电极和与之对应的线状电极,细胞在负向介电泳力作用下被推向电场最弱处,即方形电极的中空位置。由于该中空位置的大小和细胞相当,因此可以实现单细胞在特定位置的捕获。

（3）流体动力学陷阱捕获细胞

与电场力相比,流体压力比较温和,对细胞活性的影响更小,因此更有利于操纵或捕获细胞。在经典的流式细胞仪中,流体动力学方法利用鞘流在仪器流动室内将携带细胞等检测物的样本流包裹汇集,使待检测细胞形成一个精确队列,进而保证了细胞可以稳定地沿着固定流迹经过仪器的激光检测区域。

（4）空间位阻捕获细胞

利用传统的多层光刻技术,可制作出深宽为数微米甚至纳米的各种"坝形""筛影""碗形"微结构以阻挡细胞,但是制作这种结构的芯片需要复杂的光刻、多次曝光等工艺过程[50]。当捕获通道的尺寸变窄,细胞悬液的浓度适当降低时,亦可实现单细胞的捕获,采用荧光实时成像技术可监测单细胞染色过程(见图7-16)。这种芯片有望用于细胞生理学过程动态实时观察。

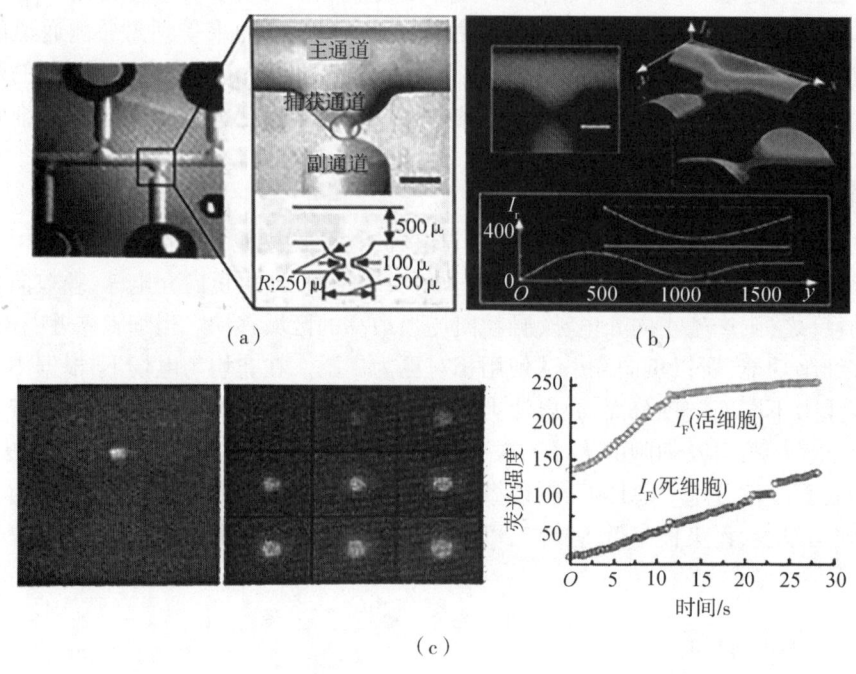

图 7-16　细胞捕获芯片[51]

（a）芯片结构示意图和通道结构定性考察;（b）细胞染色过程照片和细胞死活测定;
（c）单细胞捕获及染色

（5）固定化技术捕获细胞

固定化微生物技术是采用物理或化学的手段将游离细胞或酶定位于限定的空间区域内,载体材料多是天然蛋白和多糖,如琼脂、琼脂糖、明胶、卡拉胶、黄原胶、阿拉伯胶、海藻酸钠等。比如,海藻酸钠在常温下遇见二价阳离子(如 Ca^{2+}、Ba^{2+} 等)时会发生离子移变,转变为既有强度又有弹性的水凝胶,该反应过程迅速,反应条件温和,通过改变 Ca^{2+} 离子浓度即可迅速实现细胞捕获与释放,以及单个细胞特定位置的捕获。

7.3.2.4　细胞裂解

细胞裂解是进行细胞内含物电泳分离和检测的必要步骤,能否快速有效地裂解细胞,是后续细胞内含物检测的关键。目前基于微流体检测芯片的细胞裂解方法主要有机械裂解法、超声裂解法、热裂解法以及化学试剂裂解法等。

（1）机械裂解法

随着微加工和刻蚀技术的提高,已可以在微流体检测芯片通道中刻蚀出纳米尺寸的坝型或刀型的微结构,用于机械捕获并破碎细胞[52]。比如,利用深度反应离子刻蚀技术(ORIE)在硅芯片通道内刻蚀纳米刀样精细结构,如图7-17所示,细胞在液压作用下,通过这些纳米刀结构时受到摩擦力的作用而破碎。

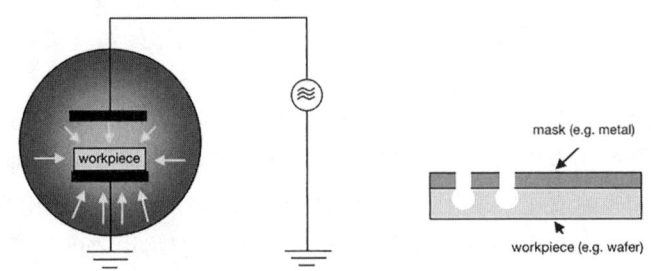

图7-17　深度反应离子刻蚀技术原理图

（2）超声裂解法

细胞在持续超声波作用下可以发生快速裂解,可以将超声仪整合到微流体检测芯片上,改进了超声波发生器尖端和液体的接口,保证超声波的能量能连续、完全地传递到液体中,实现细胞孢子的在线快速裂解,以及胞内DNA的PCR扩增和检测。

（3）热裂解法

利用芯片PCR的控温装置,可以实现细胞的热裂解,常用于破坏细胞膜和细胞壁,释放细胞内的细胞器、蛋白质、核酸等生物大分子物质。该方法利用高温将细胞暴露在热应力下,导致细胞膜和细胞壁的破裂,进而实现细胞破碎的目的。比如,在PCR区域控温94 ℃,4 min内实现大肠杆菌热裂解,并完成核酸的PCR扩增、电泳分离。

（4）化学试剂裂解法

相对而言,化学试剂是生物实验中最为常用的裂解方法。通过使用化学试剂来破坏细胞膜和细胞壁,使细胞内的生物大分子物质释放出来。这种方法能够更彻底地破碎细胞,并保持被破碎物质的完整性,同时具有简单、有效、不需要附加设备和易于实现等特点,常用的化学试剂主要有十二烷基磺酸钠SDS、毛地黄皂苷、强碱NaOH等。

7.3.3　微流体检测芯片在细胞研究中的应用

随着现代生物学研究模式的转化,以细胞为对象的微流体检测芯片研究已经引起许多研究者的关注,其应用范围主要包括细胞状态、细胞功能和细胞组分研究。

7.3.3.1　细胞状态

细胞状态研究主要集中在细胞周期、细胞分化和细胞凋亡等方面。

（1）细胞周期

细胞周期是指细胞从前一次分裂结束起到下一次分裂结束止的活动过程。细胞周期与多种人类疾病,特别是肿瘤的发生密切相关。有一种基于微型芯片的电容细胞仪,其原理是:当个体细胞流至芯片通道出口时,添加频率为1 kHz的交变电场,其交流电容值随之发生变化,其变化程度与细胞内 DNA 含量成正比,可定量表示个体真核细胞内核 DNA 的极化反应[53],因此可用于细胞周期动力学研究。

（2）细胞分化

细胞分化是指在个体发育中通过细胞分裂在细胞之间产生稳定性差异的过程。有一种用于细胞分化研究的微流体检测芯片全自动细胞培养系统。该系统包含 96 个细胞培养微室,每个微室内细胞接种密度、培养基成分和灌注时间都可通过集成在芯片上的一系列泵阀所控制[54]。研究人员将芯片上培养的人骨髓间充质干细胞分为多组,对每组细胞分别设定培养基灌注种类和时间,并对干细胞在不同培养条件下分化为成骨细胞的情况进行观察。

（3）细胞凋亡

细胞凋亡是一种由基因调控的细胞主动死亡过程,在正常胚胎和器官发育、免疫反应、肿瘤和神经退行性病变等疾病发生过程中具有重要作用,某些药物诱导肿瘤细胞发生凋亡是其作用机制之一。叶囷楠等建立了一套用于细胞凋亡研究的集成化微流体检测芯片系统,利用微尺度下芯片通道内的层流混合、分流特征,并结合已有关于芯片浓度梯度生成器的研究工作,将多种药物浓度生成、芯片细胞培养、受激、标记及多种细胞响应检测等过程集于一体,实现了对阿霉素（Doxorubicin,DOX）诱导肝癌细胞（HeoG2）凋亡过程的监测[55]。

7.3.3.2　细胞功能

细胞功能研究主要集中在细胞受激反应和离子通道等方面。

（1）受激反应

受激反应是细胞对外界各种刺激所产生的响应,与多种重要生物学过程密切相关。微流体检测芯片的功能集成特征使其有利于实施外界条件对细胞（单细胞）的精确刺激,并检测细胞在此条件下的各种响应。一个著名的例子由 Lucchetta 等给出,他们将单个果蝇胚胎定位在 Y 型 PDMS 芯片中央,通过微通道分别向胚胎两端施加不同水温刺激。结果发现,经不同时间和温度作用后,胚胎处于较热水温环境的部分发育速度相对较快,Hunchback 基因表达（胚胎发育的标志性条纹出现）发生明显改变,且在特定时间段内变化显著,但经过一定时间后,标志性条纹最终出现的位置和数量却没有改变[56]。这说明生物体自身有一套补偿系统以应对周围环境变化所带来的影响。

（2）离子通道

离子通道是神经生物学研究的核心内容之一。离子通道的开放与关闭可调控细胞膜电位和细胞膜内外离子浓度,是神经元、肌细胞等可兴奋组织功能活动的基础。膜片钳技术是研究离子通道的传统方法,近年来已有研究者尝试将膜片钳技术和微流体检测技术结合用于离子通道研究。有一种开放式 PDMS 微流体检测芯片膜片钳阵列,可将所有实验操作,包括单细胞捕获、细胞膜与腹片电极对接细胞受激、K^+ 电流检测等,置于芯片上完成。与传统方法相比,该法减少了微玻管电极（膜片电极或膜片吸管）的颤动,易于实现高阻封接,漏电流很小,且测得结果灵敏、可靠,并可实现通量分析[57]。

7.3.3.3　细胞组分

细胞组分复杂,胞内特定组分或内涵物的分析测定对研究细胞代谢过程、细胞内信号转导以及细胞功能具有重要意义。微流体检测芯片能将各种细胞操作技术集成为一体,是实现细胞（特别是单细胞）内组分分析的重要技术平台,迅速发展的微流体检测芯片单细胞测序技术即为其中一例。以下仅举少许例子予以说明。

（1）谷胱甘肽检测

还原型谷胱甘肽（GSH）和活性氧类（ROS）是细胞内重要信号分子，对维持细胞内氧化还原状态平衡起重要作用。林炳承等人建立了同时检测细胞内 ROS 和 GSH 的微流体检测芯片激光诱导荧光法，并以三氧化二砷诱导急性早幼粒白血病细胞（NB4）凋亡为模型，实现了对凋亡 NB4 细胞中氧化还原状态的监测。结果表明，低浓度氧化砷诱导 NBI 细胞发生凋亡，且出现细胞内氧化还原状态失衡，凋亡 NB4 细胞内 GSH 耗竭，ROS 增多，这种改变呈现剂量效应[58]。

（2）单细胞蛋白质检测

某些蛋白质在细胞中含量极低（小于 1 000 个分子/细胞），但对于细胞功能的发挥却起着至关重要的作用，然而，现有分析方法难以在单细胞水平上对这类蛋白质进行检测。Zare 研究组将微流体检测技术与单分子荧光成像技术相结合，通过芯片上三相阀和双相阀的交替控制完成了单细胞捕获、裂解和细胞内特定低拷贝数蛋白质标记、分离和检测[59]。

本章小结

本章主要介绍了微流体检测技术在生物医疗领域中的应用，由于微流体检测技术具有成本低、通量高、分析过程自动化、分析速度快、试剂消耗少、易于集成化等优点，目前已经实现了对无机离子、有机物质、蛋白质、核酸以及其他生化组分的准确、快速和大信息量的检测。本章依次介绍了微流体检测技术在核酸、蛋白质及细胞方面的研究与应用：在核酸领域，先后介绍了微流体检测技术在基因突变检测、基因分型和 DNA 测序与计算中的应用；在蛋白质领域，分别介绍了微流体检测芯片蛋白质分析技术和蛋白质研究应用；在细胞领域，首先介绍了细胞的微流体检测芯片，其次详细地对细胞微流体检测芯片中的单元技术进行了分析，最后介绍了目前微流体检测技术在细胞研究中的应用。

参考文献

［1］SHIN Y, PERERA AP , WONG C C ,et al. Solid phase nucleic acid extraction technique in a microfluidic chip using a novel non-chaotropic agent：dimethy adipimidate［J］.Lab on a chip，2013，14（3）：19-23.

［2］翁建平，ANNA BERGLUND，LEIFC GROOP，等.适用于规模性基因突变扫描的荧光标记单链构象长度多态性检测方法分析［J］.中华医学杂志，2001，114（11）：27-30.

［3］张梅，司履生.重组 PCR：一种快速体外基因重组技术［J］.西安医科大学学报，2001

(3):22.

[4] ESPIEIRA M, VIEITES J M, SANTACLARA F J.Development of a genetic method for the identification fins methodologies[J]. European food research and technology, 2009, 229(5): 785-793.

[5] 梁延连,苏宇清,吴凡,等. MRNA 剪接体实时荧光定量方法的建立[J].中国输血杂志, 2017, 30(10):3.

[6] CHEN L, JIAO Z, CHENY, et al.Development of a species-specific polymerase chain reaction-based technology for authentication of asini corii colla and taurus corii colla[J].Pharmacognosy magazine, 2019, 15(65):607.

[7] JADHAV P, DAS D N, TARATE S B.Genetic polymorphism in TLR2 genes of HF cross bred cattle through PCR SSCP[J].Indian journal of animal research, 2020,54(4):430-433.

[8] SHEPHERD D N, MARTIN D P , VARSANI A ,et al.Restoration of native folding of single-stranded dna sequences through reverse mutations: an indication of a new epigenetic mechanism.[J].Archives of biochemistry & Biophysics, 2006, 453(1):108-122.

[9] 陈月琴. DNA 聚合酶 βM162 突变型碱基切除修复活性的分析[D]. 郑州:郑州大学, 2009.

[10] 张海峰.毛细管电泳芯片非接触电导检测技术研究[D].哈尔滨:哈尔滨工业大学,2009.

[11] ANSARAH C, MOSSB.Role of the i7 protein in proteolytic processing of vaccinia virus membrane and core components[J].Journal of virology, 2004, 78(12):6335-6343.

[12] 李钢,葛淑丽,王清江,等.微流控芯片电泳激光诱导荧光检测 p53 外显子上的突变点[J].分析试验室, 2010, 29(12):4.

[13] 林长坤,姜懿凌,王谦,等.应用 10 对引物多重 PCR 方法检测 DMD 基因缺失[J].中国医科大学学报, 2010,58(5):346-348.

[14] 申浩冉,白辉,任世龙,等.谷瘟病菌无毒基因 PWL 家族检测及变异分析[J].华北农学报, 2020,35(03):178-183..

[15] 王玮.硅基微聚合酶链式反应芯片的热设计、分析和优化[D].北京:清华大学,2005.

[16] ZHONG LINGWEI, LIUYU, et al.Numerical simulation of ion extraction through ion thruster optics[J].Plasma science & Technology, 2010,12(1):103-108.

[17] 克晓燕,景红梅,应建明,等.125 例恶性淋巴瘤临床、病理分析及聚合酶链反应检测 IgH 和 TCR 基因重排[J].中华内科杂志, 2001, 40(009):633-634.

[18] BIN G.Construction of SSR fingerprint and research of genetic structure in relative Quercus species[J].Journal of Beijing Forestry University, 2018,040(005):10-18.

[19] 李丽秀.共聚焦激光诱导荧光微流控芯片检测系统的研究[D].广州:华南理工大学,2006.

[20] 习华英.TRM: a powerful two-stage machine learning approach for identifying SNP-SNP interactions[J].Annals of human genetic sarrow-drop-up, 2012, 76(1):53-62.

[21] 林金明,李海芳.激光诱导荧光和光吸收双功能检测微流控电泳芯片[J].科技开发动态, 2005(7):45.

[22] 李茜,程良红,魏天莉,等.亲子鉴定中 STR 基因座的基因突变分析[J].中国法医学杂志, 2008, 23(006):394-396.

[23] 娄春光.44 个 SNPs 位点复合分型体系的构建及其法医学应用[D].石家庄:河北医科大学,2013.

[24] HIGGINS J R. Five short stories about the cardinal series[J].Bulletin of the american mathematical society, 1985, 12(1):45-89.

[25] 丁筱骏,许文婷,何春艳,等.银染法检测短串联重复序列(STR)位点 PCR 产物鉴别 MRC-5 细胞[J].微生物学免疫学进展,228(4):34-36.

[26] 张琳.铜绿假单胞菌噬菌体 PaP4 的分离鉴定及其基因组序列解析[D].重庆:陆军军医大学,2013.

[27] 代金霞.微卫星 DNA 标记技术及其应用[J].农业科学研究, 2005,26(1):5.

[28] 王聿佶,陈翔,曹慧敏,等.一种新型微流控 DNA 提取芯片的研究[J].微纳电子技术, 2007, 44(9):5.

[29] 渠柏艳.基于血液样品和微流控芯片技术的细胞分离、PCR 扩增及 DNA 测序方法研究[D].东北大学,2009.

[30] Hu Y, Shen F, Yang X, et al.Single-cell sequencing technology applied to epigenetics for the study of tumor heterogeneity[J].Clinical epigenetics, 2023, 15(1):1.

[31] 许崇峰,宋浩威,杨芃原,等.用于蛋白质分析的毛细管等电聚焦-电喷雾质谱接口的改进[J].高等学校化学学报, 2002, 23(6):1035-1037

[32] HNATOWICH, D J. High performance liquid chromatography in studies of radiolabeled antibodies[J].International journal of radiation applications & Instrumentation. part B. nuclear medicine & Biology, 2012,45(1):20-23.

[33] KASIAPPAN R, SHIH H J, CHU K L, et al.Loss of p53 and MCT-1 overexpression synergistically promote chromosome instability and tumorigenicity.[J].Molecular cancer research, 2009, 7(4):536-548.

[34] TALAGON.Bacteriophage interactions within the human mucosal immune system[J].Dissertations & Theses-Gradworks, 2015,33(1):66-85.

[35] 叶丛葵,方群,陈宏,等.微流控芯片液-液萃取-气相色谱联用系统的研究[J].高等学校化学学报, 2004,24.

[36] 林炳承,黄淮青,戴忠鹏.一种蛋白质在线电泳预浓缩和浓缩后电泳分离分析方法及专用微流控芯片:CN200410087562.0[P].2006-05-31.

[37] LIU Z S, GAO R Y, et al. Progress of monolithic column for capillary electrochromatography[J].Progress in chemistry, 2003, 15(6):462-470.

[38] VOLOVA T, KISELEV E,NEMTSEV I,et al. Properties of degradable poly with different monomer compositions[J].International journal of biological macromolecules, 2021, 182(2):98-114.

[39] ZACHARATOS F, CONTOPANAGOS H F, NASSIOPOULOU A G. Optimized porous si microplate technology for on-chip local rf isolation[J].IEEE transactions on electron devices, 2009, 56(11):2733-2738.

[40] LONGEST P W, XI J,et al.Effectiveness of direct lagrangian tracking models for simulating nanoparticle deposition in the upper airways[J].Aerosol science & Technology, 2007, 41(4):380-397.

[41] 吕建华.具有抗污和缓释功能高分子材料的制备及其结构与性能研究[D].合肥:中国科

学技术大学,2020.

[42] LE T D, SUTTIKHANA I, ASHAOLU T J. State of the art on the separation and purification of proteins by magnetic nanoparticles[J].Journal of nanobiotechnology, 2023, 21(1):1.

[43] YUAN M F, QIU S Q, et al. Separation and purification of lignosulfonate[J].Chemical journal of chinese universities, 2008, 29(11):2312-2316.

[44] 徐中其,刘慧青.微流控芯片电泳技术对人血清蛋白的快速分离[J].分析化学, 2012, 40(7):5.

[45] YANG C S. Dietary factors may modify cancer risk by altering xenobiotic metabolism and many other mechanisms.[J].Journal of nutrition, 2006, 136(10):2685S-2686S.

[46] VOLLERTSEN A R, BOER D D, DEKKER S,et al.Modular operation of microfluidic chips for highly parallelized cell culture and liquid dosing via a fluidic circuit board [J]. Microsystems & Nanoengineering, 2020, 6(1):106-121.

[47] 傅建中,贺永,陈子辰,等.微流控芯片中流体温度软测试技术研究[J].光学精密工程, 2004(z1):4.

[48] 张燕霞,于谦,武照强,等.能够促进细胞黏附的生物活性表面的制备[J].高分子学报, 2011(6):6.

[49] PHANSIRI N, TECHAUMNATB, et al.Study on the electromechanics of a conducting particle under nonuniform electric field[J].IEEE transactions on dielectrics & Electrical insulation, 2013, 20(2):488-495.

[50] 张笑颜. 低密度细菌培养检测集成微反应器建立及抗生素敏感性分析.[D]. 哈尔滨:哈尔滨工业大学,2020.

[51] ELEN A, CARETE T, KARTHI K, et al. Comparison of RNA amplification methods and chip platforms for microarray analysis of samples processed by laser capture microdissection[J]. Journal of cellular biochemistry, 2008, 103(2):556-563.

[52] PHANSIRI N, TECHAUMNATB.Study on the electromechanics of a conducting particle under nonuniform electric field[J].IEEE Transactions on dielectrics & Electrical insulation, 2013, 20(2):488-495.

[53] 左朝艳,邱菊辉.血流剪切应力与内皮细胞命运[J].生理科学进展, 2023,56(1):12.

[54] 吴勇,李先芳,杨景辉,等.全反式维甲酸和三氧化二砷诱导急性早幼粒细胞白血病细胞分化前后微小 RNA 表达变化[J].中华血液学杂志, 2012, 33(7):18.

[55] BOUAIDAT S, BERENDSEN C, et al. Micro scale patterning of cell and protein non-adhesive PEO-like coatings, deposited by low frequency AC plasma polymerization[J].Micro total analysis systems, 2004,297:106-108.

[56] PALUMBO E, TENG P, MALANEY P ,et al.Enhancement of pten activity via peptidomimetics[J].Cancer research,2019.79(13):4826.

[57] 何玲宇,王疏影,赵飞,等.一种新型单细胞微流控捕获芯片的制作及系统搭建[J].功能材料与器件学报, 2020,6:412-418.

[58] 林炳承,秦建华.微流控芯片分析化学实验室[J].高等学校化学学报, 2009, 30(3):13.

[59] PETERSON E M, MANHART M W, HARRIS J M. Competitive assays of label-free dna hybridization with single-molecule fluorescence imaging detection [J]. Analytical chemistry, 2017.85.

第 **8** 章

微流体检测技术在机械工业领域中的应用

　　微流体检测技术广泛应用于机械工业中的流体检测,是进行流体多参数实时监测和调节的关键。随着工业领域智能化和绿色化的不断深入,微流体检测技术作为实现液压系统、气动系统以及油液润滑系统等流体系统的故障诊断和状态监测等功能的基础技术,已经成为油液颗粒检测方面的热点研究方向。在机械工业领域,油液作为能量传递介质和润滑剂广泛应用于工业生产之中,而在液压系统和润滑系统中固体颗粒是主要的污染物,超过75%的液压系统故障、约35%的柴油机运行故障、38.5%的齿轮失效以及40%的滚动轴承失效是由油液污染引起的,因此保持船机油液的清洁对于延长机械系统的使用寿命具有十分重要的意义。

　　以液压系统为例,液压油作为液压系统的血液,具有传递液压能、对液压系统进行冷却、减振并且延长机械设备的使用寿命等作用。当液压系统在正常的工况下时,油液中的固体颗粒污染物的浓度及尺寸都保持在一个较低的、恒定的范围内,颗粒尺寸通常在 $10\sim20~\mu m$ 的范围之内。当液压系统内部机械元件发生异常的磨损时,磨损颗粒的浓度将会增大,同时颗粒粒径也将变大,有的甚至高达 $50\sim100~\mu m$。在实际情况下,液压机械设备运行过程中不同的磨损情况对应着不同的粒径发展趋势[1]。在正常情况下,机械系统内实际的磨损过程是由多种不同的磨损机理同时作用产生的,当机械运行参数或外部环境发生变化时,某些磨损形式就会起主导作用。油液检测最主要的功能就是能得到这些代表油液污染程度的颗粒的大小及数量,因此对液压油内各个不同尺度上固体颗粒数量的监控,保持油液内颗粒尺度在正常水平范围内是对液压系统进行预防性维修的关键环节。

　　在液压油受到污染且没有及时更换的情况下,污染物的粒径和浓度都会逐渐增大,当达到一定程度时便会发生故障,导致设备停止工作。图 8-1 所示的船舶起货机液压泵发生的严重故障,就是由于液压油中含有大量的固体颗粒污染物。使用微流体检测芯片对液压油液进行在线监测,保证机械系统内的油液污染度在关键元件可承受的范围之内,便可有效地防止设备发生故障,避免机损事故的发生,这对于提高机械的运行稳定性具有极其重要的意义。

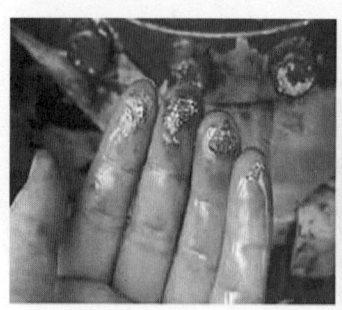

图 8-1　船舶起货机液压泵遇到的油液污染[1]

第 1 节　颗粒检测（计数）方法

颗粒检测(计数)在许多领域中发挥着重要作用,尤其是在工业和环境监测领域。随着微流体检测技术的发展,颗粒检测方法也得到了极大的改进和创新。微流体检测技术与颗粒检测方法密切相关,通过微小通道和特殊的结构设计,微流体检测芯片可以实现对颗粒的快速、准确检测和分析。

在以往的颗粒检测方法中,常见的方法包括光学显微镜、激光粒度仪、电子显微镜和离心沉降等。然而,这些传统的方法存在一些局限性,如操作复杂、耗时耗能、无法进行实时监测等。而微流体检测技术的出现,为颗粒检测带来了新的可能性。微流体检测技术通过微小通道和微小流体操作,可以快速、准确地进行颗粒检测和分析。此外,微流体检测技术还可以结合显微镜和化学分析技术,实现对颗粒形态和化学成分的分析。

微流体检测技术对于颗粒计数的重要性不可忽视。颗粒计数可以帮助研究人员了解颗粒污染的程度和来源,判断油液或其他液体中的颗粒污染程度,进而采取相应的措施进行维护和清洁。微流体检测技术的高灵敏度和快速反应特性,使得颗粒计数更加准确和实时,为颗粒检测提供了可靠的手段。下文将按照声学、光学和电学将颗粒检测方法进行分类,为读者介绍颗粒检测方法的研究现状、检测原理以及优缺点。

8.1.1　声学检测

声学检测是基于大小颗粒对声波的反射幅值不同的原理对颗粒进行尺寸识别的方法,其中超声波检测是颗粒检测研究最为常用的方法之一,其原理如图 8-2 所示。换能器将高频脉冲电路产生的电脉冲信号转化为超声波,通过控制超声波的频率可使超声波回波与发射波互相不干扰,从而使得换能器在下一个电脉冲到达之前接收到固体颗粒反射回来的回声波,再根据反射回的声波的波形区分判断固体颗粒物和气泡,根据其幅值判断颗粒大小。徐超、H. Zarepour 等人[2]利用不同大小颗粒对声波的反射幅值不同的原理对油液中的颗粒进行检测,获得较好的检测效果。虽然声学检测法已经能够实现颗粒计数和尺寸大小的判断,但是这种方法容易受到环境温度、设备工作噪声及背景噪声的影响,无法区分固体颗粒性质,对 30 μm 以下的微粒不敏感,并且检测设备的体积较大,不容易实现微型化,故应用较少。

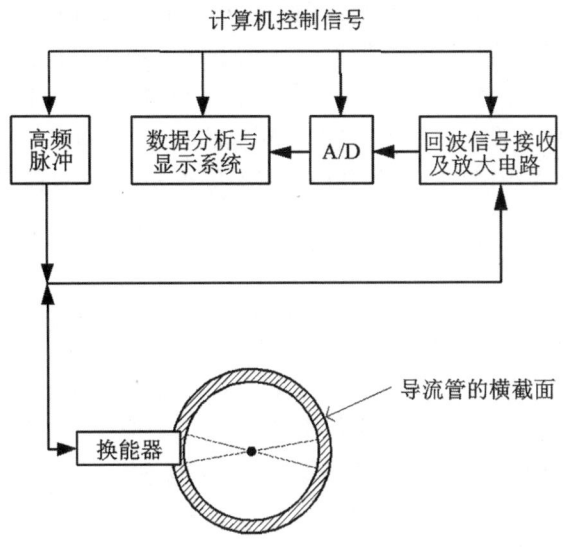

图 8-2 声学检测系统[2]

8.1.2 光学检测

光学检测主要包括五种方法：光阻法、光散射法、光衍射法、流式图像分析法、磨粒智能识别法。光阻法或光散射法计数器检测油液中的微小颗粒，是当前光学检测设备应用较多的光学计数方法，但是这种方法的检测精度受到油液清洁度、颗粒表面反射系数以及油液中的气泡等因素的影响，无法对导致故障的金属颗粒进行区分。目前主流的颗粒计数器采用的都是光学法，尤其是光阻法。

8.1.2.1 光阻法

光阻法是利用光的散射原理，通过测量颗粒在光束中散射的光强变化来计算颗粒的数量。在光阻法中，光源发射一束光线通过待测液体或气体样品，颗粒会使光线发生散射。散射后的光线经过光学系统，最后被光敏探测器接收。光敏探测器测量到的光强与颗粒的浓度和粒径有关。根据散射光线的强度变化，可以推算出颗粒的浓度和粒径的分布。光阻法的特点是检测精度高和检测速度较快，现有设备最小检测粒径可以达到 1 μm，故光阻计数器被广泛应用于检测液体中的颗粒。光阻法结合图像识别技术可实现对颗粒轮廓的识别，因此可以作为判断颗粒来源和磨损方式的主要依据。但该方法无法区分颗粒属性，并且光阻法的检测准确度也受很多外界因素影响。油液中的气泡、油液的透明度，以及其他的絮状物等会影响检测装置内光线的传播，对检测结果造成很大的影响。此外，当油液的透明度较低时，光源发出的光线无法传播到光电传感器上，光阻法将失效。

8.1.2.2 光散射法

光散射法采用米氏散射理论，通过测量颗粒在光束中散射光的角度分布来计算颗粒的大小和浓度[3]。在光散射法中，通常使用激光光源照射样品中的颗粒，颗粒会散射光线。散射光经过光学系统，通过散射角度的测量设备来记录散射光的角度和强度分布。根据散射光的角度分布，可以推算出颗粒的大小和浓度。光散射法有不同的变体，包括静态光散射法（SLS）

和动态光散射法(DLS)等。静态光散射法适用于大尺寸的颗粒分析,通过测量散射光的角度分布来计算颗粒的大小和浓度。动态光散射法适用于纳米颗粒分析,通过测量散射光的强度变化来计算颗粒的大小、分布和聚集状态。光散射法在材料科学、生物学、环境科学等领域具有广泛的应用。它可以用于颗粒物的表征、纳米颗粒的研究、生物颗粒的分析等。通过光散射法,可以获取关于颗粒的大小、分布、形状和聚集状态等重要信息,有助于了解颗粒的物理和化学特性。

8.1.2.3 光衍射法

光衍射法是利用夫琅禾费衍射理论,通过对接收的衍射光强度进行分析处理,推断出颗粒尺寸和个数的一种光学检测方法。该方法适用于检测粒径大于 30 μm 的颗粒,基于光衍射理论的检测方法,不需要接触待检样品,可实现实时测量,广泛应用于工程实际中,尤其是有色金属的检测。但散射法和衍射法的检测设备需要复杂的光学和电子元器件,设备成本较高,检测范围有限。

8.1.2.4 流式图像分析法

流式图像分析法是一种结合光学成像和图像解析的方法。其原理是采用高速摄像头以一定的统计帧率采集油液流体图像,再用设置好算法的图像分析软件对图像进行分析,根据采集帧率与油液的流速可推算出单位体积油液中固体颗粒的尺寸和数量等信息,如图 8-3 所示[4]。该方法同样操作简单、检测迅速,并且可以通过算法识别出油液中的气泡、纤维类等非固体颗粒的干扰,从而大大地提高了检测的准确度;它的缺点是对流动液体的采集计数和图像处理算法的要求比较高。利用该方法的油液固体颗粒污染度检测仪器目前还很少,但基于它独特的优势和计算机技术的发展,其前景非常广阔。

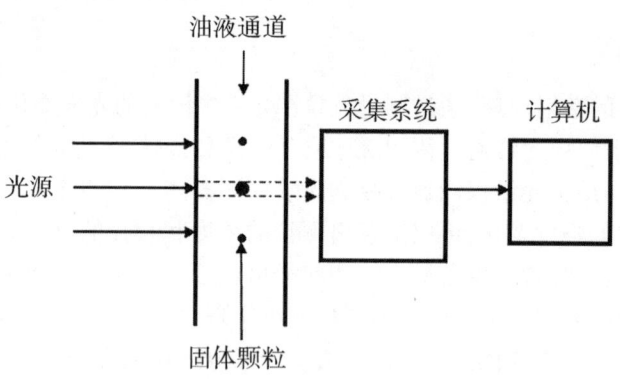

图 8-3　流式图像分析法颗粒计数器工作原理[4]

基于流式图像分析法的油液固体颗粒污染度检测仪器目前尚未普及,但近年来对它的研究越来越多。如重庆大学的李川[4]研究了一种基于数字显微图像处理的油液污染度检测系统;西北农林科技大学的张勇[5]研究了基于图像处理的发动机润滑油磨粒检测计数;哈尔滨工业大学的姜鸣燕[6]研究了基于图像处理的油液污染度检测技术;浙江大学的郭晓敏[7]研究了基于显微图像的颗粒计数方法;大连海事大学的郝延龙[8]提出了基于微流体检测技术与图像识别技术的润滑油磨粒分析方法,韦丽莉[9]研究了基于计算机图像分析的油液污染度测试方法;等等。这些研究为后人的继续研究与拓展奠定了很好的基础,尤其在图像处理算法等方面的贡献。

8.1.2.5　磨粒智能识别法

磨粒智能识别法是将计算机视觉技术、专家系统、人工神经网络和模糊理论等引入磨粒分析过程。实现磨粒识别的智能化已成为装备在线检测的热点和难点问题。在智能船舶的发展趋势下,磨粒的智能识别成为当前磨粒检测分析的热门方法。下文主流颗粒计数方法中详细阐述磨粒智能识别法。

总体上,光学方法在油液颗粒检测方面具有较高的灵敏度,但正如上述分析,无论是光阻法、光散射法,抑或是光衍射法,均对油液的透光性、清洁度要求较高,往往只适用于液压系统。同时,仅靠光学方法自身无法区分铁磁性和非铁磁性金属颗粒,油液气泡的存在会加大金属颗粒检测的难度,颗粒在油液中的不规则流动也会增加颗粒大小的分级误差。此外,实际油液中颗粒的重叠也会影响光学方法检测结果的准确性,同时也对图像处理的硬件和算法提出更高的要求。

8.1.3　电学检测

8.1.3.1　电阻法

电阻法是目前应用最广泛的微流体检测颗粒计数方法,其原理是通过测量油液的电阻率来获得油液颗粒的浓度信息。Itomi 等人[10]报道了由一个环形永磁体和多个电极棒组成的金属颗粒浓度传感器。将该传感器探头接入油液,永磁体会将铁磁性金属颗粒吸附在电极棒周围,使电极电阻降低,因此通过测量电极棒的电阻就可以检测铁磁性金属颗粒的浓度。但该方法无法检测非铁磁性金属颗粒,并且很难给出单个颗粒的信息。事实上,电阻法源自库尔特[11]提出的微流控颗粒计数法,该方法如图 8-4 所示:将两端的电极接通恒压直流电源,在微孔中填充导电介质;表面绝缘的待测颗粒经过微孔使其电阻发生改变;当待测颗粒完全通过微孔时,电流又恢复初始值。微孔每经过一个颗粒就会产生一个电流脉冲,电流脉冲幅值大小和颗粒体积有关,由此可以判断出颗粒直径,也可以检测油液含水量。但是这类传感器无法区分铁磁性金属颗粒和非铁磁性金属颗粒,只适用于油液中大量存在金属颗粒的情况,并且水滴、气泡以及其他非金属固体污染物,也会影响检测效果,同时非金属材料的磨粒电阻相差较大,油液的电阻率也较大,因此该方法在油液颗粒计数方面灵敏度不高。

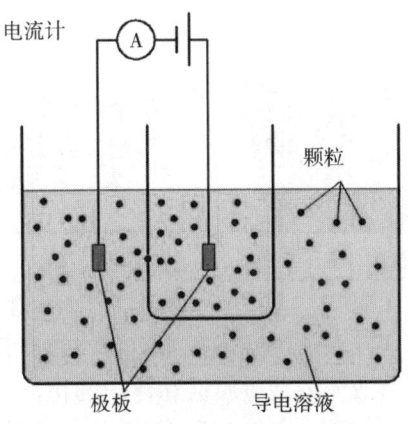

图 8-4　库尔特计数法原理[11]

8.1.3.2 电容法

受库尔特电阻计数原理的启发,研究人员在微流体检测芯片上开发了结构与电阻检测类似的电容检测法,其原理为:两个距离很近的电极构成一个电容,当颗粒经过两个电极之间时,改变两个电极之间的介质,由于颗粒污染物与油液的介电常数不同,从而引起电极电容变化,实现油液中杂质的检测。空气的相对介电常数为1,油液的相对介电常数为2.6,水的相对介电常数为80,对于金属材料的相对介电常数,可认为其无穷大,因此当水、金属颗粒等杂质通过检测区域时,电容传感器均会产生正的脉冲信号;当油液中的气泡经过检测区域时,电容传感器会产生负的脉冲信号。

微电容传感器按照其布置方式的差异,可分为平行板电容传感器和平面电容传感器。与平面电容传感器相比,平行板电容传感器的检测精度更高,制作更为容易。平行板电容式微流体油液检测芯片的平面结构示意图如图8-5所示。图中:a为玻璃基片;b为PDMS;c为检测流道;d为油样进口;g为油样出口;e和f为布置在流道两侧的铜电极。根据平板电容传感器的相关理论,e和f便构成了一个简单的平板电容器,两极板间的介质包括铜电极与流道之间的PDMS薄膜和流道中的油样。

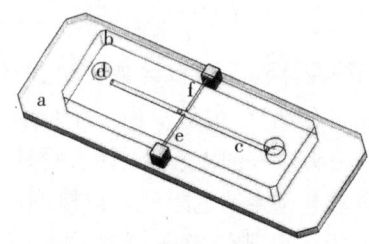

图 8-5 平行板电容式微流体油液检测芯片平面结构示意图

电容检测方法可以实现对单个金属颗粒的检测。图8-6所示是一种用于对非导电润滑油中微小金属碎屑进行检测和计数的装置。微流体检测装置由入口、出口和尺寸为300 μm(长)×100 μm(宽)×40 μm(高)的微通道组成,具有40 μm间隙的一对共面电极位于微通道的中间。当金属碎片颗粒通过微通道时,由于磨屑和润滑油之间的介电常数差异,从而使电极的电容产生变化。与其他大通量的电容传感方法相比,该方法结构简单但感应区域电场强度大,可以实现单个磨损碎屑的精确计数。

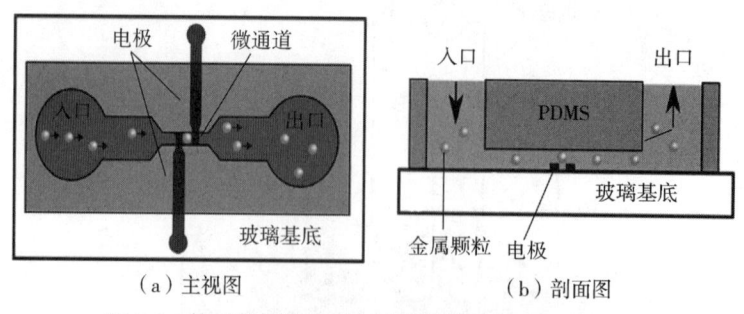

(a)主视图   (b)剖面图

图 8-6 基于微通道的电容式油液磨粒传感器示意图

电容式检测方法可以实现对液体中杂质属性和体积的检测。S. Hassan 等人[12]通过光刻方法制作了宽度为50 μm、高度为40 μm的电容式微流体检测芯片,如图8-7所示,实验过程中通过微泵驱动液体恒速流动,实验的激励频率设定为10 kHz。通过对脉冲信号的分析,可以由信号的方向确定液体中杂质的属性,通过信号的持续时间可以推算出杂质的体积。M. Carminati等人[13]利用平面电容的方法进行空气中 PM10 颗粒的检测,并通过 COMSOL MULTIPHYSICS 软件进行了电极间距、流道与电极距离、电极长度、颗粒相对介电常数等因素对电容变化量影响的仿真,设计并制作了电极间距为 4 μm 和 10 μm 的检测芯片,进行了 10 μm 聚苯乙烯颗粒的检测,取得了较好的检测效果。A. Ernst 等人[14]基于平行板电容器原理,利用 PCB 技术制作了用于空气中水颗粒检测的传感器,并在该传感器上进行了体积从 25 nL 到58 nL 水的检测,获得了较好的脉冲信号,并拟合出水颗粒体积和信号幅值之间的经验公式。此后该团队进行了 100 个相同体积水颗粒的滴定检测实验,实验数据具有较好的重复性,从而证明了该方法的可行性。电容脉冲法检测精度较高,但是金属颗粒的介电常数都比较相似,所以无法识别金属颗粒的属性,并且受到油液总酸值和含水率的影响较大。

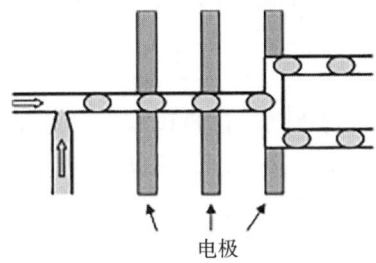

图 8-7 平行板电容式微流体检测芯片结构示意图[12]

8.1.3.3 静电法

机械设备摩擦磨损过程所产生的金属颗粒往往带有静电荷,金属颗粒所携带的静电荷大小与摩擦载荷、摩擦速度、颗粒大小以及表面粗糙度有关。静电法,也称电荷法,主要是基于静电感应原理对流经静电传感器内部的带电颗粒进行检测,其原理如图 8-8 所示。当润滑油中的带电颗粒经过静电传感器探极感应面时,探极感应面与带电颗粒形成静电场并相互作用,探极感应面近端将产生相反电位的电荷,使得电场线集中指向探极感应面,探极感应面上的电子被重新分配以平衡传感器附近的附加电荷,通过测量电路输出检测到的电荷量,可以转化为相应比例的电压信号。

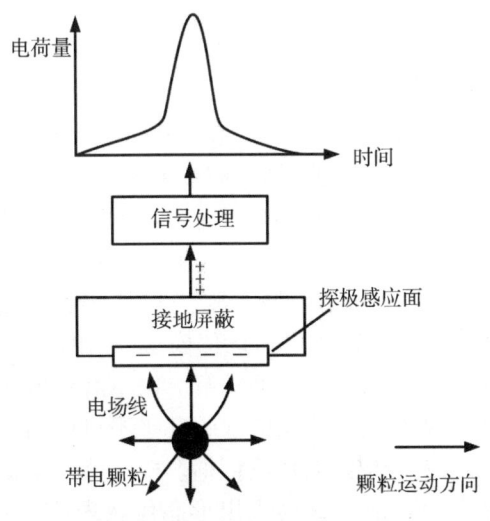

图 8-8 静电法检测原理

英国的 Steward Hughes Limited 公司最早基于静电法研制了一款金属颗粒在线传感器（Wear-site sensor），主要用于航空发动机润滑油路的金属颗粒检测。英国南安普顿大学的 Wood 等人[15]对机械设备摩擦磨损颗粒的带电机理以及各类摩擦副的静电监测进行了研究，采用 3 个磨损区域静电传感器和 1 个润滑油路静电传感器监测圆锥滚子轴承的失效状态，结果表明静电传感器相比振动传感器、温度传感器等能够提供更为准确的摩擦磨损信息。在国内研究方面，南京航空航天大学的冒慧杰等人[16]率先开展了基于静电传感器的金属颗粒检测技术研究，对航空发动机气路管道磨损区域、润滑油路以及风机齿轮箱等进行了系列静电检测实验，可以实现金属颗粒浓度的检测。静电法对初期摩擦磨损产生的细小颗粒较为敏感，同时也可以检测非金属带电颗粒，但检测灵敏度会受到油液中的水分以及气泡和油液流速等因素的影响；此外，该方法也无法区分检测油液中的铁磁性金属颗粒和非铁磁性金属颗粒。

8.1.3.4　电感法

电感法主要用于金属颗粒的检测计数，它的基本原理是电感线圈通上高频交流电产生磁场，将金属颗粒磁化，被磁化的颗粒引起外部原有磁场的变化，被加载交变电流的电感线圈捕捉而引起线圈电感的变化。通过监测电感线圈电感值变化的脉冲信号可以对铁磁性和非铁磁性金属颗粒进行计数和区分检测。电感检测方法检测范围广，抗干扰性好，因此国内外在电感检测方面的研究较多，本章将在下文对电感法进行详细介绍。

8.1.4　主流的颗粒计数方法

8.1.4.1　超声波检测法

（1）超声波检测法原理

超声波颗粒计数方法通常是基于超声波散射原理，利用超声波对被测物体产生反射、绕射和散射现象，来实现对颗粒物质的计数和检测。超声磨粒检测技术具有实时性好、检测效率高、声波在高温油中穿透性强的特点，对油液中气泡、水滴以及磨粒的形状、材质等均有检测能力，可以作为一种在线检测新技术。其通过高精度超声传感器和采集系统获取油液磨粒声散射信号，经过滤波处理，提高信号可靠性并提取磨粒的有效特征，比对相关声散射理论模型反推磨粒尺寸、形状，从而确定油液污染度。

（2）磨粒超声散射理论模型

磨粒超声散射理论模型利用超声散射回波法在线检测油液中的磨粒，其理论基础是磨粒对入射声波产生的散射现象。通过建立适当的散射模型，有助于从理论上分析磨粒的散射特性，找到识别磨粒尺寸、形状和材质的有效特征。理论和实验证明，不同形状的散射体具有不同的散射特性。目前针对类似磨粒的有限尺寸的声散射模型主要有球体散射模型、有限长圆柱体散射模型和不规则形状物体散射模型。其中，刚性球体散射模型比较成熟；有限长圆柱体散射模型和不规则形状物体散射模型均为近似模型，利用波动方程和 Kirchhoff 方法、T 矩阵法、累加法或阻抗法匹配阻抗边界实现近似求解。由于磨粒形状的多样性和磨粒空间位置的随机性，不规则形状磨粒散射的解析模型的求解几乎不可能而且应用价值有限。球形散射模型可以得到精确解，而且已有较成熟的理论依据。Faran-Hickling 模型是弹性球体声散射模型中最经典的一种。1951 年，Faran[17]最初提出形态函数理论，将流体中固体散射物视为弹性体。1962 年，Hickling[18]改写了 Faran 的回波形式解，给出了远场形态函数的独立形式，提出声呐接收到的回波与散射固体因声波激发产生的振动有关,同时研究了球体形态函数共振峰间隔与材质特性参数间的关系,为散射体的材质识别提供了理论依据。1999 年,河南师范大学的李继凯、李林功、刘秀平、谷金宏进行了 Gaussian 分布表面超声背向散射研究[19],给出了 Gaussian 分布表面的散射回波强度的解析式,阐明了超声频率、掠射角和物体表面粗糙度对散射回波强度的影响,并与 Boyd 等报道的实验结果进行了比较,在大掠射角时二者符合较好。2004 年,海军工程大学的明廷锋、朴甲哲、张永祥对刚性球形微粒在超声波聚焦区内的散射进行了研究[20],在入射波为平面波的基础上,以凹球面超声换能器为研究对象,对聚焦区内的刚性球形微粒散射场进行了分析,得到了聚焦区附近瞬时声压表达式。

利用超声传感器检测油液磨粒时,回波信号的完整准确至关重要。但在实际检测中,仪器噪声、环境噪声和传感器振动产生的噪声将对检测结果的准确性产生严重影响。只有有效滤除噪声信号,才能为下一步的研究奠定良好的基础。目前,在超声信号滤波领域,国内外展开的相关研究较少,有效的滤波方法也不多,主要有以下几种常用的处理超声信号的方法:自适应滤波法、空域复合法、倒谱分析法、频率复合法、裂谱分析法及解卷积法。这些方法都能在一定程度上提高超声检测过程中的信噪比,但其中有的只利用了信号的时域信息,有的只用到了信号的频域信息,对检测结果的精确度有一定的影响。相比于以上方法,小波变换是一种同时兼顾信号时域信息和频域信息的分析方法,在处理时变信号,能够较好地消除时间与频率分辨率之间的矛盾,特别适合对不稳定的时变信号进行局部时频分析。2009 年,中北大学的甄晓晖、王明泉、葛晶晶[21]提出小波变换对超声回波信号进行降噪处理的方法,研究结果表明该法具有较高的定位精度和纵向分辨率,明显提高了信号的信噪比。2012 年,军械工程学院的李楠、王聚河、黄文松[22]在对信号做多尺度分析的基础上改进了 Morlet 小波,解决了多分辨率分析时多尺度小波系数在分析窄频带缺陷信号时的不足。

(3)超声散射信号处理

信号特征提取是从信号中提取有效特征参数的过程,是诸多领域的重要环节。特征提取是机械设备无损检测及磨损状态检测过程中的瓶颈问题,其效果将对磨损状态检测的准确性产生很大影响。特征提取是指利用变换和映射把原始特征空间的高维模式向量转化为新的低维特征空间的模式向量来表达。目前特征提取常用的方法有基于时域特征提取——时间序列模型法(AR 模型、ARMA 模型等);基于频域特征提取——快速傅立叶变换;基于时频域特征提取——短时傅立叶变换、时频分布(Wigner-Ville 分布、Choi-William 分布)、小波变换、希尔伯特黄变换(Hilbert-Huang)。希尔伯特-黄变换由两部分组成,即 EMD 算法和相应的 Hilbert 谱。Hilbert 谱完整地描述了信号的时间-频率分布,很好地体现了信号关于时间与频率的变化特性。Hilbert 谱的获取过程为:首先利用 EMD 算法分解信号,从而得到相应的固有模态函数(IMF)分量;然后对各个 IMF 分量实施 Hilbert 变换,得到信号的瞬时幅值和瞬时频率;最后将其进行叠加,从而获取信号的 Hilbert 谱。

(4)超声在线检测系统

传统油液分析技术以离线分析为主,首先将油液从装备中取出,再利用相关仪器对油样进行分析。由于离线分析存在操作烦琐、检测周期较长、具有滞后性以及不能实时检测装备磨损状态等不足,所以研发装备油液在线检测系统迫在眉睫。这使得基于超声波传感器的油液磨粒在线检测系统得到重视。系统的核心部件是超声换能器,超声换能器发出超声脉冲,经磨粒散射得到回波信号,用计算机对回波信号进行采集和处理,识别出磨粒的尺寸等信息并实时显示。Wen-Feng Kuo 等人[23]研究了油液磨粒基本特征的在线铁谱分析,这种方法利用电磁和光学传感器在线检测油液磨粒十分方便。Nemarich 等人[24]研究了基于超声检测技术的油液磨粒在线检测,搭建了一套油液磨粒在线检测平台。图 8-9 为超声油液磨粒在线检测平台示意图。

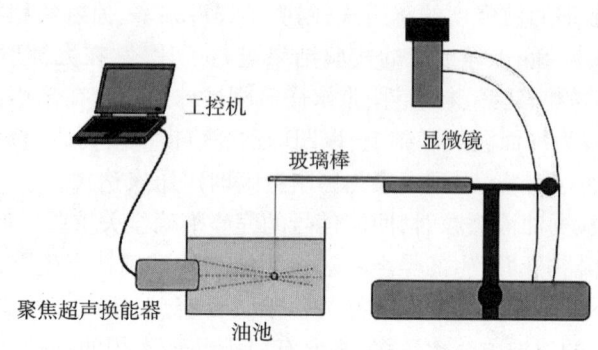

图 8-9　超声油液磨粒在线检测平台[24]

8.1.4.2　光阻法

(1)光阻法检测原理

光阻法的检测原理如图 8-10 所示,传感器由激光二极管、非球面透镜、光阑、样品流通室和光电二极管组成。样品流通室是一个横截面积很小的矩形通道,其两侧有透明的玻璃窗口。作为光源的激光二极管发出一束发散角较大的高斯光束,经过非球面透镜整形后变成一束横截面呈椭圆形的平行光,再经过光学狭缝后被截取成横截面呈矩形的平行光束,均匀的平行光束和样品流通室构成了检测区,光束穿过检测区后被光电二极管接收。光电二极管将光信号转化成电流信号,通过互阻放大电路,电流信号转化成电压信号,传感器输出级产生恒定的电压 E。当检测区没有固体粒子经过时,光束可以全部到达光电二极管的受光靶面,光电二极管接收到的能量最强。当液体中含有固体颗粒时,光线会被固体颗粒遮挡,光电二极管接收到的光强减弱,传感器产生的电压也减小,记为 E_1。光电二极管产生的电流大小与光照面积成正相关。

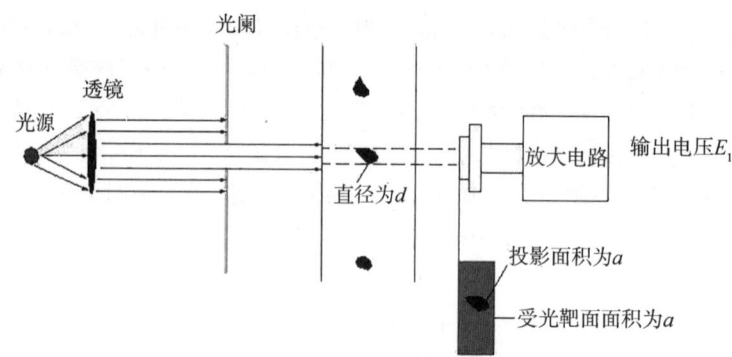

图 8-10　光阻法检测原理图

最后产生的电压与粒径之间的关系如下式:

$$E - E_1 = \frac{a}{A} \times E = \frac{\pi d^2}{4A} \times E \tag{8-1}$$

式中:E——流经传感器的液体不夹杂固体颗粒时,传感器的输出电压,V;

E_1——流经传感器的液体夹杂固体颗粒时,传感器输出电压的衰减值,V;

a——颗粒在光电二极管上产生阴影的面积,μm^2;

A——激光光束的横截面积,μm^2;

d——颗粒的等效圆直径,μm。

如果液体中的固体颗粒浓度有一定限制并且颗粒均匀分布,那么由于流通室的横截面积很小,粒子在绝大多数情况下会单独通过检测区,光电二极管光强的减小是由单个粒子遮挡所致。因此,传感器输出的是一系列电压脉冲,通过记录脉冲个数可以得出颗粒数量,通过脉冲幅值可以测出粒径大小。然而,如果同时有两个颗粒经过检测区,那么光电二极管接收到的信号将是两个颗粒导致的光照强度衰减之和。在这种情况下,检测结果会将两个颗粒当作一个大的颗粒进行处理,导致计数产生误差,从而引发检测结果的偏差。因此,在颗粒计数过程中,同时通过检测区的多个颗粒会对结果的准确性产生不利影响。

(2)液体颗粒计数器评价指标

衡量液体颗粒计数器性能的指标主要有最大颗粒浓度、采样量、计数效率。

①最大颗粒浓度

最大颗粒浓度是指待测样品中每毫升所含的颗粒数的最大值。由于光阻法的原理局限性,颗粒只能单个通过检测区。这就要求最大浓度不能超过某一规定值,如果超过这一值,就有可能在同一时间内有两个或者多个颗粒同时经过检测区,这时仪器就会把多个颗粒当作一个颗粒处理,将投影面积叠加,计算出一个不存在的大的颗粒直径,从而影响测量结果。如果待测样品的颗粒浓度大于液体颗粒计数系统的最大颗粒浓度,应将样品稀释后再进行检测。

②采样量

颗粒计数器在单位时间内可以检测的样品体积叫作采样量,也就是工作流量。如果采样量过小,检测的粒子数量就会很少,检测结果不具有统计意义,误差会变大。采样量越大,仪器的工作效率越高,但采样量的增大受到光电探测器灵敏度、颗粒浓度以及传感器的后续信号处理电路的采样频率等因素的限制。当流速超过采样量时,颗粒在传感器中的移动速度快,来不及形成完整的电信号,信号间的时间间隔也很短,信号处理电路难以区分。

③计数效率

测量值与实际值之比称作计数效率。由于电子元器件存在噪声,为了区分噪声信号与颗粒信号,必须使颗粒产生的信号大于噪声信号。但是当颗粒直径越小,越接近噪声信号大小的时候,计数效率会明显下降。当待测样品浓度超过最大颗粒浓度或者流量超过采样量的时候,计数效率也会下降。

(3)光阻法颗粒技术器发展现状

国外在颗粒计数器的研究方面起步比国内早,技术发展相对成熟,一些系列化的颗粒计数器已经在工业生产中广泛使用,例如检测液体中的颗粒污染物的设备或检测气体中颗粒污染物的设备。国外的液体颗粒计数器企业主要包括:颗粒计数行业的领导者——美国 HIAC/ROOYCO 公司,颗粒计数行业的元老级工厂——德国的 PAMAS 公司、日本 RION 公司、德国的 KLOTZ 公司以及美国 HASH 公司等。在 20 世纪 60 年代初期,Leon D. Carver 及其 HIAC 团队发明了光阻法,"粒子计数"这个术语诞生了。HIAC 是世界上第一家将激光光源用于光阻法传感器的公司。在过去的 60 年中,贝克曼·库尔特(Beckman Coulter)不断创新,并且在确定液体或气体中颗粒的尺寸方面处于市场领先地位。这些液体颗粒计数器现已用于监测液压油、乙二醇、清洁溶剂、燃料、润滑剂、药品、压缩气体、水等许多其他方面。HIAC 是实验室和工业应用中液体颗粒计数的基准名称。如图 8-11(a)所示,HIAC-8011+是一款基于光阻法的颗粒计数器,最小检测粒径是 0.5 μm,粒径检测范围是 0.5~600 μm,检测速度是 10~100 mL/min,取样体积精度是+2.5%,内置 ISO、NAS、SAE、GOST、DOD 和 ASTM 等多种标准,最大检测压力是 0.6 MPa。

德国 PAMAS 公司成立于 1992 年,致力于液体颗粒计数和粒度分析的高质量产品开发。其颗粒计数器仅使用高质量的光学、电子和机械零件。图 8-11(b)所示的是 PAMAS 生产的 S40 型便携式液体颗粒计数器,可在线和离线检测,分高、低压两种工作模式。低压为 0~0.7 MPa,液路系统内部有减压阀,最高可测压力达 42 MPa。颗粒尺寸范围为 1~400 μm,灵敏度为 1 μm,最大检测浓度为 24 000 粒/mL,粒径通道可达 4 096 个,主要用于油液、水和其他液体中的固体颗粒污染度的测量。

Rion(理音)是一家成立于 1944 年的日本企业,最开始专注于物理和声学的研究。其产品主要应用于样品黏度较小的水基化学产品检测,主要用来检测医药和超纯水。其产品主要应用了光阻法和光散射法。图 8-11(c)所示的是 KS-42A 型液体颗粒计数器,该计数器采用光散射法原理,采用 830 nm 半导体激光二极管作为光源,流速为 10 mL/min,最小检测粒径为 0.1 μm,粒径范围为 0.1~0.5 μm。用户可设定 10 个粒径通道,最大检测浓度为 1 200 粒/mL。

德国 KLOTZ 公司长期专注于激光测量仪器的研制,目前已经为例如西门子、MAHLE 等世界著名企业配套生产激光元器件及传感器。图 8-11(d)所示为 KLOTZ 粒子测量系统 Syringe,专为实验室操作而设计,配备激光传感器 LDS 23/25 usp,采用光阻法原理,它的工作范围为 1~50 μm,专门用于满足制药行业的需求。对于水、饮料和其他处理液的污染控制,通常使用激光二极管传感器 LDS 30/30 和评估软件 SW-PE。该系统可以测量 0.9~139 μm 的粒径。HASH 的产品主要应用于水质检测领域,主要用于检测纯水/超纯水、饮用水、市政污水、工业废水和工业循环水,为用户提供水质解决方案。如图 8-11(e)所示,2200 PCX 颗粒计数仪是其生产的基于光阻法的颗粒计数仪,粒径范围为 2~750 μm,样品流速为 100 mL/min。其可以通过软件设置检测通道,拥有 8 个任选粒径,应用于膜过滤装置的出水水质检测以及膜完整性监测。

(a)HIAC-8011+   (b)PAMAS S40型便携式液体颗粒计数器   (c)KS-42A型液体颗粒计数器

(d)Syringe   (e)2200 PCX颗粒计数仪

图 8-11　国外五种颗粒计数器

国内目前自主生产颗粒计数仪器的厂家主要有:天大天发、罗根科技、天津天河、北京汉柏科创、江苏苏净集团及珠海欧美克等公司。国内的液体颗粒计数器大多采用光阻法原理,可以检测的最小颗粒直径大于 1 μm,主要用于医药和油液检测领域,占据了国内医药颗粒计数器的大部分市场。

作为国内最早进行液体颗粒计数器研究的单位,天大天发的前身是天津大学精密仪器厂。从 2000 年光阻法被中国药典列为颗粒检测的标准方法开始,其产品就广泛应用于医药注射液检测领域。目前在该领域,天大天发的产品处于领先地位。如图 8-12(a)所示,GWJ-16 型颗粒计数器是他们的最新产品。该型号颗粒计数器采用光阻法原理,分辨率高,检测范围宽,可检测具有一定黏稠度、深色的水基质、油基质溶液的颗粒污染。其具有 16 个粒径通道,可以设置近万种粒径尺寸,测量出颗粒直径和数量的分布。针对 2015 年版《中国药典》内置药典、麻醉器具、输液器具(GB 8368—1998 和 GB 8368—2005)检测标准,可直接对各种类型的注射液、无菌粉末及医疗器具进行检测。

天津天河是另一家比较有实力的液体颗粒计数器企业,其产品 YKJ 系列油液颗粒计数器受到空军计量总站、国防科技工业颗粒度一级计量站等多家检测中心欢迎。在航空、航天、电力、石油化工、交通、港口、冶金、机械、汽车制造等领域应用广泛。产品性能指标可与国外同类仪器相媲美,智能化程度高,操作简便快捷,检测结果可靠,性价比有优势。如图 8-12(b)所示,LPC-P2 便携式油液颗粒计数器是依据 GB/T 18854—2002(ISO 11171—1999)等国家及国际标准研制的专门用于油液中污染度等级检测的仪器,适用于对液压油液、润滑油、页岩油、变压器油、汽轮机油、齿轮油、发动机油、航空煤油、水基液压油、磷酸酯基液压油等液压油液进行现场及实验室的污染度检测,也可以对各种液压传动、滤油机、清洗机、检测试验台等系统进行污染度的在线检测。该计数器采用光阻法原理,可测粒径范围为 0.8~500 μm,拥有 8 个粒径检测通道,内置 GJB-420A、GJB-420B、NAS638、ISO4406、SAE4059E 和 TOCT1726 等多个常用标准,取样精度优于±1%,计数准确性为±10%。

苏州苏净仪器自控设备有限公司是江苏苏净集团有限公司的下属公司,主要生产基于光阻法的颗粒计数器和光散射法的颗粒计数器。LE100S 型液体颗粒检测仪是一款基于光阻法原理的液体颗粒计数器,其检测范围是 2~600 μm,拥有 24 个粒径检测通道,最大检测浓度为 10 000 粒/mL,准确度为±10%,取样速度为 60 mL/min,如图 8-12(c)所示。其可用于输液器具、麻醉器具、药包材等医疗器具中微粒污染试验和药业过滤器滤除率试验,也可以对有机样品、有色透明溶液进行颗粒度检测。LS100-5 是一款基于光散射法的液体颗粒计数器。其粒径检测范围是 0.5~20 μm,最小检测粒径小于 1 μm,拥有 16 个粒径检测通道,最大检测浓度为 10 000 粒/mL,取样速度为 25 mL/min,如图 8-12(d)所示。

罗根科技的产品主要应用于油液检测领域,和天大天发形成互补。图 8-12(e)和图 8-12(f)所示的产品分别是其开发的两款用于检测液压油的颗粒计数器。KB-5 为便携式液体颗粒计数器,可离线取样检测,也可安装在各种液压传动、润滑、滤油机、清洗机、检测试验台等系统上,可以实现在线检测。该计数器采用光阻法原理,可以对样品进行快速检测,抗干扰能力强、检测准确度高、重复误差小。其内部存储 ACFTD、ISOMTD、GOST 三条校准曲线,并可轻松切换。其最小检测粒径为 1 μm,粒径检测范围为 1~600 μm,拥有 32 个粒径检测通道,取样体积为 10 mL,取样体积误差优于±3%,最大检测浓度为 12 000 粒/mL,计数误差为±10%。KT-2A 是一款台式颗粒计数器,也是采用光阻法原理,粒径检测范围为 1~600 μm,拥有 16 个粒径检测通道,取样体积相对误差优于±0.5%,最大检测浓度为 12 000 粒/mL,颗粒计数相对误差为±5%。

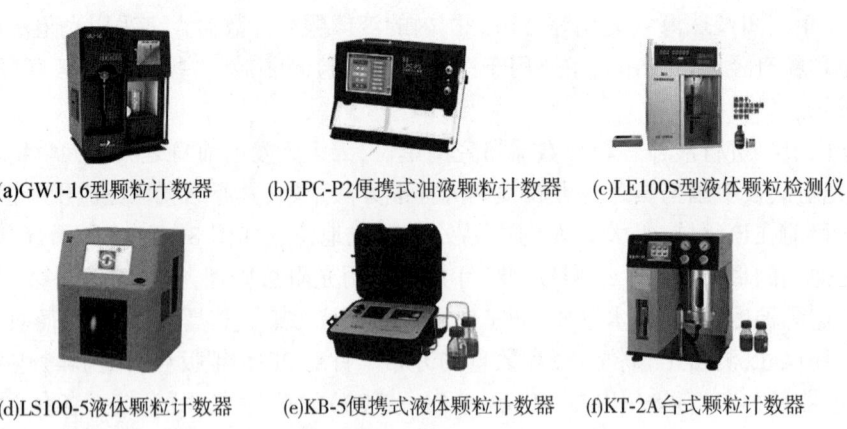

(a)GWJ-16型颗粒计数器　　　(b)LPC-P2便携式油液颗粒计数器　　　(c)LE100S型液体颗粒检测仪

(d)LS100-5液体颗粒计数器　　　(e)KB-5便携式液体颗粒计数器　　　(f)KT-2A台式颗粒计数器

图 8-12　国内六种颗粒计数器

8.1.4.3　磨粒智能识别

磨粒识别是装备磨损状态检测过程中的又一关键问题,也是光学法检测的重要分支[25]。随着计算机技术和人工智能技术的迅猛发展,依赖专家知识经验的传统磨粒识别已无法满足现在装备状态检测的需要。将计算机视觉技术、专家系统、人工神经网络和模糊理论等引入磨粒分析过程,实现磨粒识别的智能化已成为装备在线检测的热点和难点问题。目前较为成熟的理论主要有人工神经网络、模糊集理论和支持向量机理论等。

在人工神经网络理论方面,宋延勇等人[26]首次利用灰度共生矩阵定量分析磨粒表层的纹理特征,并基于神经网络对磨粒进行识别,取得了良好效果。南京航空航天大学的李艳军、左洪福、罗振锋进行了基于神经网络信息融合的发动机磨损磨粒识别研究[27]。为弥补单一神经网络模型在识别磨粒上的局限性,利用径向基函数(RBF)神经网络和反向传播(BP)神经网络识别磨粒,得到两组初始识别结果,归一化后利用 D-S 证据理论对其融合得到最终结果。这种方法提高了磨粒识别的区分度和准确率,并具有良好的容错性和通用性。严志军等人[28]基于模糊神经网络技术,建立专家系统实现磨粒的智能识别技术。亓霞等人[29]基于模糊迭代组织数据分析技术建立柴油机典型磨损状态下磨粒图像的识别技术,解决了普通聚类方法对样本特性指标合理选择的不足问题,进一步提高了磨粒识别的准确率。P. Nunthavarawong[30]采用颜色模型 HSL 和 Lab 分割磨损颗粒,结合贝叶斯分类器、惰性分类器、函数分类器等机器学习算法作为决策工具,准确地区分加热金属、钢颗粒、暗红色和红色氧化物以及铜合金。关晓颖等人[31]提出基于改进遗传算法的磨粒图像识别特征选取方法,使用实际提取到的航空发动机润滑油磨粒图像验证算法的可行性,结果表明,该方法有效提高了多功能油液智能检测系统的识别准确率。

在模糊集理论方面,军械工程学院的李兵、张培林、任国全、宋华南进行了基于加权模糊优选理论的发动机磨粒智能识别研究[32],引进了一种新的模糊相对权重的概念,将其与模糊优选理论结合进行磨粒智能识别,在实际识别过程中具有良好的效果。吴黎、田贤忠进行了模糊散度理论在铁谱磨粒识别中的应用研究[33],将对称交叉嫡和模糊散度理论用于磨粒识别,分析比较了两种不同模糊隶属度函数条件下的图像分割效果,最后提出用图像的骨架变化提取磨粒图像特征的方法。

在支持向量机理论方面,由于神经网络的局限性,1995 年,支持向量机由 Vapnik[34]首次提出。它在模式识别方面有广泛的应用发展前途,并由最初的二元分类发展到现在的多元分类。徐州空军学院的钟新辉、李少如等对支持向量机进行了创新发展,把最小二乘支持向量机应用在磨粒识别上并取得了良好效果[35]。沈阳航空航天大学的石宏、张帅等人[36]利用改善的粒子群算法很好地优化了支持向量机模型的核函数参数和惩罚参数,建立了自适应磨粒识别模型。通过仿真实验,其识别正确率达到98%,显示出该方法的优越性。

8.1.4.4 电感检测法

电感检测法是利用磨粒流经螺线管时引起磁通量的变化,进而通过检测电感的变化量来测得粒子,是机械设备故障诊断和状态预测的手段之一。电感检测方式可以区分出铁磁颗粒和非铁磁颗粒,能够通过对油液中的颗粒进行计数统计和颗粒大小测量来判断油液中的磨损状态和磨损来源。

20世纪70年代,英国的研究人员研制出磨粒测试仪,他们采用的是电磁感应技术,我国在电磁感应技术方面的研究开始得也较早。中国矿业大学的王晓雷等人[37]在英国同行研究人员的研究基础上研制出一种微量铁磁性金属磨粒定量检测传感器。该传感器采用三个螺线管,分别作为检测线圈、激励线圈和参考线圈,当铁磁性金属颗粒经过检测线圈时,线圈的电感值增加,导致参考线圈和检测线圈的感生电动势不同,通过电动势差值检测铁磁性颗粒。后来根据微量铁磁性金属磨粒定量检测传感器原理研制出 KLD-1 型颗粒定量仪。

国内研究电感检测法具有代表性的有上海交通大学、中南大学等,但都是在宏观尺度上进行电感磨粒检测,电感传感器尺寸较大且检测精度有限。上海交通大学殷勇辉等人[38]深入研究了不同电感线圈几何尺寸时线圈中轴线上磁场的分布情况,并讨论了磁场分布的均匀性,通过理论分析,确定了在磁场均匀分布的前提下线圈的几何参数。中南大学严宏志等人[39]设计出反向双激励三线圈螺线管式传感器,此种传感器是将三组电感线圈依次绕在磁惰性的导管上,最外侧两个线圈之间反向串联并且加载高频交流电源驱动,使得两线圈之间产生相反方向的磁场,而在中间线圈处的磁场相互抵消,为零磁场;中间检测线圈连接到信号处理单元,当油液中有金属颗粒通过时,引起磁场的扰动,导致中间传感线圈产生感应电动势。

在21世纪初,Du 等人[40]首次提出了一种基于电感库尔特计数的微流体检测装置。他们用大小为 50~125 μm 的铁和铜微粒测试了这个装置。实验结果表明,该装置能检测润滑油中的黑色金属和有色金属微粒,但灵敏度较低。为了提高灵敏度,该团队采用一种"0"距离方式加工螺线管式微流体油液检测芯片,使管壁接近 0 壁厚。图 8-13 所示线圈结构为前期研制芯片结构,可以看出相同通流直径情况下大大减小了线圈内径,从而提高了检测精度。实验结果如图 8-14 所示,铁颗粒和铜颗粒混合通过该芯片时产生不同的电感脉冲。结果表明,该装置能有效地分辨油中的黑色和有色金属微粒,并能检测到 10 μm 铁微粒和 40 μm 铜微粒。

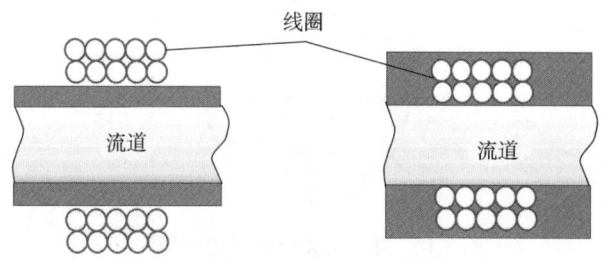

图 8-13 两种微流体检测芯片结构对比

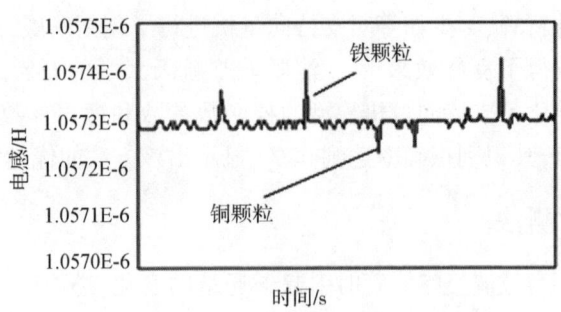

图 8-14　混合颗粒经过时激发的电感信号[41]

另外,张兴明等人[41]针对时谐磁场中金属颗粒磁化现象进行研究,建立了金属颗粒区分检测模型,设计了空间螺线管式传感器;实验研究了线圈传感器、磨粒、激励电源参数对检测信号的影响,并优化了传感器结构;采用安捷伦阻抗分析仪作为检测设备,实现了 19 μm 铁磁性颗粒和 50 μm 非铁磁性金属颗粒的区分检测。曾霖[42]研究了双线圈多参数阻抗检测传感器,在电感检测基础上将两个单层电感线圈等效为一对圆环型电容极板,在电容检测和电感检测两种模式下,实现对液压油中铁磁性金属颗粒、非铁磁性金属颗粒、水滴和气泡四种污染物的检测。除了灵敏度外,还研究了传感器的输出特性。在研究过程中,利用麦斯威尔方程建立了微粒–平面线圈系统的模型。通过数值模拟和物理实验研究了间隙宽度、线圈密度、线圈匝数和频率。结果表明,仿真结果与实验结果吻合较好。

（1）金属颗粒在时谐磁场中的磁化模型

针对油液分析实时性及经济性较低的问题,该团队依托国家自然科学基金、交通部基础研究项目和辽宁省科技计划项目,由张兴明首先针对金属磨粒在时谐磁场中的磁化特性展开研究,建立铁磁金属颗粒和非铁磁金属颗粒在中低频时谐磁场中的磁化模型,进而得到金属颗粒的阻抗分析方法,并基于该方法设计了用于油液检测的微流体检测芯片,实现对铁磁金属颗粒、非铁磁金属颗粒和非金属颗粒进行分类粒度区分检测,同时实现单颗粒粒度检测灵敏度以下的铁磁金属颗粒总质量浓度的检测,并给出基于阻抗分析的油液污染物种类识别的技术方案,并且对以上油液污染物分别给出定量分析并进行实验验证。

设金属球颗粒的半径为 a,将其置于瞬时均匀且方向一致的时谐磁场 B_0 中,磁场峰值为 B_0,以球心为坐标原点 O,极轴 z 正方向平行于 B_0 建立球坐标系 (R, θ, Φ),如图 8-18 所示,对该模型的物理条件进行如下假设:

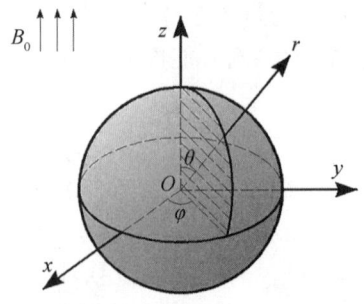

图 8-18　球形金属颗粒磁化模型[41]

①颗粒以外空间,包括基体、油液、PDMS 等,相对磁导率均为 1,颗粒可视为位于无限大真

空中,颗粒为无磁取向且磁导率均匀的材料;

②颗粒内部为电导率均匀的导体,颗粒以外空间(包括基体、油液、PDMS 等)不导电;

③由于颗粒微小,研究对象为颗粒内部以及颗粒以外有限距离内的磁场,因此忽略电磁波传导相关因素;

④由于颗粒在芯片中流动切割磁感线引起位移电流远远小于交变磁场引起的涡流,因此忽略模型中所有位移电流因素。

球坐标系中任意一点磁矢势的分量形式可以表示为

$$A = A_r e_r + A_\theta e_\theta + A_\varphi e_\varphi \tag{8-2}$$

球坐标系中的拉普拉斯算子公式为:

$$
\nabla^2 A = \left\{ \nabla^2 A_r - \frac{2}{r^2} \left[A_r + \frac{1}{\sin\theta} \frac{\partial (\sin\theta A_0)}{\partial} + \frac{1}{\sin\theta} \frac{\partial A_\varphi}{\partial \varphi} \right] \right\} e_r
$$
$$
+ \left\{ \nabla^2 A_r + \frac{2}{r^2} \left(\frac{\partial A_r}{\partial \theta} - \frac{A_\theta}{2\sin^2\theta} - \frac{\cos\theta}{\sin^2\theta} \frac{\partial A_\varphi}{\partial \varphi} \right) \right\} e_\theta
$$
$$
+ \left\{ \nabla^2 A_\varphi + \frac{2}{r^2\sin\theta} \left(\frac{\partial A_r}{\partial \varphi} + \frac{\cos\theta}{\sin\theta} \frac{\partial A_\theta}{\partial \varphi} - \frac{A_\varphi}{2\sin\theta} \right) \right\} e_\varphi \tag{8-3}
$$

由于该模型描述的是轴对称时谐场分布,磁矢势仅有周向分量 A_φ,此时 $A_r = A_\theta = 0$,并且周向分量不随 φ 而变化,即 $\frac{\partial A_\varphi}{\partial \varphi} = 0$,为方便起见,省略角标 φ,用 A 表示 A 的周向分量,即 $A = A e_\varphi$,在颗粒内部$(r \leqslant a)$任意一点(r, θ, φ)磁矢势满足球坐标中磁矢势的约束方程为

$$\nabla^2 A + \left(k^2 - \frac{1}{r^2\sin^2\theta} \right) A = 0 \tag{8-4}$$

根据空间磁矢势场的分布规律和球贝塞尔函数,可推导出

$$\Delta A = B_\nu K_p \frac{\sin\theta}{r^2} \tag{8-5}$$

式 8-5 表示颗粒在时谐磁场作用下对颗粒外周围空间的影响,即引起磁矢势的改变,这个影响遍布整个空间。颗粒外部磁矢势分布可以看作由颗粒中心处散射而出,这里 K_p 为复数,我们将其称作颗粒在时谐磁场中的磁化系数,它包含了激励源频率、颗粒尺寸以及颗粒的电磁属性等因素。后面将针对不同性质金属颗粒绘制 K_p 的实部、虚部曲线及相位角,其实部和虚部分别影响检测时的感抗和电抗,而相位角将影响检测精度,后文将详细讨论。

式 8-6 表示的是处于坐标原点的颗粒在磁场方向平行于极轴的情况下引起全空间磁矢势变化,在这个坐标系中磁矢势方向仅有周向分量,并与极轴垂直。现在将颗粒置于空间中任意一点 Q,位置向量为 r_q,颗粒所在位置复数磁场表示为 $B_0(r_q)$,则在颗粒以外任意一点 r 受到磁化颗粒影响的磁矢势变化量可以表示为

$$\Delta A(r) = K_p B_0(r_q) \frac{r - r_q}{|r - r_q|^3} \tag{8-6}$$

由于颗粒引起的磁矢势变化是轴对称的,所以电场变化量与磁矢势方向相同但相位相差 90°,容易得出颗粒引起电场变化为式 8-7,式 8-6 和式 8-7 的形式与毕奥–萨伐尔定律的形式相似,将是后文讨论金属颗粒检测与识别、铁磁金属颗粒质量浓度公式推导的基础。

$$\Delta E(r) = -jw\Delta A(r) = -jw K_p B_v(r_q) \frac{r - r_q}{|r - r_q|^3} \tag{8-7}$$

式 8-7 中金属颗粒时谐磁场的磁化系数 K_p 是唯一与颗粒属性有关的系数,其他参数与空间位置和外激励源有关。铁磁金属颗粒在时谐磁场中的磁化情况由 K_p 决定,计算中铁磁金属的相对磁导率为 500、电导率为 9.93×10^6 S/m,将上述参数代入式 8-7 进行计算。图 8-19(a)表示频率对铁磁性金属颗粒的 K_p 的影响,可以看出,随着频率的增大,K_p 实部减小,虚部为负数,其绝对值随之增大,并且频率对较大颗粒的 K_p 影响较大,在低频时 K_p 基本无变化。图 8-19(b)所示为不同粒径下铁磁性金属颗粒的 K_p,可以看出,随着粒径增大,K_p 实部和虚部的绝对值均越来越大。从图 8-19(a)和图 8-19(b)中还可以看出,对铁磁性金属颗粒来说,同一铁磁金属颗粒的 K_p 的虚部远远小于实部。

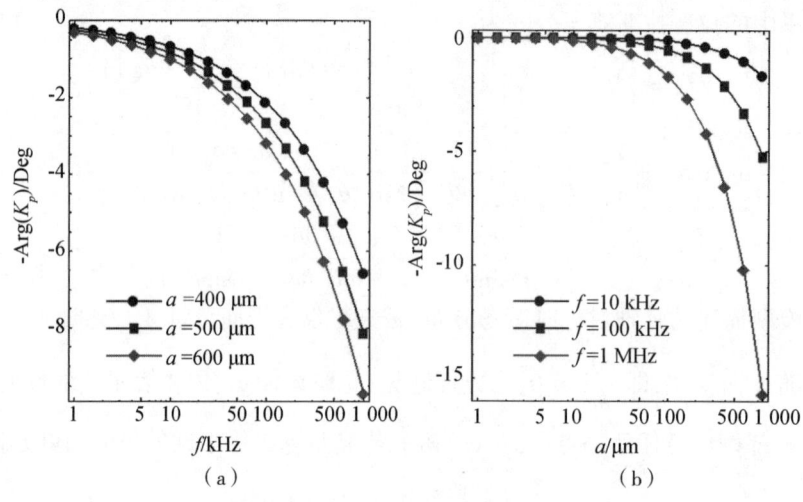

图 8-19　铁磁性金属颗粒的 K_p

考察铁磁金属颗粒的 K_p 的相位角与频率和粒径的关系,K_p 的相位角在后面的研究中与检测精度有密切的关系。从图 8-20(a)可以看出,当铁磁金属颗粒在时谐磁场中产生滞后于磁场的磁矢势时,随着频率和粒径的增大,滞后的相位角增大,如图 8-20(b)所示,在 1 MHz 且颗粒半径小于 10 μm 的情况下,K_p 的相位角可以近似为 0。

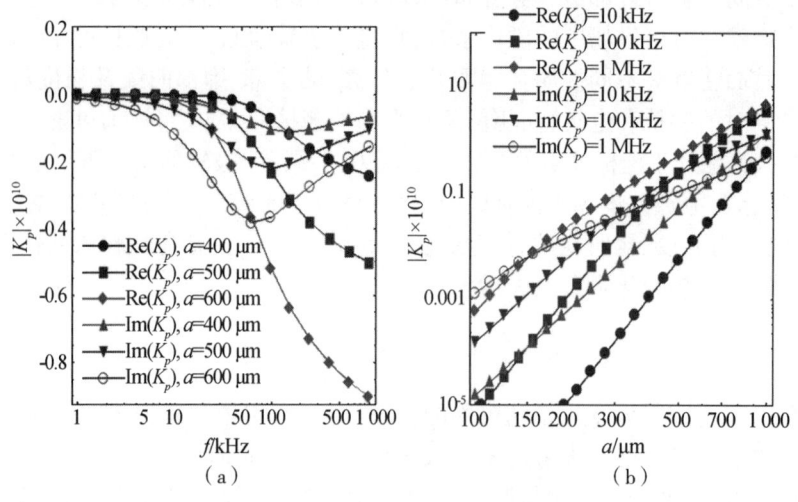

图 8-20　铁磁金属颗粒 K_p 相位角

对于非铁磁金属颗粒,相对磁导率 $\mu_r = 1$,代入式可以得到非铁磁金属颗粒的 K_p 表达式为

$$K_P = -\frac{1}{2}\left[a^3 + \frac{3a^2}{k}\cot(ak) - \frac{3a}{k^2}\right] \tag{8-8}$$

将电导率 5.71×10^7 S/m 代入表达式进行仿真。图 8-21(a)表示频率对非铁磁性金属颗粒 K_p 的影响,可以看出 K_p 的实部为负数并且随着频率的增大而增大,虚部同为负数,其数量级与实部相近,并且其绝对值随着频率的增大先增后减;同时,图中还表明对于同一粒径来说,小于某一频率时 K_p 虚部大于实部,而大于这个频率时实部大于虚部。图 8-21(b)所示为不同粒径下非铁磁性金属颗粒的 K_p 实部和虚部的绝对值,可以看出,随着粒径增大 K_p 实部和虚部的绝对值均越来越大;并且对于同一频率,K_p 的实部曲线与虚部曲线相交,说明较小颗粒 K_p 的虚部大于实部,而较大颗粒 K_p 的实部大于虚部。

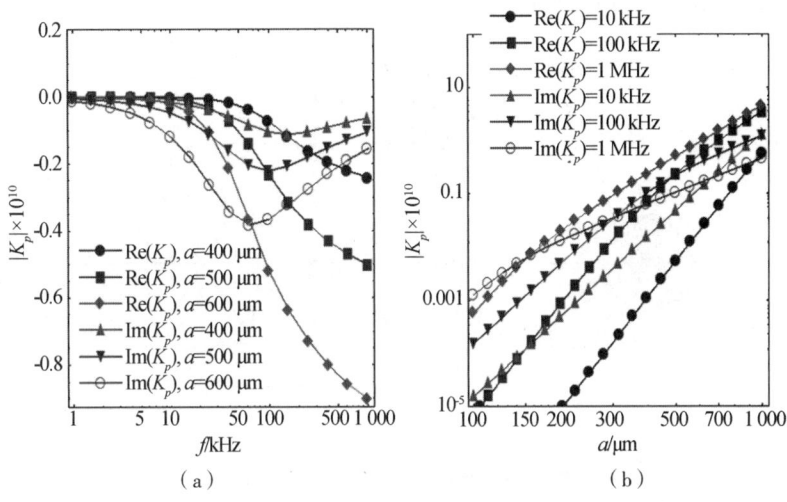

图 8-21 非铁磁性金属颗粒的 K_p

图 8-22 所示为非铁磁金属颗粒的 K_p 的相位角与频率和粒径的关系。可以看出在铁磁金属颗粒在时谐磁场中产生滞后于磁场的磁矢势时,滞后的角度从-90°起,随着频率和粒径的增大,滞后的相位角增大。如图 8-22(b)所示,在 1 MHz 且颗粒半径小于 10 μm 的情况下,K_p 的相位角可以近似为-90°。

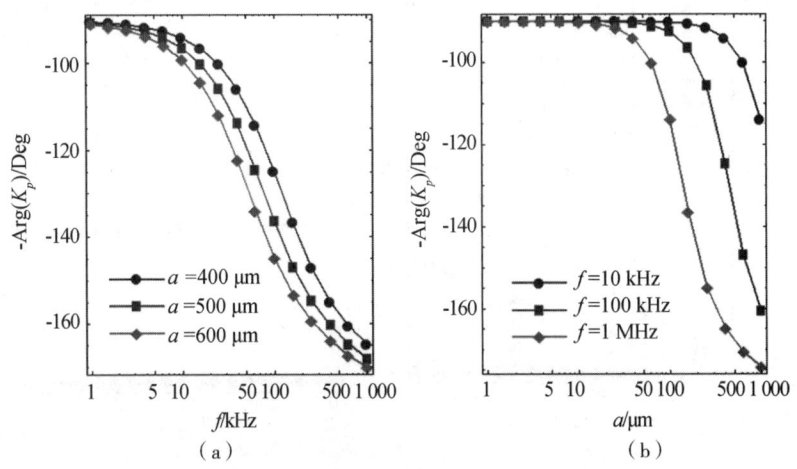

图 8-22 非铁磁金属颗粒的 K_p 的相位角

（2）螺线管式芯片油液污染物区分检测研究

①铁磁金属颗粒检测阻抗输出特性

螺线管式金属颗粒检测应用广泛,基本原理是待测油液通过螺线管空心部分引起线圈阻抗变化,根据阻抗变化判断油液污染物的种类。本研究采用的螺线管式以微流体检测技术为基础,并且采用了"0"距离加工方式,使得灵敏度大幅提高。下面对金属颗粒经过螺线管时的阻抗变化特性进行分析。

设颗粒沿着轴线经过线圈,如图 8-23 所示,用空心圆柱线圈等效实际线圈,线圈内径为 d_1、外径为 d_2、长为 w,以轴线为 Z 轴、线圈中断面圆心为坐标原点,建立圆柱坐标系 (P, Φ, Z),颗粒型心位于 Z 轴上 O' 点 $(0, 0, z_0)$,该模型为轴对称图形。线圈在 O' 点处形成的磁场为 B_z,此时颗粒形成的磁矢势仅有周向分量:

$$\Delta A = B_z K_P \rho \left[\rho^2 + (z - z_0)^2 \right]^{-\frac{3}{2}} \tag{8-9}$$

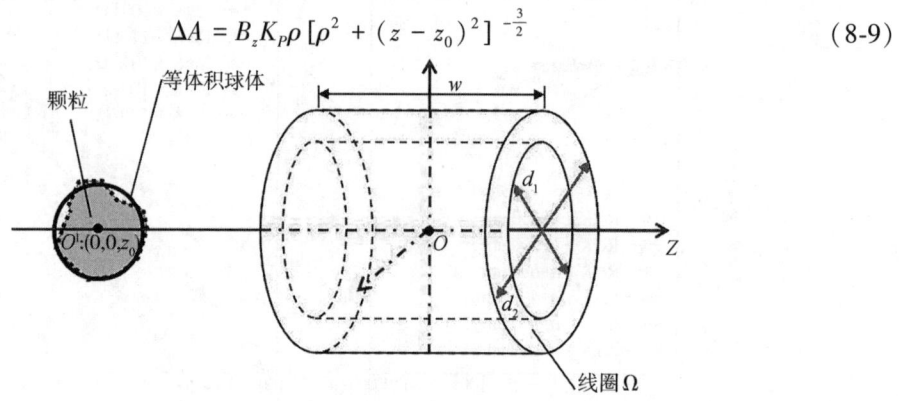

图 8-23　螺线管与金属颗粒系统[41]

如图 8-24(b)所示,在不同的频率和铁颗粒直径情况下,采用轴向长度为 $w = 3$ mm,内径为 $d_1 = 400$ μm,总匝数为 $N = 400$ 匝的线圈进行仿真。图 8-24(a)所示为频率影响下铁磁性金属引起的阻抗峰值大小,可以看出无论颗粒大小,阻抗中感抗的变化量远大于电阻的变化量,并且电感受到频率的影响很小。图 8-25 所示为芯片检测不同粒径的铁磁颗粒的阻抗输出特性,图 8-25(a)和图 8-25(b)分别表示较大和较小铁磁颗粒的阻抗输出特性,感抗远大于电阻。

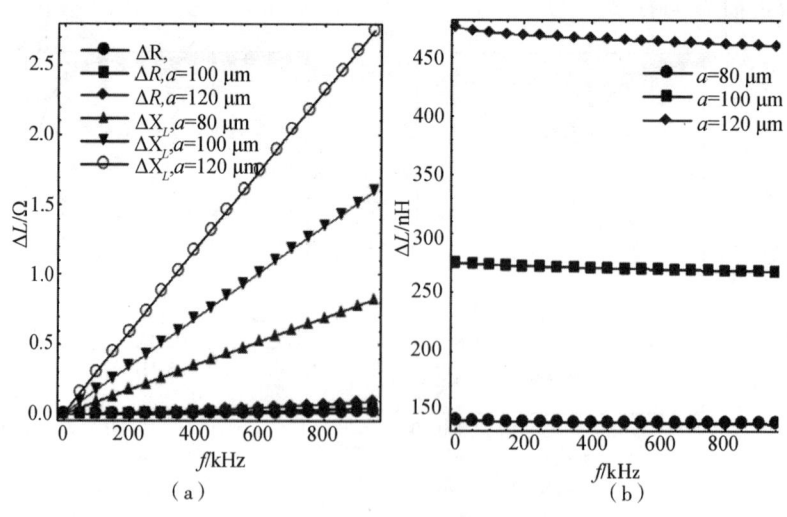

（a）　　　　　　　　　　（b）

图 8-24　螺线管式芯片对铁磁金属颗粒的频率-阻抗特性

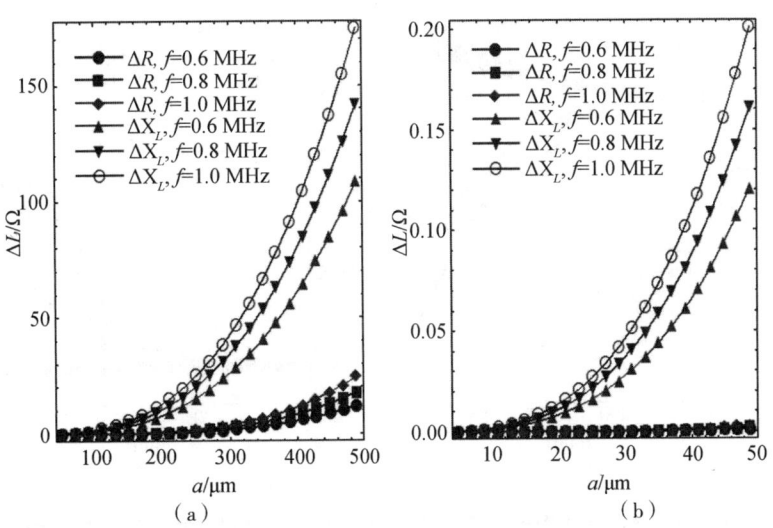

图8-25　螺线管式微流体检测芯片对铁磁金属颗粒的粒径-阻抗特性

②非铁磁金属颗粒检测阻抗输出特性

在不同频率和铜颗粒直径情况下,选择轴向长度为 $w=3$ mm,内径为 $d_1=400$ μm,总匝数为 $N=400$ 匝的线圈进行仿真。图8-26(a)和图8-26(b)表示频率影响下铜颗粒检测阻抗特性,感抗位于 y 轴以下,电阻位于 y 以上,这说明非磁导电颗粒会使得芯片的电阻增大并引起电感的减小。图8-26(a)表示较大铜颗粒的频率特性,图8-27(b)表示较小铜颗粒的频率特性,可以看出较大颗粒的感抗变化量大于电阻变化量,而对于较小颗粒,感抗变化量小于电阻变化量,这说明电阻检测对于较小非铁磁金属颗粒更为有效。图8-27表示芯片检测不同粒径的铜颗粒的阻抗输出特性。图8-27(a)和图8-27(b)分别表示较大和较小铜颗粒的阻抗输出特性,同样可以看出较大颗粒的感抗变化量大于电阻变化量,而对于较小颗粒,感抗变化量小于电阻变化量。

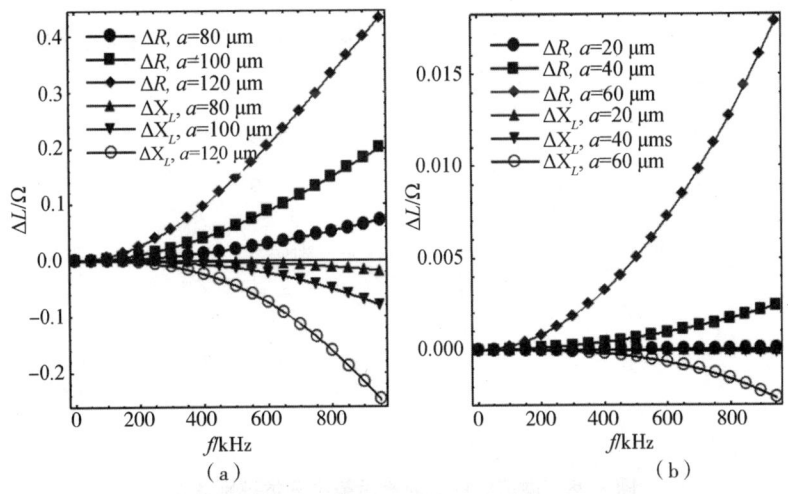

图8-26　螺线管式微流体检测芯片对非铁磁金属颗粒的频率-阻抗特性

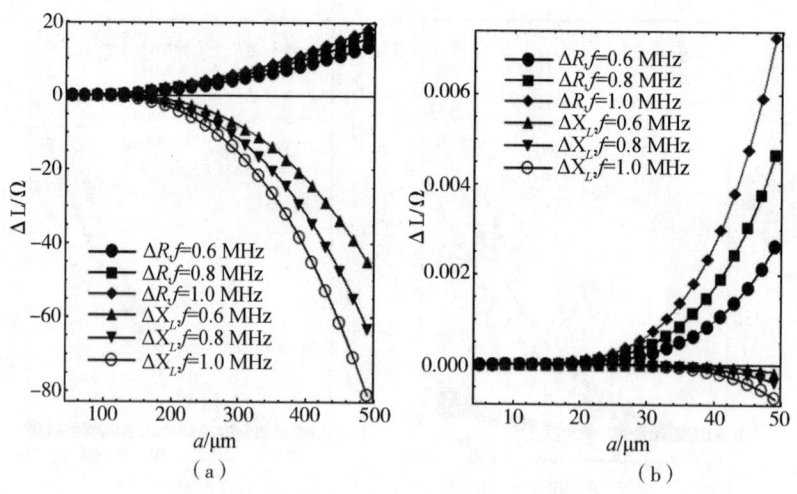

图 8-27　螺线管式微流体检测芯片对非铁磁金属颗粒的粒径-阻抗特性

　　基于金属颗粒磁化特征,上文给出了基于螺线管式对铁磁金属颗粒、非铁磁金属颗粒、非金属颗粒以及微小铁磁金属颗粒质量浓度的阻抗输出模型,通过对铁磁金属颗粒、非铁磁金属颗粒、非金属颗粒以及微小铁磁金属颗粒浓度信号分析,可以看出属性不同的颗粒电阻信号以及电感信号的特征不同,以此可以进行三类颗粒的区分计数和微小铁磁金属颗粒质量浓度的测量。具体方法如图 8-28 所示,首先将待测油液通入制作好的微流体检测芯片,该芯片在外部交变磁场或自激励条件下形成交变磁场来磁化颗粒,颗粒对周边的辐射场反过来影响微流体检测芯片中的阻抗状态;通过阻抗分析手段捕捉颗粒引起芯片中阻抗波动以及大量颗粒导致芯片阻抗的持续性变化,得到芯片阻抗的电感分量和电阻分量;用信号处理方法提取电感信号和电阻信号中的脉冲信号和低频信号分离;其中高频部分指示的是单颗粒计数和粒度信息,低频电感部分指示油液中铁磁颗粒浓度,低频变化的电阻指示非铁磁颗粒质量浓度与分布的某种关系,从而根据信号的特征来区分颗粒的属性,进行粒度计算、分类并进行粒度分布统计。

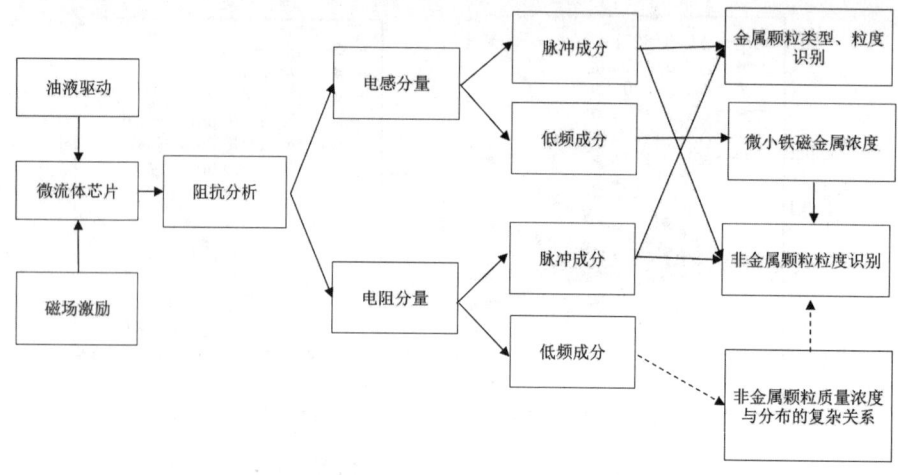

图 8-28　微流体检测油液污染物分类识别体系

（3）平面电感式芯片油液污染物区分检测研究

①铁磁金属颗粒检测阻抗输出特性

大量的实验结果表明,颗粒经过平面电感线圈时,电感的峰值出现在颗粒经过线圈轴线时,以此为基础构建阻抗响应最大时球形颗粒与平面电感线圈的电磁学系统。由于实际的平面电感线圈为平面螺旋形,并且具有一定的厚度,因此本模型将平面电感线圈等效为一组同心环,它们与平面螺旋线具有相同的线宽和厚度,相邻圆环间距与平面螺旋线的螺距相等,等效之后的平面线圈由半径成等差数列的同心电流环构成,并且总电感由每圈电感串联而成,设每个电流环通过的电流相同,都为 I,如图 8-29 所示。

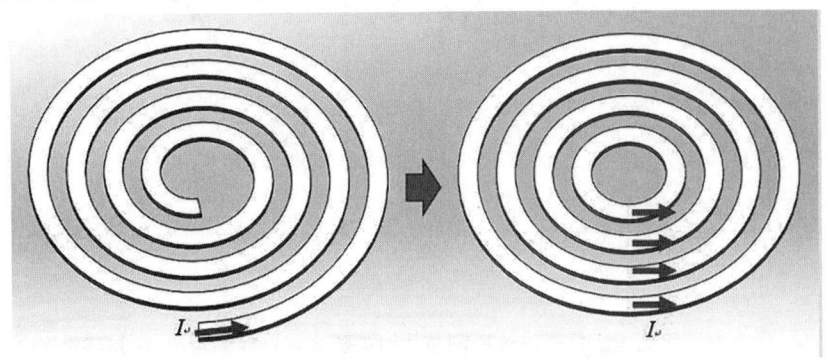

图 8-29　平面电感线圈等效示意图[41]

在不同频率和铁颗粒粒径情况下,选择最内部线圈半径为 74 μm,线间距为 74 μm,总匝数为 $N=50$ 匝的微流体检测芯片平面电感线圈进行仿真。图 8-30(a)为频率影响下铁磁性金属引起的阻抗峰值大小,可以看出无论大小颗粒,阻抗中感抗的变化量远大于电阻的变化量,并且电感受到频率的影响很小,如图 8-30(b)所示,这与螺线管式油液检测芯片表现的规律一致。图 8-31 所示为芯片检测不同粒径的铁磁颗粒的阻抗输出特性,图 8-31(a)和图 8-31(b)分别表示铁磁颗粒的阻抗输出特性,对于同一颗粒,感抗变化量远大于电阻变化量。

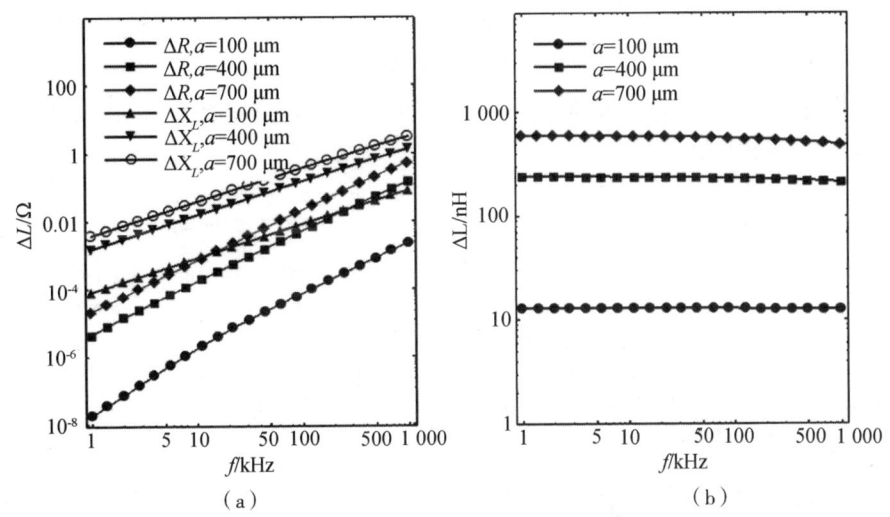

(a)　　　　　　　　(b)

图 8-30　平面电感式微流体检测芯片对铁磁金属颗粒的频率-阻抗特性

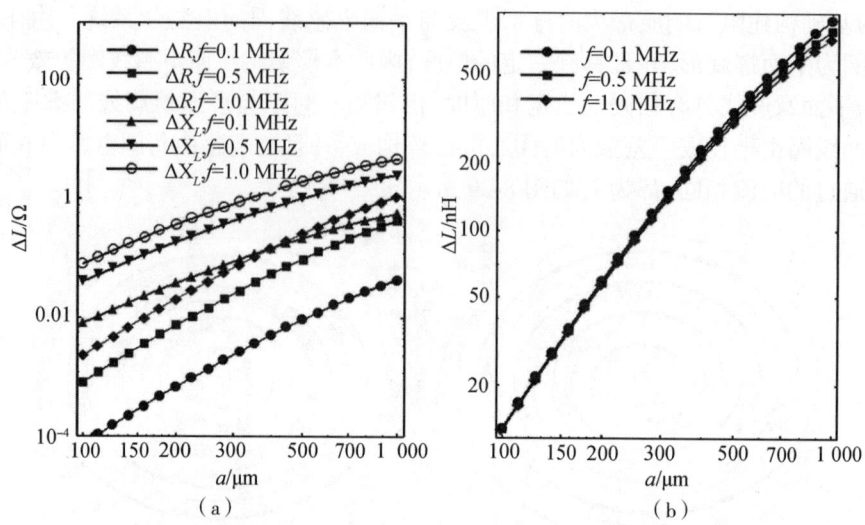

图 8-31　平面电感式微流体检测芯片对铁磁金属颗粒的粒径-阻抗特性

②非铁磁金属颗粒检测阻抗输出特性

在不同频率和铜颗粒粒径情况下,选择最内部线圈半径为 74 μm,线间距为 74 μm,总匝数为 $N=50$ 匝的微流体检测芯片平面电感线圈进行仿真。图 8-32(a)和图 8-32(b)所示是频率影响下铜颗粒检测阻抗特性,图中的电感和感抗均乘以-1,将计算结果转为正数。计算结果显示感抗小于零同时电阻大于零,这说明非磁导电颗粒会使得芯片的电阻增大,电感减小。图 8-32(a)所示是铜颗粒在不同激励频率下引起的感抗和电阻的变化,可以看出对于相同粒径的铜颗粒,电阻线与感抗线总能相交,在交点之前电阻更大,而在交点之后感抗更大,并且交点随着颗粒度的减小而向着频率大的方向移动,这说明对于粒径一定的颗粒,激励频率较低时应考虑采用电阻检测,而较高时应采用电感观测方法。图 8-32(b)所示为铜颗粒在不同激励频率下引起电感的变化,从图中可以看出随着频率的增大,电阻和电感在增大中都有一个斜率明显减小的过程,这是由于随着激励频率的增大,铜的趋肤深度逐渐减小,内部产生的涡流由尺寸限制转为电阻率限制。

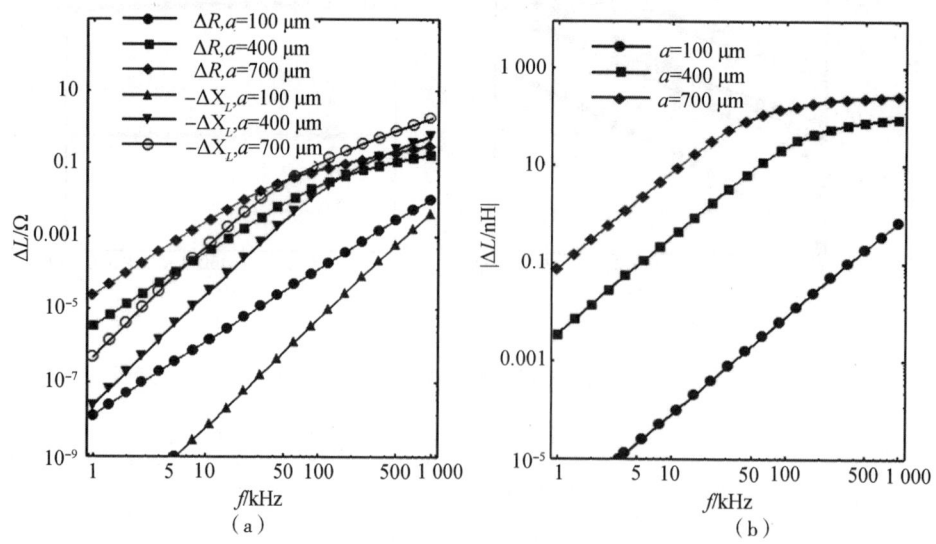

图 8-32　平面电感式微流体检测芯片对非铁磁金属颗粒的频率-阻抗特性

图 8-33 所示为芯片检测不同粒径的铜颗粒的阻抗输出特性,图 8-33(a)和图 8-33(b)分别表示铜颗粒的阻抗输出特性,感抗和阻抗的数量级差不多,同样可以看出较大颗粒的感抗变化量大于电阻变化量,而对于较小颗粒,感抗变化量小于电阻变化量,该规律同螺线管式测量铜颗粒是一致的,因此电阻检测是对于较小非铁磁金属颗粒检测的有效方法。

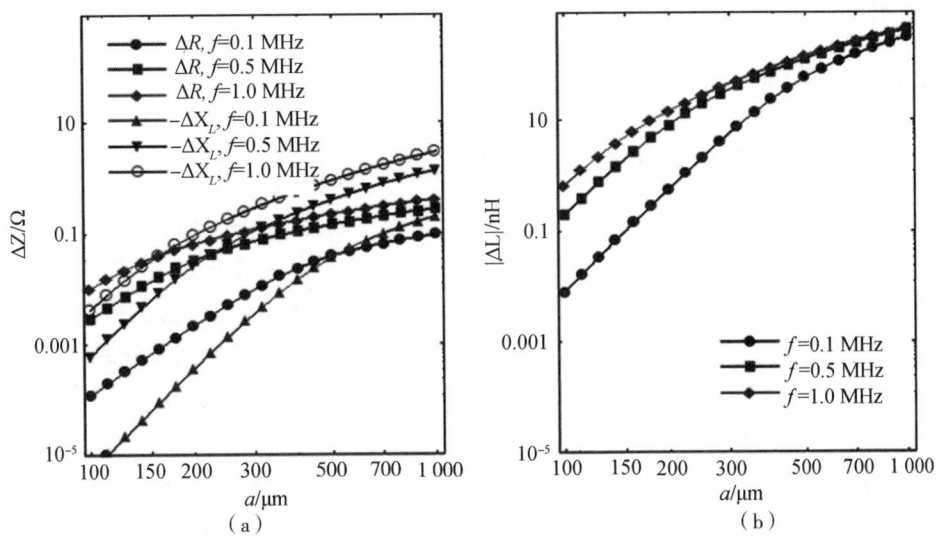

图 8-33　平面电感式微流体检测芯片对非铁磁金属颗粒的粒径–阻抗特性

第 2 节　颗粒材质微流体检测

8.2.1　油液主要污染物及其危害

　　油液分析检测中的油液主要指的是工业润滑系统中的油液,包括润滑油、液压油、齿轮箱油、绝缘油、透平油、各种轻油及重油等油液。不同工况、不同作用的油液污染物不尽相同,但这些油液中的污染物按照主要来源可分为:系统制造过程中残留的杂质,系统运行时器件摩擦产生的污染物,由于密封不严而进入系统的外界污染物。根据污染物的存在形式,可以分为固体颗粒污染物、空气污染物、水分污染物。本节以液压系统为例,介绍液压油油液的主要污染物及其危害。

　　固体颗粒污染物主要来源于制造时残留,以及运行时零件摩擦产生和外界侵入。固体颗粒主要包括尘土、金属磨粒、焊渣、碳渣、有机沉淀物等,具有以下危害:①液压元件表面磨损加剧,致使系统泄漏量增大;②颗粒导致液压系统执行单元运动速度降低、响应慢、效率低下、承载能力下降;③系统运行状态不稳定,可能出现阀芯卡死、电磁线圈烧毁等一系列故障。

　　水分污染物主要来源于系统密封不严,导致外界水分侵入。液压油中的水分以乳化液的形式存在,具有以下危害:①乳化液极易生成油垢,大量的油垢会堵塞滤油器、油泵、腔孔、导管等液压单元;②油液中的水分会加速油液变质;③水分的存在会导致油液腐蚀性能提升,加剧液压油对系统的腐蚀作用。

空气污染物主要来源于系统密封不严,导致外界空气侵入。液压系统中空气以溶解、游离、气泡三种状态存在,具有以下危害:①空气是产生气穴现象的根本原因,气穴会使液压系统油腔遭受不同程度的破坏;②液压泵工作效率降低,致使液压系统耗能增加;③产生振动和噪声等方面问题。

8.2.2 颗粒材质微流体检测方法

8.2.2.1 油液中固体颗粒检测技术

油液中固体颗粒检测技术主要有铁谱分析法、光谱分析法和超声波检测法。

铁谱分析法最早由美国科研人员于 20 世纪 70 年代提出,我国于 20 世纪 80 年代引进该技术。铁谱分析法的基本原理为:抽取少量正在运行设备的油液(主要为润滑油),并对油液进行相应的预处理操作,在高梯度强磁场的作用下,油液中的金属磨粒逐步分离并沉积在透明的玻璃基片上,形成铁谱分析片。将铁谱分析片放置在显微镜下观察,获得磨粒的形貌、大小、数量等信息,根据摩擦学原理,实现机械运行状态的检测、故障预防与诊断。

光谱分析法是油液检测的一种重要方法,可用于油液中固体颗粒的现场快速定量分析。光谱分析法的检测原理为:对原子的吸收或者发射光谱进行分析,从而获得油液中金属颗粒的成分和数量等信息,进而实现机械故障的定位和磨损程度的判断。但光谱检测受自身检测原理的限制,一般只适用于 10 μm 以下的固体颗粒的检测,检测结果可反映颗粒群体特征,无法对单个颗粒的形貌进行分析。

超声波检测法通过超声波振子向油液中发射超声波脉冲,并设有接收装置,根据接受的超声波返回信号,对油液中的颗粒进行判断。该方法的原理简单,但是检测精度较低。超声波作为一种机械波,具有一定的能量,该能量足以使油液中的一些固体磨粒分裂成多个更小的磨粒,这样会造成油液二次污染。

8.2.2.2 油液中水分检测技术

油液中水分检测技术主要有蒸馏法、卡尔·费休法、红外光谱法、介电常数法。蒸馏法是最经典的油液中水分定量实验室分析方法。其将油样与无水试剂进行混合,并进行水分的蒸馏、冷凝收集等操作,对收集的水进行体积计算,实现油液中水分含量的检测。该方法要求无水试剂具有较高的馏分,综合考虑到安全和效率等多种因素,通常选用纯度为 95% 以上的异辛烷作为溶剂载体。蒸馏法具有实验装置简单、成本低、检测结果比较准确(检测下限可达 300 mg/L)等优点,但是该方法依赖于实验室大型检测设备,无法进行现场实时监测。此外,水蒸气的蒸发和冷凝需要大量的时间,因此该方法的检测效率不高。

卡尔·费休法又称库伦法,是实验室进行油液中水分检测的最普遍方法。该方法通过油液中水分与二氧化硫、碘等发生反应,根据法拉第定律计算,实现油液中水分检测。该方法具有较高的检测效率,据相关报道,测量相同体积的油样,卡尔·费休法所需的时间仅为蒸馏法的 1/12。

红外光谱法是一种较为成熟的油液中水分检测方法,目前已有基于红外光谱法进行油液中水分检测的便携式设备。该方法适用于含量超过 0.1% 的水分检测。运用该方法进行水分检测时,为提高检测结果的准确性,应对油样进行预处理。油液中金属杂质或其他污染物均会对检测结果产生影响。因此对油样进行过滤、添加稳定剂等预处理,会使检测的效率和检测结果精度有很大程度的提高。

基于介电常数测量的油液中水分检测方法可分为电容法、电磁波谐振微绕法、射频法等。其中电容法是将介电常数的变化以电容的形式显示出来。当油液中的含水量变化时,介电常数也会发生改变(油液的相对介电常数为2.6,水的相对介电常数为80),因此电容值也会发生改变。电容传感器结构简单、布置灵活、反应灵敏,因此在油液水分检测技术中应用比较广泛。

8.2.2.3　油液中空气检测技术现状

目前专门针对油液中空气检测的相关研究较少。在化工领域,有专门针对液相中气泡群的检测,包括相位多普勒测量技术、图像分析技术、激光干涉粒子成像技术、毛细管吸入探针技术等。相位多普勒测量技术的操作较为烦琐,毛细管吸入探针技术会使探针周围的流场发生改变,因此均未得到广泛应用。图像分析技术使用高分辨率相机对液体进行拍照,对照片中的气泡进行识别,该方法的精度不高,且工作量较大,目前也未得到广泛应用。针对油液中微气泡的相关研究将会探究油液中空气杂质对油液的影响,也将推动油液中空气检测技术的发展。

第3节　微流体检测优化

8.3.1　灵敏度优化

微流体检测技术中,最重要的是芯片整体的设计以及芯片中传感单元的设计,而灵敏度作为衡量检测单元的一个重要指标,也突出了它的重要性。因此对检测芯片灵敏度的优化也非常重要,而常见的检测芯片的灵敏度优化主要有以下几种方法:改变芯片中的电路、增加磁通量、优化检测微通道和改变线圈结构。

8.3.1.1　谐振

在具有电阻R、电感L和电容C元件的交流电路中,电路两端的电压与其中电流相位一般是不同的。如果调节电路元件(L或C)的参数或电源频率,可以使它们相位相同,整个电路呈现为纯电阻性。电路达到这种状态称为谐振。在谐振状态下,电路的总阻抗达到极值或近似达到极值。研究谐振的目的就是要认识这种客观现象,并在科学和应用技术上充分利用谐振的特征,同时又要预防它所产生的危害,谐振电路如图8-34所示。

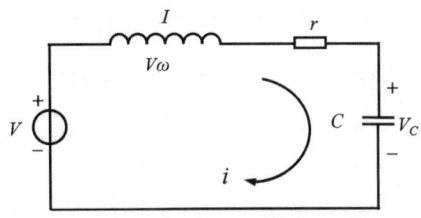

图8-34　谐振电路

在谐振状态下,电路的总阻抗达到极值或近似达到极值,可分为串联谐振和并联谐振两种。①串联谐振:当串联回路电抗等于零时,称电路发生了串联谐振,RLC 串联谐振电路如图 8-35 所示。串联谐振电路串联谐振时等效阻抗最小,阻抗为纯电阻。串联电阻的大小虽然不影响串联谐振电路的固有频率,但有控制和调节谐振时电流和电压幅度的作用。②并联谐振:如图 8-36 所示电路为 GLC 并联谐振,是另一种典型的谐振电路。并联谐振的定义与串联谐振的定义相同,即端口上的电压 U 与输入电流 I 同相时的工作状况称为谐振。由于发生在并联电路中,所以称为并联谐振。

在谐振式芯片电路设计中,芯片的传感检测区域为双线圈螺线管缠绕覆盖的直通道区域,在双线圈与电容并联后其等效电路原理如图 8-37 所示,双线圈可等效为两个并联的电感与一个电阻串联,以此来实现对经过微通道物质的检测。

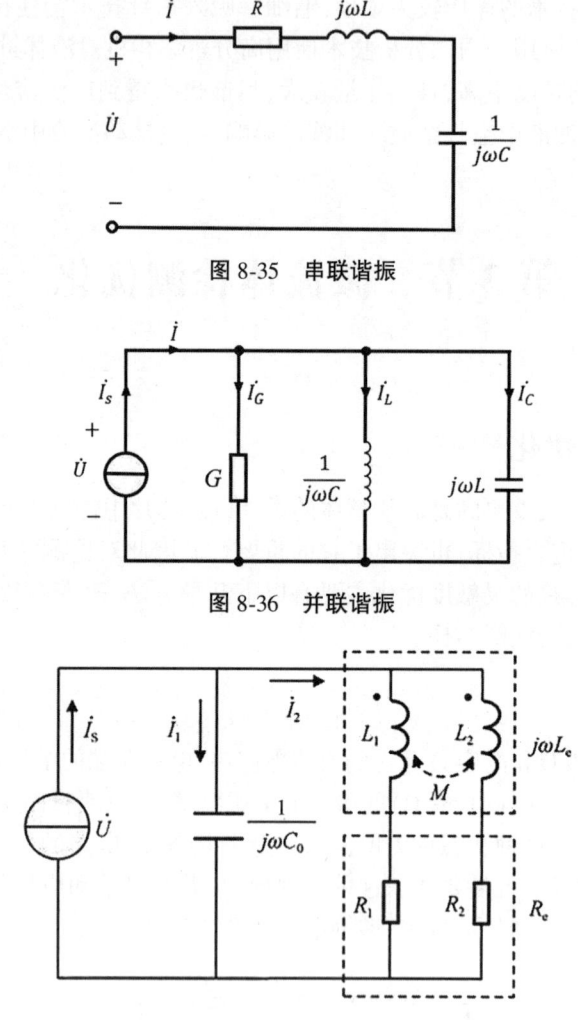

图 8-35　串联谐振

图 8-36　并联谐振

图 8-37　谐振式芯片检测原理图

8.3.1.2　滤波电路

当流过电感的电流变化时,电感线圈中产生的感应电动势将阻止电流的变化。当通过电感线圈的电流增大时,电感线圈产生的自感电动势与电流方向相反,阻止电流的增大,同时将一部分电能转化成磁场能存储于电感之中;当通过电感线圈的电流减小时,自感电动势与电流方向相同,阻止电流的减小,同时释放出存储的能量,以补偿电流的减小。因此经电感滤波后,不但负载电流及电压的脉动减小,波形变得平滑,而且整流二极管的导通角增大。

常用的滤波电路有无源滤波和有源滤波两大类。若滤波电路元件仅由无源元件(电阻、电容、电感)组成,则称为无源滤波电路。无源滤波的主要形式有电容滤波、电感滤波和复式滤波(包括倒 L 型滤波、LC 型滤波、LC π 型滤波和 RC π 型滤波等)。若滤波电路不仅由无源元件,还由有源元件(双极型管、单极型管、集成运放电路)组成,则称为有源滤波电路。有源滤波的主要形式是有源 RC 滤波,也被称作电子滤波器。

(1)无源滤波电路

无源滤波电路的结构简单,易于设计,但它的通带放大倍数及截止频率都随负载而变化,因而不适用于信号处理要求高的场合。无源滤波电路通常用在功率电路中,比如直流电源整流后的滤波,或者大电流负载时采用 LC(电感、电容)电路滤波。

(2)有源滤波电路

有源滤波电路的负载不影响滤波特性,因此常用于信号处理要求高的场合。有源滤波电路一般由 RC 网络和集成运放电路组成,因而必须在合适的直流电源供电的情况下才能使用,同时还可以进行放大。但电路的组成和设计也较复杂。有源滤波电路不适用于高电压大电流的场合,只适用于信号处理。根据滤波器的特点可知,电压放大倍数的幅频特性可以准确地描述该电路属于低通、高通、带通还是带阻滤波器,因而如果能定性分析出通带和阻带在哪一个频段,就可以确定滤波器的类型。

(3)识别滤波器的方法

若信号频率趋于零时有确定的电压放大倍数,且信号频率趋于无穷大时电压放大倍数趋于零,则为低通滤波器;若信号频率趋于无穷大时有确定的电压放大倍数,且信号频率趋于零时电压放大倍数趋于零,则为高通滤波器;若信号频率趋于零和无穷大时电压放大倍数均趋于零,则为带通滤波器;若信号频率趋于零和无穷大时电压放大倍数具有相同的确定值,且在某一频率范围内电压放大倍数趋于零,则为带阻滤波器。

8.3.1.3　磁通量优化

磁通量是描述磁场分布情况的物理量,简称磁通(Magnetic flux)。通过某一平面的磁通量的大小,可以用通过这个平面的磁感线的条数的多少来形象地说明。在同一磁场中,磁感应强度越大的地方,磁感线越密。因此,B 越大,S 越大,磁通量就越大,意味着穿过这个面的磁感线条数越多。过一个平面若有方向相反的两个磁通量,这时的合磁通为相反方向磁通量的代数和(即相反合磁通抵消以后剩余的磁通量)。

在微流体检测芯片中,最主要的部分是芯片中传感器的设计以及制作,而传感器制作的材料多数以金属线圈作为原材料,并且通过外加电源使得线圈内部通过电流,因而产生磁场来对微通道内通过的颗粒进行检测。因此,改变磁通量的办法包括:

(1)改变仪器的激励频率以及激励电压。

(2)增加线圈的绕线匝数。

(3)在线圈内部或外部增加导磁性或者顺磁性物质。

(4)选择合适横截面的线圈。

(5)增大磁场强度。

8.3.1.4　检测流道优化

关于微通道的定义,较为严格的方法主要有两种,分别由 Mehendale 和 Kandlikar 等提出。按照通道的水力直径尺寸划分:认为水力直径在 1~100 μm 内的通道为微通道(Micro-channels);水力直径在 100 μm~1 mm 内的通道为细通道(Meso-channels);水力直径在 1~6 mm 内的通道为紧凑通道(Compact passages)。基于制造的约束和克努森数 K_n 划分:认为水力直径在200 μm~3 mm 内的通道为小通道(Mini-channels);水力直径在 10~200 μm 内的通道为微通道(Micro-channels)。将流体通道的当量直径小于 500 μm 的微型换热器称作微通道换热器。当表面张力的影响发生作用时的通道为微通道,在该状态下通道的水力直径小于几个毫米。有相变传热时,随着当量直径的减小,管道或槽道内的流动和换热现象表现出显著的尺度效应,因而将当量直径小于 3 mm 的通道都称作微通道,或者微细通道。微通道与传统通道的不同,主要是由于通道的当量直径不同。虽然微通道在文献中的定义方法不同,但是通常认为当量直径在 1~1 000 μm 范围内的流体通道或管道都可称作微通道。

由于尺寸方面的要求,微通道必须使用更加精密的技术对材料进行加工制造。常见的微尺度加工技术有四大类:IC(集成电路)技术,这是一种传统的微尺度加工技术;激光刻蚀结合电镀和注塑加工(LIGA)技术,这是一种比较先进的加工技术;其他工艺技术,如离子束、电子束和扫描隧道显微镜技术等;准分子激光加工技术,这是最新的微细加工技术。微通道的用途不同,所使用的材料也不同,常见的金属材料有铜、不锈钢、铝和钛,半导体材料如硅等,也有的微通道使用陶瓷、塑料等制作而成。微通道叠层之间的结合通常需要承受一定的压力,现有的技术包括扩散焊、电子束焊和激光焊接等。在微流体检测芯片中,微流道在整个芯片中也扮演着重要的角色,微流道的优化可以分为以下类型:

(1)环形流道

研究表明,在颗粒从线圈内孔中心向内孔边缘移动的过程中电感和电容信号幅值都逐渐增大,且颗粒在内孔边缘处时信号幅值最大。对现有芯片微流道进行优化,选用了紧贴线圈内孔边缘的环形流道来提高检测精度,其流道设计如图 8-38 所示[43]。

图 8-38　环形流道[43]

相比于未优化的原微流道,环形流道不仅不会降低芯片的检测精度,还将流道横截面积增大,从而在相同检测流速下,将检测通量增大为原先的数倍。

(2)竖直式流道

传统的检测芯片一般采用的是水平式流道,如图 8-39 所示,即检测流道与地面保持水平。在流道中,金属颗粒主要受主流驱动力、重力和通道壁面反作用力。由于待测油液密度在 900 kg/m³ 左右,而金属颗粒物的密度远大于油液(铁的密度为 7 900 kg/m³,铜的密度为

8 900 kg/m³），因此在流道中金属颗粒受重力影响较大。这种现象会造成污染物在流道中沉积甚至堵塞，导致芯片无法正常工作。

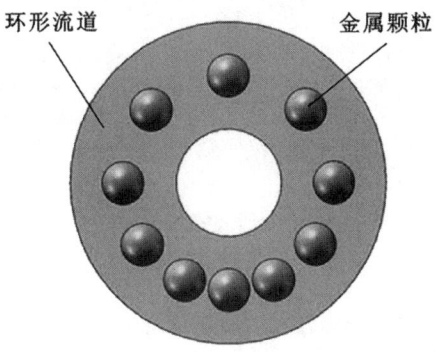

图 8-39　水平式流道颗粒分布[43]

如选用与地面保持垂直的竖直式流道，将油液从上往下注入流道，此时颗粒所受主流驱动力和重力方向一致，颗粒可以相对均匀地通过环形流道各区域，流道中的颗粒径向分布如图8-40 所示。环形流道采用竖直式可以降低油液中的污染物在流道壁上的黏附概率，可以减小检测误差。

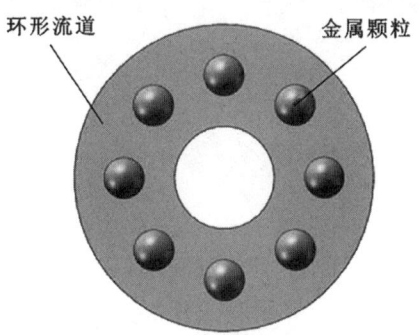

图 8-40　竖直式流道颗粒分布[43]

8.3.1.5　线圈结构优化

基于电感原理的螺线管型传感器属于非接触测量方式，制作简单、检测精度较高，可以实现磨粒的在线、实时和连续监测。在前期工作中，通过改变螺线管型传感器的匝数、线径、流道直径等参数，使单线圈螺线管型传感器的检测能力得到很大提升，但是传统单线式螺线管型传感器自身电感较大，在检测较小颗粒时，检测信号的信噪比较小，致使检测信号被噪声信号湮灭。因此，若使螺线管型传感器的检测能力进一步提高，只能减小其基础电感。因此，在微流体检测芯片中选用多线圈结构，可以发现，多线圈结构可以很好地提高检测芯片的灵敏度。多线圈结构包括以下几种结构：

（1）双线式螺线管线圈

如图 8-41 所示，双线式螺线管型线圈就是在微流道上同时缠绕两组线圈，利用两组线圈间的等效电感产生的新磁场来对金属颗粒进行检测。

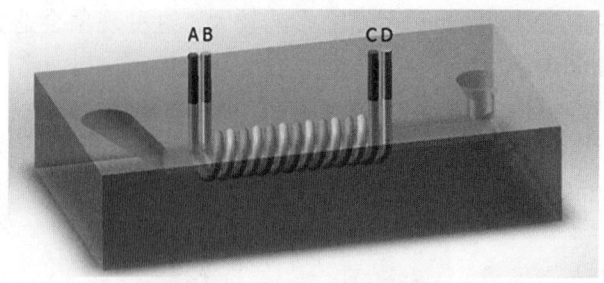

图 8-41 双线式螺线管线圈[44]

（2）双平面线圈

双平面线圈如图 8-42 所示，该传感器的检测单元主要由 2 个嵌入通道两侧的单层电感线圈组成，2 个单层线圈正对排布在直通道两侧，从而使直通道从 2 个单层电感线圈中间穿过（微通道径向位置待定）。

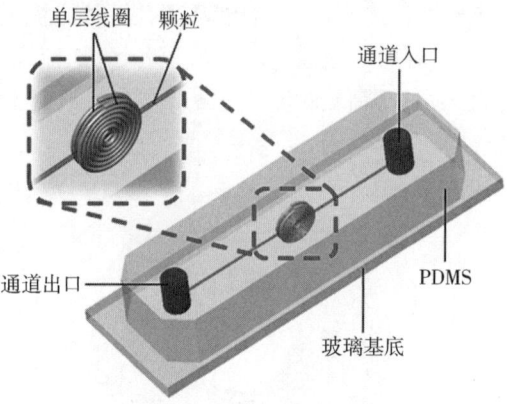

图 8-42 双平面线圈[42]

（3）双螺线管套管结构传感器

双螺线管套管结构传感器如图 8-43 所示，主要由 1 个微流道和位于微流道外部的检测单元组成。

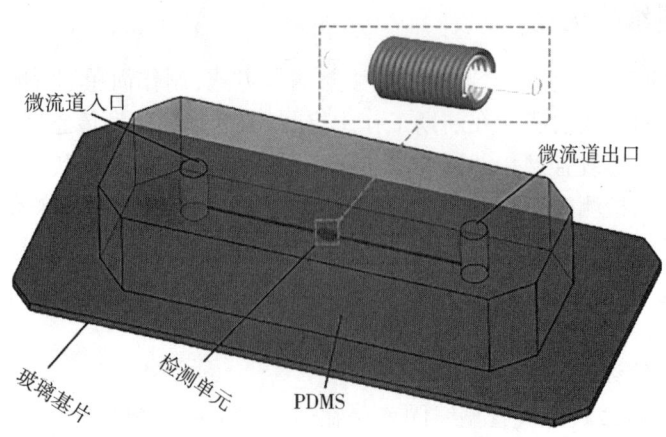

图 8-43 双螺线管套管结构传感器[45]

(4)双螺线管结构传感器

双螺线管结构传感器如图 8-44 所示。该传感器由 2 个平行放置的多层螺线圈和微通道组成,螺线管线圈通交流电时,线圈内部会产生交变的电磁场。金属颗粒在交变的电磁场中会产生涡流效应,当铁磁性颗粒通过线圈内部电磁场时,颗粒会被磁化,其磁化效应远大于金属颗粒自身产生的涡流效应。铁磁性颗粒磁化后会产生新的磁场,且磁场方向与原磁场方向相同,增大螺线管线圈的等效电感值。非铁磁性颗粒通过时,涡流效应显著,根据楞次定律,感应电流所生的磁场总是阻碍原有磁通量的变化,因此产生与原磁场方向相反的磁场,减小螺线管线圈的等效电感值。将传感器切换到电容检测时,整个传感单元可以以电容检测来区分水滴和空气。

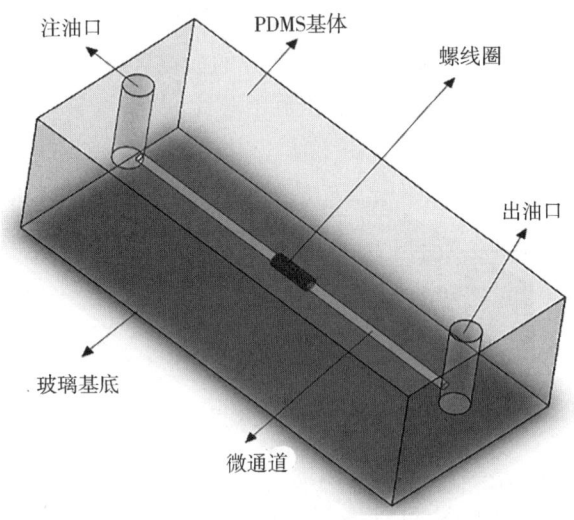

图 8-44 双螺线管结构传感器[46]

8.3.2 高通量优化

对于传统的微流体检测技术,微流体检测芯片中微通道的内径普遍较小,导致在检测时,油液通过微通道的流量也相对较小,这造成对给定容量的样本检测时,检测时间较长,不能实现对给定容量样本的快速检测。因此提高芯片中的检测通量可以提高检测速度,实现对微流体检测技术的优化。

8.3.2.1 多通道并列

目前,微流体检测装置中的微流体检测芯片按照其内含微通道的形状分类,大体可以分为4 类:

(1)T 型微通道,如图 8-45 所示。T 型通道法由 Thorsen[47]最先提出,具体实现方法是在压力和剪切力的作用下,两相互不相溶的液体在 T 型微通道交叉口处相遇时,流动相截断分散相,从而形成液滴。该方法是目前产生微流体检测液滴的最基础方法之一。

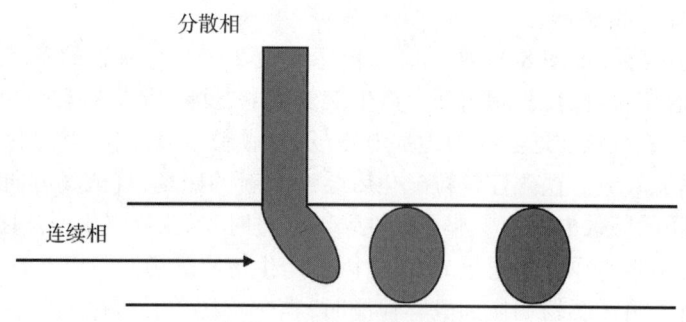

图 8-45　T 型微通道[47]

（2）台阶式微通道,如图 8-46 所示。台阶式微通道就是通过二维方向的台阶与三维方向的空腔之间的结合,形成"2.5D"结构,采用台阶下方的大空腔作为气泡和液滴的收集装置,气泡和液滴生成后脱离台阶,进入空腔,随连续相流出芯片。

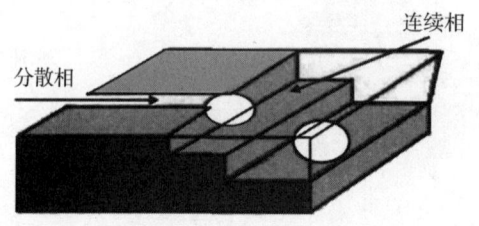

图 8-46　台阶式微通道

（3）流体聚焦式微通道,是一种利用流体动力学原理实现颗粒聚焦和操控的方法。它通过合理设计微通道和流体控制策略,可以将颗粒聚焦在流体流动的中心位置,实现高效的颗粒分离、浓缩和操纵。如图 8-47 所示,流体聚焦式微通道就是将多条微流道或者大尺寸微流道合并到一条微流道的模式,通过将目标液体聚焦在中央通道,同时用副流体来夹持和控制目标液体的流动。在使用流体聚焦式微通道时,最终合并的微流道要注意和颗粒尺寸相适应,同时还需要注意控制副流体的压力,以避免过高或过低的压力导致流体无法聚焦或混合不均。此外副流体和目标液体的流速需要合适的匹配,以确保目标液体能够被完全夹持和控制,并保持稳定的流动。

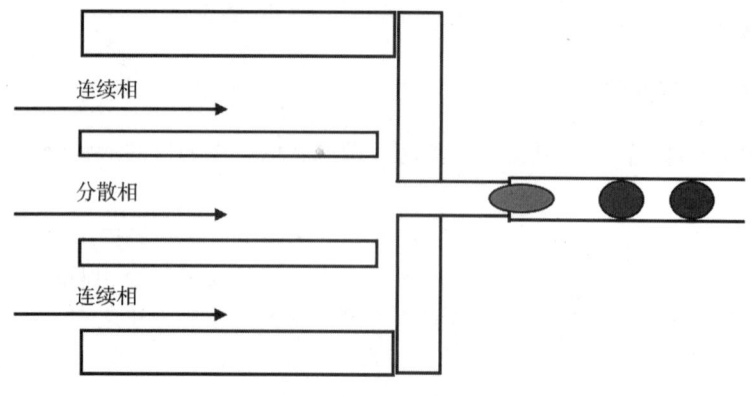

图 8-47　流体聚焦式微通道

（4）Y 型微通道,如图 8-48 所示。Y 型结构是地下油层中常见的一种通道结构,研究气泡在 Y 型微通道中的流动与破裂行为,有助于实现对气泡的精确操控。

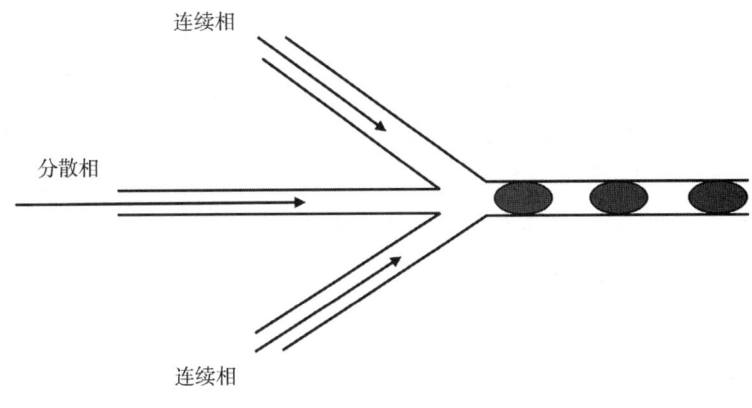

连续相

分散相

连续相

图 8-48　Y 型微通道

8.3.2.2　频分复用

频分复用就是将用于传输信道的总带宽划分成若干个子频带(或称子信道),每一个子信道传输 1 路信号。频分复用要求总频率宽度大于各个子信道频率之和,同时为了保证各子信道中所传输的信号互不干扰,应在各子信道之间设立隔离带,这样就保证了各路信号互不干扰(条件之一)。频分复用技术的特点是所有子信道传输的信号以并行的方式工作,每一路信号传输时可不考虑传输时延,因而频分复用技术取得了非常广泛的应用。频分复用技术除传统意义上的频分复用(FDM)外,还有一种是正交频分复用(OFDM)。

(1)传统意义上的频分复用:FDM(Frequency division multiplexing)典型的应用是网络电视信号的传输,不管是模拟电视信号还是数字电视信号都是如此,因为对于数字电视信号而言,尽管在每一个频道以内是时分复用传输的,但各个频道之间仍然是以频分复用的方式传输的。

(2)正交频分复用:OFDM(Orthogonal frequency division multiplexing)实际是一种多载波数字调制技术。OFDM 全部载波频率有相等的频率间隔,它们是一个基本振荡频率的整数倍,正交是指各个载波的信号频谱正交。OFDM 系统比 FDM 系统要求的带宽要小得多。由于OFDM 使用无干扰正交载波技术,单个载波间无须保护频带,这样使得可用频谱的使用效率更高。另外,OFDM 技术可动态分配在子信道中的数据。为获得最大的数据吞吐量,多载波调制器可以智能地分配更多的数据到噪声小的子信道上。将频分复用与微流体检测技术结合起来,可以有效地提高微流体检测芯片的检测通量,以此来实现微流体检测技术的高通量优化。

8.3.2.3　时分复用

时分复用(TDM:Time division multiplexing)是按传输信号的时间进行分割的,它使不同的信号在不同的时间内传送,将整个传输时间分为多时间间隔(Slot time,TS,又称为时隙),每个时间片被一路信号占用。TDM 就是通过在时间上交叉发送每一路信号的一部分来实现一条电路传送多路信号的。电路上的每一短暂时刻只有一路信号存在。因为数字信号是有限个高散值,所以 TDM 技术广泛应用于包括计算机网络在内的数字通信系统,而模拟通信系统的传输一般采用 FDM。TDM 是以信道传输时间作为分割对象,通过多个信道分配互不重叠的时间片的方法来实现的,因此时分多路复用更适用于数字信号的传输。它又分为同步时分多路复用和统计时分多路复用。采用基带传输的数字数据通信系统,如计算机网络系统、现代移动通信系统等。

由于基带传输系统采用串行传输的方法传输数字信号,不能在带宽上划分。TDM 技术在信道使用时间上进行划分,按一定原则把信道连续使用时间划分为一个个很小的时间间隔,称为时隙,每路信号占据其中的一个时隙来传送。由于时间片的划分一般比较短暂,可以想象成把整个物理信道划分成多个逻辑信道交给各个不同的通信过程来使用,相互之间没有任何影响,相邻时间片之间没有重叠,一般也无须隔离,信道利用率更高。图 8-49 为时分复用信道示意图。

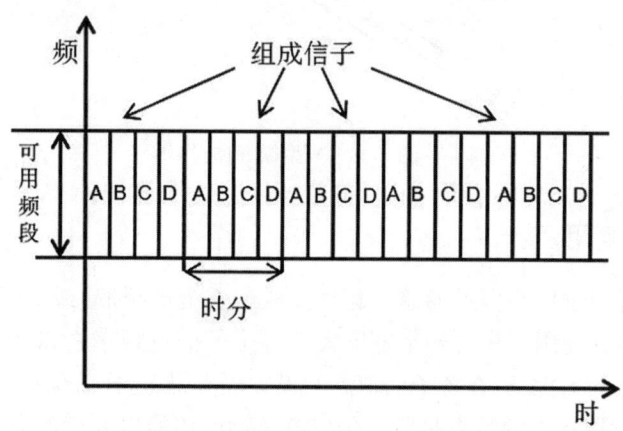

图 8-49　时分复用信道示意图

传统的电路时分复用技术虽然已经成熟,但是由于电子瓶颈的影响,很难进一步提高单根光纤的传输速率。利用电时分复用的方式可以实现单根光纤 10 Gbit/s 的传输速率,德国 SHF 40 Gbit/s 电时分复用器虽然已经商用化,但是由于技术复杂,价格十分昂贵。所以要想进一步提高光通信系统的通信容量,人们把研究的热点集中在了光波分复用(WDM)和光时分复用(OTDM)两种复用方式上。

WDM 是在一根光纤上复用多路不同波长的光信号,在接收端分别对不同波长进行解复用。增益平坦 EDFA 的发展,推动了 WDM 技术的发展,WDM 已经日趋成熟。OTDM 在一根光纤上只传输一个波长的光信号,它首先要求光脉冲必须是 RZ 码,各路光信号通过占用不同时隙复用成一路,即在一路光脉冲之间插入几路相对于第一路具有不同时延的光脉冲,以提高单根光纤的传输速率。WDM 和 OTDM 各有其优点,因此可以预见,WDM 与 OTDM 相结合将更大地提高光通信容量,成为未来光通信发展的一个趋势。同时随着微流体检测技术的发展,时分复用在越来越多的领域中可以与微流体检测技术相结合,将时分复用引入微流体检测芯片电路中,可以有效地提高微流体检测芯片的检测通量,从而实现高通量的优化,为高通量微流体检测提供了新的方法。

本章小结

微流体检测芯片主要应用于机械工业中的流体系统,是实现液压系统、气动系统以及油液润滑系统等流体系统故障诊断和状态监测的关键,而流体多参数的监测在很大程度上依靠于颗粒检测和计数实现。本章从颗粒检测和计数方法出发,详细介绍了微流体检测芯片在颗粒检测和颗粒计数领域的应用现状,为读者系统地介绍了相关专业知识。本章分为颗粒检测(计数)方法、颗粒材质微流体检测和微流体检测优化三部分。第一部分介绍了声学检测、光学检测、电学检测等颗粒检测计数方法,其中重点阐述了当前流行的电学检测方法。第二部分包括油液固体污染物检测方法、油液水分污染物检测方法和油液中空气检测方法。最后介绍了微流体检测的优化,包括灵敏度优化和高通量优化,其中针对灵敏度的优化主要包括谐振电路、磁通量、检测流道的优化和线圈结构的优化,高通量优化主要包括多通道并列、频分复用以及时分复用技术。

参考文献

[1] 许少平. 液压系统中的固体颗粒污染及控制[J]. 安徽工学院学报, 1997, 16(4): 51-54.

[2] ZAREPOUR H, YEO S H. Single abrasive particle impingements as a benchmark to determine material removal modes in micro ultrasonic machining [J]. Wear, 2012, 288:1-8.

[3] 冯鹏, 汤斌, 赵敬晓, 等. 基于米氏散射理论的水中悬浮颗粒物散射特性计算[J]. Laser & Optoelectronics Progress, 2015, 52(1): 13001.

[4] 李川. 基于数字显微图像处理的油液污染度测试系统的研究[D].重庆:重庆大学,2004.

[5] 张勇, 朱瑞祥, 刘水长, 等. 基于图像识别的润滑油磨粒监测技术[J]. 拖拉机与农用运输车, 2008, 35(2): 91-93.

[6] 姜鸣燕. 基于图像处理的油液污染度检测技术的研究[D].哈尔滨:哈尔滨工业大学,2011.

[7] 郭晓敏. 基于显微图像的颗粒计数方法研究[D].杭州:浙江大学,2014.

[8] 郝延龙. 基于微流体与图像识别技术的润滑油磨粒分析方法[D].大连:大连海事大学,2017.

[9] 韦丽莉. 基于计算机图像分析的油液污染度测试方法研究[J]. 环境科学与管理, 2018, 43(8): 101-105.

[10] ITOMI S. Oil condition sensor: U.S. Patent 7,151,383[P]. 2006-12-19.

[11] COULTER W. Means for counting particles suspended in a fluid: U.S. Patent, US 2656508

[P].1953.

[12] HASSAN S, NIGHTINGALE A M, NIU X. Micromachined optical flow cell for sensitive measurement of droplets in tubing [J]. Biomedical microdevices, 2018, 20(4):1-9.

[13] CARMINATI M, CICCARELLA P, SAMPIETRO M, et al. Single-chip CMOS capacitive sensor for ubiquitous dust detection and granulometry with sub-micrometric resolution[C]. Ita: Springer, 2018: 8-18.

[14] ERNST A, STREULE W, SCHMITT N, et al. A capacitive sensor for non-contact nanoliter droplet detection [J]. Sensors and actuators a-physical, 2009, 153(1): 57-63.

[15] SUN D, YAN Y, CARTER R M, et al. Detecting the presence of large biomass particles in pneumatic conveying pipelines using an acoustic sensor [C].USA: IEEE, 2013: 06-09.

[16] 冒慧杰,左洪福,黄文杰,等.航空新型静电传感器建模与标定实验[J].航空学报,2016, 37(07):2242-2250.

[17] FARAN JR J J. Sound scattering by solid cylinders and spheres[J]. The journal of the acoustical society of America, 1951, 23(4): 405-418.

[18] HICKLING R. Analysis of echoes from a solid elastic sphere in water[J]. the journal of the acoustical Society of America, 1962, 34(10): 1582-1592.

[19] 李继凯, 李林功, 刘秀平, 等. Gausian 分布表面超声背向散射的研究[J]. 河南师范大学学报:自然科学版, 1999, 27(1): 30-32.

[20] 明廷锋, 朴甲哲, 张永祥. 刚性球形微粒在超声波聚焦区内的散射[J]. 无损检测, 2004, 26(5): 225-228.

[21] 甄晓晖, 王明泉, 葛晶晶. 小波分析在超声回波信号处理中的应用[J]. 机械工程与自动化, 2009 (6): 50-52.

[22] 李楠, 王聚河, 黄文松. 基于改进 Morlet 小波的超声回波信号处理[J]. 现代电子技术, 2012, 35(21): 49-51.

[23] KUO W F, SUN Y N. Watershed segmentation with automatic altitude selection and region merging based on the markov random field model[J]. International journal of pattern recognition and artificial intelligence, 2010, 24(01): 153-171.

[24] NEMARICH C P, WHITESEL H K, SARKADY A. One-line wear-particle monitoring based on ultrasonic detection and discrimination[J]. Materials evaluation, 1992, 50(4): 525-530.

[25] 黄安雅, 陈兆能, 朱继梅. 人工神经网络在铁谱技术磨粒识别中的应用[J]. 传动技术, 1997 (1): 42-46.

[26] 宋延勇, 苏明旭, 蔡小舒, 等.刚性颗粒声散射计算的边界元法实现[J]. 过程工程学报, 2009 (s2): 107-111.

[27] 李艳军, 左洪福, 吴振锋. 基于磨粒显微形态分析的发动机磨损状态监测与故障诊断技术[J]. 应用基础与工程科学学报, 2000, 8(4): 431-437.

[28] 严志军, 程东, 朱新河, 等.基于模糊神经网络的磨粒识别专家系统[J]. 中国设备工程, 2002 (6): 40-42.

[29] 亓霞, 吴明赞. 基于模糊 ISODATA 的柴油机磨粒模式识别[J]. 系统工程理论方法应用, 2003, 12(2): 182-185.

[30] NUNTHAVARAWONG P. Comparative study on wear particle colour classifications using vari-

ous machine learning algorithms[J]. Applied mechanics and materials, 2014, 619: 347-351.

[31] 关晓颖, 陈果, 王洪伟. 基于改进遗传算法的磨粒图像识别特征选取[J]. 信息与电脑, 2021, 33(11): 45-50.

[32] 李兵, 张培林, 任国全, 等. 基于数学形态学的分形维数计算及在轴承故障诊断中的应用[J]. 振动与冲击, 2010, 29(5): 191-194.

[33] 吴黎, 田贤忠. 模糊散度理论在铁谱磨粒识别中的应用[J]. 仪器仪表学报, 2005 (z1): 660-662.

[34] PENG Y, WU T, CAO G, et al. A hybrid search-tree discriminant technique for multivariate wear debris classification[J]. Wear, 2017, 392: 152-158.

[35] 钟新辉, 李少如, 费逸伟, 等. 基于支持向量机的磨粒识别[J]. 数学的实践与认识, 2008, 38(5): 54-57.

[36] 石宏, 张帅. 基于自适应支持向量机的磨粒识别技术研究[J]. 科学技术与工程, 2012, 12(32): 8543-8552.

[37] 王晓雷, 朱煜, 杨志伊. 磨屑定量检测技术的新发展: 铁磁颗粒定量仪[J]. 润滑与密封, 1996, 21(1): 53-55.

[38] 殷勇辉, 严新平, 萧汉梁, 等. 磨粒监测电感式传感器设计[J]. 传感器技术, 2003, 22(7): 36-38.

[39] 严宏志, 张亦军. 一种磨粒在线监测传感器的设计及其特性分析[J]. 传感技术学报, 2002 (4): 333-338.

[40] DU L, ZHE J, CARLETTA J, et al. Real-time monitoring of wear debris in lubrication oil using a microfluidic inductive coulter counting device[J]. Microfluidics and nanofluidics, 2010, 9: 1241-1245.

[41] 张兴明, 张洪朋, 孙玉清, 等. 微流体芯片对油液金属颗粒的区分检测[J]. 大连海事大学学报, 2014, 40(3): 103-107.

[42] 曾霖, 张洪朋, 赵旭鹏, 等. 液压油污染物双线圈多参数阻抗检测传感器[J]. 仪器仪表学报, 2017, 38(7): 1690-1697.

[43] 史皓天, 张洪朋, 孙广涛, 等. 船用液压油多种污染物高通量检测研究[J]. 润滑与密封, 2020, 45(1): 87-92.

[44] 刘恩辰, 张洪朋, 张鑫睿, 等. 双线式螺线管型磨粒传感器设计及其实验研究[J]. 大连海事大学学报, 2016 (2): 102-106.

[45] 马来好, 张洪朋, 乔卫亮, 等. 双螺线管套管结构的液压油金属颗粒检测传感器[J]. 仪器仪表学报, 2019, 40(7): 216-223.

[46] 白晨朝, 张洪朋, 曾霖, 等. 双螺线圈式液压油微污染物检测传感器[J]. 仪器仪表学报, 2019 (6): 16-22.

[47] URBANSKI J P, THIES W, RHODES C, et al. Digital microfluidics using soft lithography [J]. Lab on a chip, 2006, 6(1): 96-104.

第 9 章

微流体检测技术在环境监测中的应用

现代社会在迅速发展的同时也带来越来越多的环境问题,这些问题对人们的身体健康和生活方式都造成了负面影响。例如,工厂的违规排放、农药的滥用,对河流、湖泊、海洋等水体造成了严重污染;土壤环境与空气质量也在受到破坏;全球的生态平衡与生态安全遭受着严重威胁。因此,寻找一种低成本、易操作并且能够即时检测的方法来进行环境检测变得尤为重要。微流体检测芯片除了能够很好地执行常规环境监测外,还有其他独特优势,如:制作成本低,可以大量生产,可提高监测的频率,使监测结果更加准确;高便携性和运输的便利性能够使监测的范围进一步扩大,使环境监测覆盖的范围更加广泛;其易上手和易操作的优点可以让更多的人参与到环境监测中,同时也拓宽了监测结果的受众范围;即时检测能够为突发环境事件提供及时准确的反馈,能够使解决方法更加有针对性。因此,微流体检测芯片在环境领域具有重要作用,是对环境进行监测分析的一类强大工具。本章将介绍在不同种类环境污染物检测中微流体检测芯片的应用。

第 1 节　水质检测

水质污染问题由于水源分布广泛、污染物种类繁多、浓度随水体流动变化迅速等特点,对检测仪器的便携高效集成方面有较高要求。微流体检测芯片具有分析速度快、样品用量少、集成化和自动化潜力大的特点。因此,微流体检测技术天然地适用于便携式设备以及现场分析,在环境领域得到了热切关注。近年来研究者们将微流体检测技术引入水质检测中,在此过程中做了很多努力,也取得了很多成果,以下主要介绍微流体检测技术及其在水质检测中的应用。

进入水环境的所有污染物质均属于环境分析的研究对象。其按照毒性、危害和受关注程度分为环境优先污染物和其他环境污染物。微流体检测技术在水环境污染分析中的研究应用尚处于起步阶段,因此多集中于优先污染物的相关报道,主要包括重金属、富营养化元素、有机污染物和微生物等。

9.1.1 重金属

随着工农业的发展,越来越多的重金属如汞、镉、铬、铅、铜、锌、镍、钡、钒等被排放入水体,这些重金属不仅会毒害水生动植物,还会通过富集作用进入生物链,对整个生态环境构成严重威胁。对上述重金属的检测,虽然可以使用高精度的原子吸收光谱和原子荧光光谱等方法,但是在应对突发性污染物泄漏事件,或者对一个区域进行连续监测的情况下,仍需要快速、高效的检测工具。Wood 和 Greenway[1]使用光刻法搭配湿法刻蚀技术,成功研制了一种微流体检测芯片。该芯片利用鲁米诺发光的性质,成功地对硝酸钴进行了测定,检测最低限度为 3×10^{-11} mol·L^{-1}。该装置使用造价低廉的光电探测器,在保证了高灵敏度的前提下降低了成本,而且将试剂固定在了微流体检测芯片之上,实现了操作的自动化。与此同时,通过简单的改造之后,该微流体检测分析系统还能成为检测过氧化氢或者二氧化氮的装置,并可以与信号传递装置结合起来,成为一种自带无线信号发射功能的设备。Alves 等人[2]使用发光二极管和光电二极管,搭配低温共烧陶瓷,制造了一种基于光度检测的连续流动分析微芯片,见图 9-1。该装置使用二苯基甲酰胺作为显色剂对六价铬进行测定,在 0.1~20 mg·L^{-1} 的范围内表现出良好的线性关系,同时其检测限最低为 50 μg·L^{-1}。

在传统基材制成的微流体检测芯片蓬勃发展的同时,基于纸的微流体检测器件近几年的发展也很迅速[3],相对于具有类似功能的微流体检测设备[4],它具有操作简单、不需要外援设备、可多元检测等优点,有望成为最廉价的分析检测器件。Hossain 和 Brennan[5]利用 β–半乳糖苷酶(β-galactosidase)在重金属离子的抑制下会失去活性的性质,配合其他的金属指示剂,开发出了一种可以用来检测多种重金属的纸芯片,见图 9-1,其显示了良好的灵敏度。

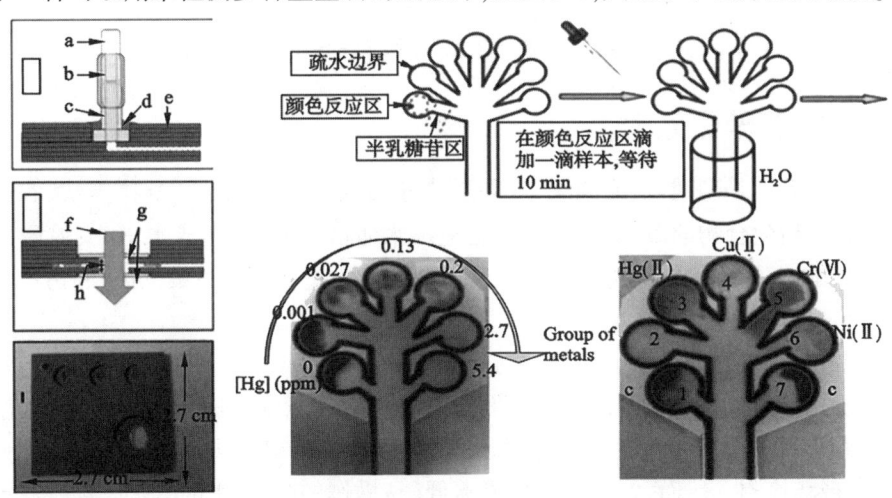

图 9-1　重金属检测微流体检测芯片系统[6]

Mentele 等人[7]设计出一种包含 4 个检测区域的纸芯片,可以同时测量燃烧灰分中 Fe、Cu 和 Ni 这 3 种金属元素。Devadhansan 提出一种利用 3 种生色试剂(茚三酮、石蕊和 2–硝基苯甲酸试剂)能够同时检测 Ni^{2+}、Cr^{6+} 和 Hg^{2+} 的纸质传感器,检测效率得到了明显提高[8]。这表明平行检测的潜力十分巨大,值得进一步深入探索。由于重金属离子种类繁多、价态多样,针对重金属离子检测的纸芯片种类也相应很多,图 9-2 展示了部分用于重金属离子检测的纸芯片。虽然使用纸芯片检测样品中的重金属离子在灵敏度、选择性、检出限及线性范围等方面都展现出了良好的效果,但是与此同时,在研究开发能够对多种金属离子进行平行检测的纸芯片这一领域,仍有极大的发展空间。以上这些例子均表明纸芯片在重金属离子检测领域具有很大的潜力,有进一步开发探索的价值。

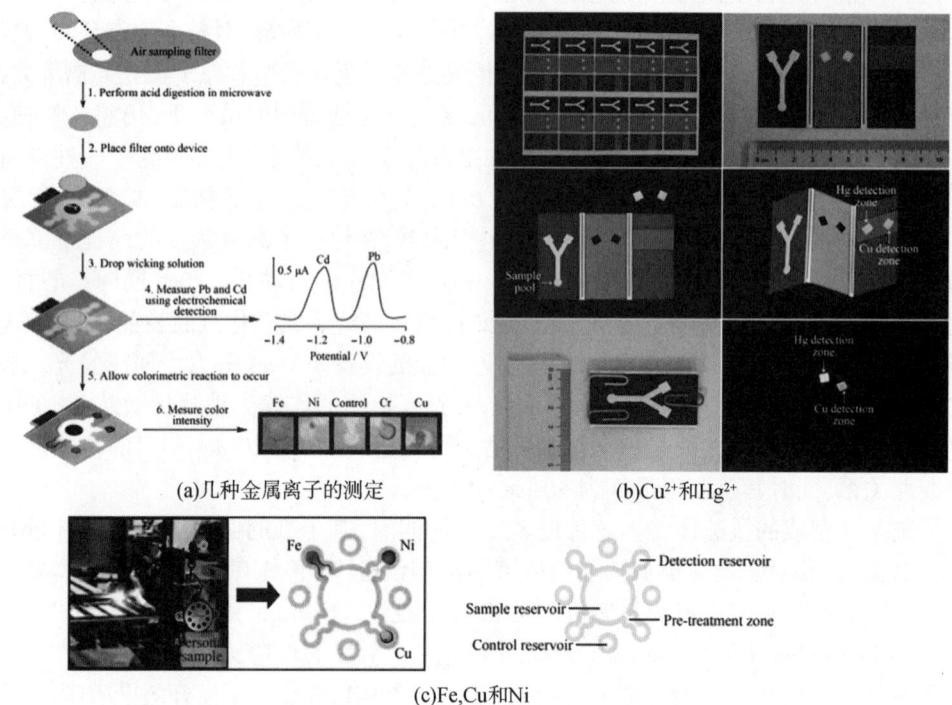

(a)几种金属离子的测定 　　　　　(b)Cu²⁺和Hg²⁺

(c)Fe,Cu和Ni

图 9-2　测定重金属离子的纸芯片

9.1.2　富营养化元素

大量无机盐尤其是硝酸盐、亚硝酸盐、磷酸盐等,会通过工业生产、畜牧养殖、农业灌溉进入环境。含有氮磷化合物的废水进入水体,会造成水体富营养化,形成水华[9];氮磷肥料的相关工业的扬尘排放、运输可能会对周围环境,尤其是土壤,造成环境污染,沉积的污染物则会对植物和地下水造成破坏[10]。

近些年来,人们备受环境中营养物质污染带来的困扰,因此对这些营养物质进行常规定期监测十分必要。检测氨和亚硝酸盐的传统方法是采用分光光度法进行检测,而磷酸盐也通常采用电化学方法等。这些传统方法虽然灵敏度较高,但都依赖于大型仪器,局限于实验室之中,无法进行现场检测。然而,纸芯片这种成本低、易操作的分析测试方法能够很好地执行这种常规检测,并且能够进行现场即时检测,解决了传统检测方法存在的问题。还可以在纸芯片上针对不同的样品设计不同的预处理区域,这与传统方法相比节约了测试时间,测试效率得到提升。同时在灵敏度、检出限、特异性等方面与传统方法相比,差异并不明显。通过上述研究能够看出纸芯片在营养物污染这一领域有很大的发展空间,通过结合更多、更新的方法,能够实现更多种类、更大范围的营养物污染监测。

检测氨的纸芯片大多采用基于比色的气体扩散方法[11]。基于比色的检测装置包括两部分:含有氢氧化钠的圆形亲水层和酸碱指示剂区。指示剂区由膜(聚四氟乙烯胶带)或隔离物(没有膜)所形成的气体缝隙隔开[12]。在待测物到达氢氧化钠层后,铵离子被转化为氨气,氨气通过疏水膜或气体缝隙进入指示剂区,导致比色剂发生变化。近期,还有课题组发明出一种新型双层纸芯片,用来测定淡水中的总氨,基本原理也是基于比色法的气体扩散[13]。亚硝酸盐作为常见的食品添加剂,容易和食物中的胺类物质发生反应产生致癌的亚硝胺化合物[14],对人体健康造成危害,目前针对亚硝酸盐检测的纸芯片大多基于 Griess 反应(偶联反应)[15,16]。硝酸盐和亚硝酸盐一样也是重要的水质参数,设计研发能够同时对亚硝酸盐和硝酸盐进行测定的装置也是研究的热点。Charbaji 等人[17]研究了一种用于检测水中硝酸盐的纸基微流体检测装置。该装置采用了由棉纤维和锌微粒制成的创新型纤维复合材料。这种材料能与纸基设备结合,产生更好的硝酸盐还原效果,并设计有固定化试剂的检测区,允许通过较大的样品体积,提高了具有折叠结构的纸基装置的检测限。经过优化设计,该装置对水中硝酸盐的检测限为 $0.53×10^{-9}$,相比之前使用纸基技术检测提高了 40% 以上。Jaywardane 等人[18]研制了一种一次性的比色纸基微流体分析装置。该纸基微流体检测芯片采用喷墨打印技术制作而成,并用于水质亚硝酸盐和硝酸盐的测定。亚硝酸盐可由 Griess 反应直接测定,而硝酸盐需要在有锌微粒的亲水通道中被还原成亚硝酸盐来间接测定。在最优化条件下,亚硝酸盐的检测限和定量限分别为 1.0 μm 和 7.8 μm,硝酸盐的对应值分别为 19 μm 和 48 μm。徐榕等[19]学者提出的基于显色反应的纸基微流体检测芯片可以对水中的硝酸盐、亚硝酸盐和氨氮同时进行检测。他们构建了可分别单独检测亚硝酸盐、硝酸盐及氨氮的纸基微流体检测芯片,在调整流道尺寸后,将这 3 种单通道纸基微流体检测芯片在 PVC 背胶板上集成为"Y"型,连接处为加样区,制作了可同时检测三氮化合物的多通道芯片。最终的芯片结构如图 9-4 所示。

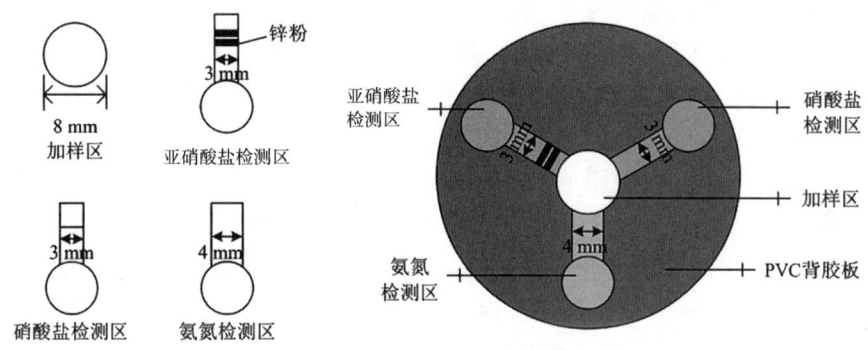

图 9-4　检测三氮化合物的多通道芯片[20]

　　环境中的磷酸盐也是近年来的重点研究对象。磷酸盐不仅会造成水华,还会对人体肾脏造成危害[21],因此对磷酸盐进行快速灵敏的现场测定显得尤为重要。目前已有超灵敏检测海水中磷酸盐的比色法纸芯片,也有基于荧光法与智能手机集成的微流体检测纸芯片检测环境中的磷酸盐[22]。针对土壤中的磷酸盐,目前也有一种新型低成本微流体检测纸质分析仪可以对其进行检测,在此分析设备上最多可进行 15 次活性磷酸盐的重复测定,大大降低了检测成本,设备利用率得到显著提高[23]。

9.1.3　有机污染物

　　有机物是水的主要污染物,水体中的有机物污染一方面来自人类生活及生产活动的排放,如农药、化肥、生活污水、工业废水等;另一方面来自水体自身生物群体的释放,如水体富营养化。衡量有机物的一个重要指标是化学需氧量(Chemical oxygen demand,COD),是指水中的还原性物质在强氧化剂的作用下,发生氧化还原反应时消耗氧的量。传统 COD 的测定方法主要是在高温条件下以强氧化性物质(重铬酸钾、高锰酸钾)对水体进行氧化处理,通过滴定或吸光度衡量产物浓度,计算体系消耗的氧含量。由于存在耗时久、需要高温以及铬的使用带来二次污染等问题,人们一直在不断进行新方法探索。

近年来,随着催化技术的发展,TiO₂ 被用于 COD 检测过程的催化,并得到了较好的效果[24,25]。Mu 和 Heng 等人[26,27]分别采用无模板法和水热法制备了一维、二维二氧化钛纳米纤维大阵列,并将其作为工作电极置于由 PDMS 和 PMMA 制成的微流体检测装置中,利用光电催化快速、无污染地测定 COD。有机污染物是以有毒性和降低水中溶解氧含量的方式来产生不良影响的,因此,化学需氧量也作为衡量有机物含量的标准。由于检测 COD 的药剂含有强酸和强氧化剂,纸张会被其腐蚀,直接影响检测结果,所以目前相关研究很少。除综合性指标 COD 外,其他一些对环境影响较大的单分子有机物也被重点关注。Foanl 等人[28]以纳米多孔有机硅酸盐作为微流体检测芯片中的固相萃取剂,用于提取天然水体中的有机污染物,实现了20 min 内对多环芳烃的检测。Lee 等人[29]制备了一种表面吸附金纳米粒子的纸质微流体检测芯片,并用表面增强拉曼光谱对废水中对氨基苯甲酸、邻苯二酚两种物质进行了检测,结果表明,对两种物质的检出限分别可以达到 1×10^{-9} mol/L 和 1×10^{-5} mol/L。

由于有机污染物的含量不高,在检测前需要对其进行预处理,微流体检测芯片的优势在此就体现出来了,即:能够将前期的预处理和后期的检测集成,富集效率较高。Benhabib 等人[30]利用基于光谱分析技术的微流体检测芯片,对多环芳烃(Polycyclic aromatic hydrocarbons,PAHs)进行了检测,其检测范围为 0.1 μg/L ~ 400 mg/L。Nie 等人[31]制造了一种用介孔材料(CMK-3)修饰的碳盘电极的电化学检测芯片,可以检测水中的硝基苯类化合物(Nitroaromaticcompounds,NACs)。该装置使用毛细管电泳装置来分离 4 种硝基苯类化合物,在样本没有经过复杂预处理的情况下,其在饮用水中的最低检测限能达到 3.0 ~ 4.7 μmol/L。Shen 等人[32]制造了一种微流体检测芯片,使用毛细管凝胶电泳技术,搭配激光诱导荧光检测法来检测水体中的溶解有机碳(Dissolved organic carbon,DOC)。通过对日野川(Hino River)和琵琶湖(Biwa Lake)的水样分析得知,在经过孔径为 0.45 μm 的滤膜之后,可以检测出浓度为 1 ~ 2 mg/L 的 DOC。Hak 等人[33]利用基于毛细管电泳-安培检测系统的微流体检测芯片,对双酚 A 为代表的一些内分泌干扰物进行了检测。该系统的主要结构是采用普鲁士蓝修饰的氧化铟锡(ITO)电极,并配合弯曲的微通道。经过微通道的有效分离之后,该系统对双酚 A 的检测限为59 nmol/L。然而该芯片目前只应用于检测被泡沫塑料污染过的水体,这仅仅是对于内分泌干扰素检测的初级阶段。

与此同时,纸基微流体检测芯片也为水中有机物的检测提供了新的思路。Jaeue 等人[34]制备了一种基于表面增强拉曼散射(Surface-enhanced raman scattering,SERS)编码、表面吸附了金纳米粒子的纸基微流体检测芯片,如图 9-5 所示,并将其应用在了现场直接分析废水成分中。他们选用 4-氨基苯甲酸(PABA)和邻苯二酚这两种有机物来模拟废水。实验证明,这种 SERS 纸带对这两种有毒的有机污染物都具有很高的灵敏度,检出限分别达到了 1×10^{-9} mol/L和 1×10^{-5} mol/L,适用于现场快速分析。Santhi 等人[35]使用了一种用传统打印纸制成的三维装置来对水样中的对硝基苯酚进行检测,优化了溶液 pH、缓冲液浓度、脉冲幅度等基本参数。该装置对硝基苯酚的灵敏度较高,检测范围为 10 ~ 200 μmol/L,检出限达到 1.1 μm,回收率为91.8% ~ 108.2%。

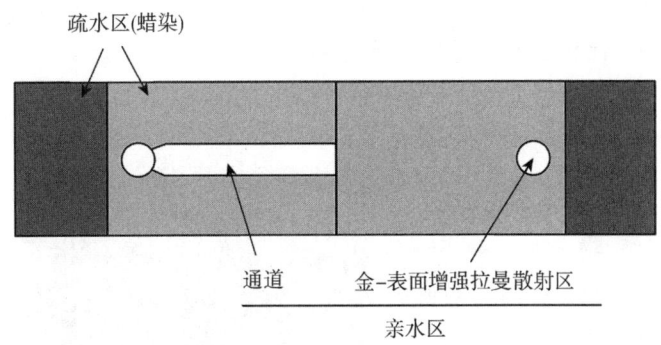

图 9-5　镀金纸基微流体检测芯片的设计示意图

9.1.4　微生物

　　水体中的微生物按其粒径,属于颗粒有机碳(Particular organic carbon ,POC)范围,其种群丰度可以反映水体生态特征和一些重要的污染状况(如大肠杆菌可反映水体受粪便污染的程度、赤潮藻丰度可预警或指示赤潮,而嗜油菌丰度可显示水体受溢油危害程度等),是水体生态调查中的常规监测指标。在其测定过程中,流式细胞术是最为准确、快速的方法。但其设备昂贵、体积庞大、需要专人操作,不适应现场连续监测的要求。基于鞘流式流体控制的微流体检测芯片的出现在一定程度上克服了这些局限,并可能实现仪器的集成化、小型化、自动化和便携化。其测定原理与流式细胞仪相似,首先对细胞进行荧光标记(可发出自体荧光的无须标记),采用电动力、压力或空气夹流等形成鞘流的方式实现细胞进样;细胞流经激光诱导荧光检测区后,根据检测到的荧光信号的有无和强弱进行计数,并可借助多种控制方式(如电、光镊和泵阀等)进一步完成细胞分选。

　　与对细胞的测定方式不同,对于细菌及微生物的分析大多数研究采用免疫测定的方法。即将相应的检测蛋白质置于微流体检测芯片上,通过特异性吸附后产生的荧光、颜色、电信号等变化对其进行定量分析。Badu 等人[36]制备了艾尔纸质微流体检测芯片,结合比色法用于对疟疾的免疫测定。Altintaz 等人[37]利用纳米材料在微流体检测芯片上进行增强免疫测定,结合电化学传感器和电脑软件,实现了水中大肠杆菌的自动化定量分析。Khan 等人[38]在滤纸上涂覆聚(N-异丙基丙烯酰胺)聚合物和石墨烯纳米薄层,构建了电-热响应微流体检测芯片,根据细菌与复合涂层相互作用引起的电阻变化,编写 MATLAB 算法转化为细菌个数,成功对革兰氏阳性、阴性细菌进行了定量测定。Xu 等人[39]基于微环境中气溶胶粒子运动的原理,设计了一种平行聚焦径向加速度的微流体检测功能芯片,对真菌类微生物进行分离捕捉,实现了 6 μm 和 10 μm 的霉菌孢子和草莓灰霉菌孢子的提取净化。

　　纸基微流体检测芯片在水中的微生物检测中也发挥着一定的作用,目前应用纸基微流体检测芯片进行检测的细菌主要有大肠杆菌、沙门氏菌和单核细胞增生性李斯特菌。致病性大肠杆菌可通过饮水、食物等途径引起腹泻等多种疾病,严重者会有生命危险,现已开发出多种纸基微流体检测芯片检测大肠杆菌的方法[40];沙门氏菌与许多食源性疾病有关,可引起多种肠胃疾病,目前已有基于比色法的纸芯片和集成智能手机与纸芯片的分析装置等对其进行检测[41],可以检测沙门氏菌的纸芯片如图 9-6 所示;单核细胞增生性李斯特菌也是一种常见的病原体,它引起的李斯特菌病虽然流行程度不高,但相比之下死亡率却很高(20%~30%)[42],现有一种 RNA 标记测定方法是在基于金纳米颗粒的纸质平台上进行的,整个分析过程可在几小时内完成[43]。还有一种对农业用水中大肠杆菌、沙门氏菌和单核增生李斯特菌浓缩、富集和检测集于一体的基于比色法的纸基微流体检测芯片[44]。

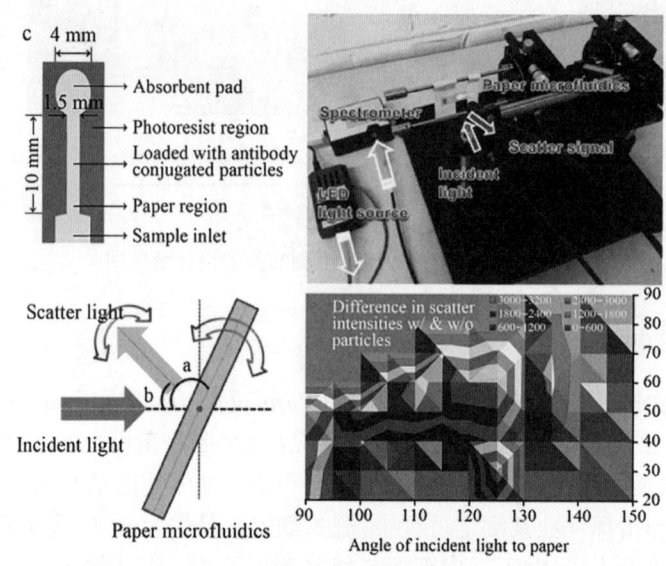

图 9-6　纸基微流体检测芯片检测沙门氏菌[45]

第 2 节　空气检测

　　工业生产以及交通运输排放的含硫、氮化合物,挥发性有机化合物等造成了室外空气的污染;各种装饰、装修材料挥发产生的甲醛、苯等加重了室内空气的污染,严重危害人们的身体健康。因此,空气污染物的快速检测方法和技术的建立对环境保护和人类健康都具有重要意义。空气污染物种类繁多、含量低,因此,检测分析手段必须具备灵敏、准确、快速、自动化等特点。

　　目前,空气污染物的检测一般先进行现场采样,然后借助分光光度计和气相色谱以及手持式多合一气体检测仪进行测量,其检测结果准确度高、抗干扰能力强,但其操作烦琐、耗时,价格昂贵,而且专业性强。但在污染突发事故现场或者家庭生活中,在需要连续监测的室内以及大面积污染的区域,利用大型仪器进行实验室检测的方法使用受限,而易携带、操作简便的检测装置及方法的优势则很明显[46]。随着新兴技术如微流体检测技术等的发展,为实现空气污染物的快速、高效、实时和现场化分析检测提供了机遇。集成化的微流体检测芯片检测气体的流程见图 9-7,先导入气体混合样品,然后在芯片上进行预处理、浓缩以及一些反应步骤,再通过微通道进行分离,最后进入集成化的检测器进行分析检测。

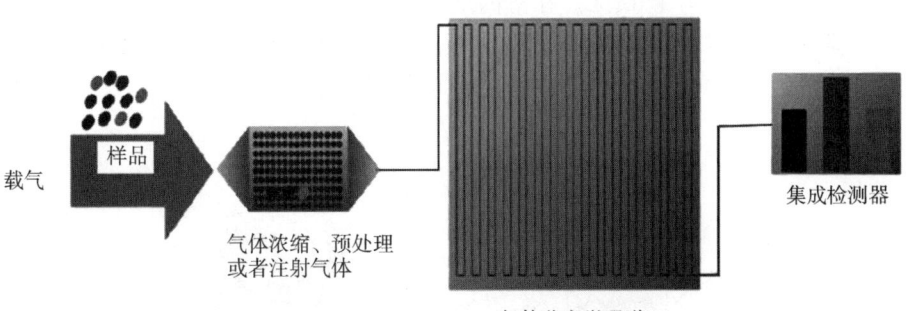

图 9-7　集成化的微流体检测芯片检测气体的流程[47]

9.2.1　含氮气体

含氮气体尤其是氨气(NH_3),刺激性较强,对人体有害。通过预处理和浓缩可以提高气体的浓度,提高检测准确性。Timmer 等人[48]在微流体检测芯片上通过聚丙烯膜富集 NH_3,该系统对低于 0.75 mg/L 的 NH_3 浓度敏感,检测结果更准确,如图 9-8 所示。Hiki 等人[49]设计了一种三明治结构的微流体检测系统,尺寸是宽 45 cm、深 30 cm、高 30 cm,非常便携。该系统对 NH_3 的检测下限为 84 ng/L,非常适合现场快速检测。目前,基于微流体检测芯片的含氮气体的检测在灵敏度方面有所成就,但在定量检测上还有待改进。

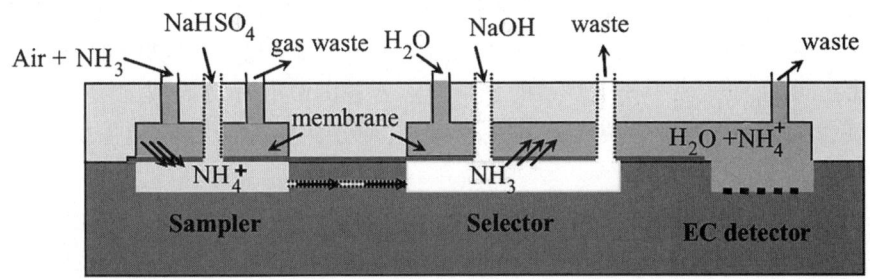

图 9-8　Timmer 等人设计的空气中氨气分析仪

9.2.2　甲醛

甲醛是最常见的空气污染物之一,会导致胸闷、恶心、过敏等症状,长期暴露在甲醛环境中可诱发癌症等。Pang 等人[50]开发出一种基于微流体检测芯片、衍生化技术以及气相质谱(Gas chromatography-mass spectrometry,GC-MS)的方法来检测甲醛气体,最低检测限为 4 μg/L,还可以检测其他羰基化合物,包括乙醛、丙酮和丙醛等,适用于室内装修污染检测。Xu 等人[51]建立了一种基于微流体检测芯片和紫外分光光度计在线检测甲醛的方法。这种检测方法具有低化学消耗、价格低廉等优点。张潇等人[52]利用微流体检测芯片和光谱检测器的集成装置测定室内甲醛,检测结果可靠,且消耗试剂少。Guo 等人[53]开发了一种基于智能手机的微流体检测芯片甲醛检测系统,如图 9-9 所示,对空气中的甲醛检测最低限为 0.01 mg/L,特别适用于对新装修房屋中甲醛的检测。之后 Serra 等人[54]改进了微流体检测装置,在芯片中将甲醛衍生化,再利用液芯波导比色法进行定量,检出限为 1.8 μg/L。Yang 等人[55]基于表面增强拉曼光谱(SERS)微流体检测芯片,利用三角形阵列以及复合纳米粒子探针来提高气体检测的灵敏度,对甲醛的检测限为 1 μg/L。在室内空气污染中,目前,人们对甲醛污染关注度比较高,对甲醛的检测研究相对较多,检测时间和灵敏度都有很大的改善。随着各种检测技术与微流体检测芯片的结合,室内甲醛气体的检测不断朝着操作简单、灵敏度高、检测限低以及可家庭化的现场检测方向发展,为之后的现场检测提供便利。

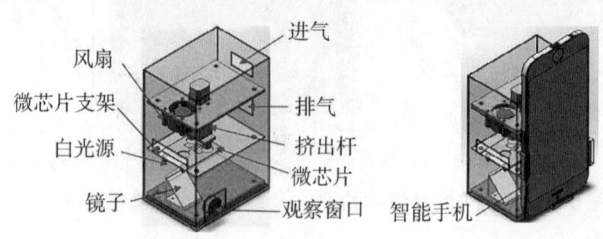

图 9-9   基于智能手机的微流体检测芯片甲醛检测系统

9.2.3   烟雾

众所周知,烟草烟雾对人体健康和环境都有很大的危害,国内外已有众多报道研究了香烟中各种成分对人体的危害。迄今为止,已经在烟草烟雾中发现超过 4 000 种化合物,其中大约 60 种已经被证明或被怀疑对人体有致癌作用。这些有毒有害的化学物质可能引起癌症、妇女不孕症、心血管疾病、脑血管疾病,以及许多其他疾病。吸烟还能导致环境污染。据粗略估计,一百万烟民每天吸烟排放的一氧化碳相当于 1 000 辆汽车每天排放的一氧化碳总量。吸烟虽然不是环境污染的主要因素,但是的确对环境造成了一定影响。由主动吸烟和被动吸烟引起的个人和社会问题,演变成了一个严肃的公众热点。各国政府都对该问题给予了充分关注和巨大的经济投入,而烟气中相关成分的快速检测,对于人类健康和环境保护都有着重大的意义。

唾液、血清和尿液中可替宁含量都和烟草烟气暴露量呈现比例关系,唾液和血清中可替宁含量非常接近,此外,可替宁在活体中的半衰期大约为 20 h,相比而言,尼古丁在活体中的半衰期只有 2 h,因此可替宁被广泛用作评价烟草烟气暴露的可靠生物标志物。通常而言,唾液和尿液样品比较容易获得,样品的采集过程不具有侵入性。而且,唾液样品比较容易收集,其可替宁浓度和血清浓度有高度相关性,因此在检测环境烟气暴露中,唾液样本中可替宁含量的检测是非常重要的一种手段。可替宁含量低于 1 ng/mL 被认为没有主动吸烟行为。对于严重二手烟吸入者,其体内可替宁含量一般高于 10 ng/mL。可替宁含量在 10~100 ng/mL 范围内被认为轻度主动吸烟,这个范围与重度二手烟吸入者体内可替宁含量有一定重合。对于严重主动吸烟者,其体内可替宁含量可能高于 300 ng/mL。

程锴萍等人[56]开发了一种快速、灵敏的利用微流体检测技术进行人体内唾液中可替宁浓度检测的新方法,如图 9-10 所示。无论是实验室制备的标准样品还是实际的唾液样本,该检测方法的数据均比较可信。与传统可替宁检测技术相比,微流体检测免疫检测技术更加经济,检测一个样本的成本不到 5 美元。在一张芯片上的 8 个反应柱同时进行免疫反应,试剂消耗量不超过 12 μL。该方法可评价环境烟草烟雾暴露情况,并为医疗诊断或者健康状况提供依据。

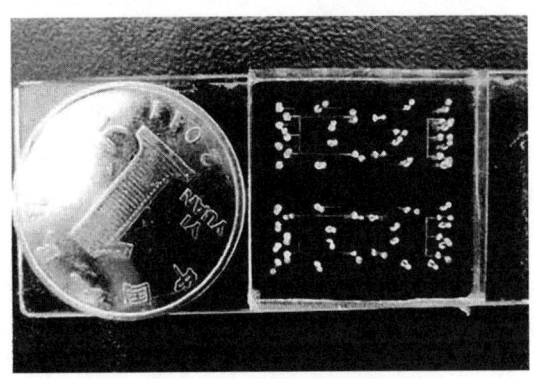

图 9-10 可替宁检测微流体检测芯片

　　与香烟产生的烟雾一样,厨房油烟也影响着人的身体健康。厨房油烟中含有大量的化学物质,如苯并芘和环芳烃等有机化合物,容易致畸、致癌,危害人类健康。Ohira 等人[57]将多孔聚四氟乙烯膜附在微流体检测芯片的微通道上,用于 H_2S 和 SO_2 气体分离和浓缩。Hu 等人[58]设计了一个针对吸入性空气污染分析的微流体检测气体收集平台,如图 9-11 所示,通过液滴阵列收集气体,然后利用质谱法进行检测,分析烟雾中的尼古丁、甲醛和己酸。该自动化、经济型、微型化的平台实现了对香烟烟雾中主要成分的分析,在空气污染物分析中具有广泛的应用前景。目前,微流体检测芯片在空气污染物,尤其是香烟烟雾等检测中的应用还很有限,因此现阶段迫切需要开发一种能够进行烟气收集和检测的微流体检测分析平台。

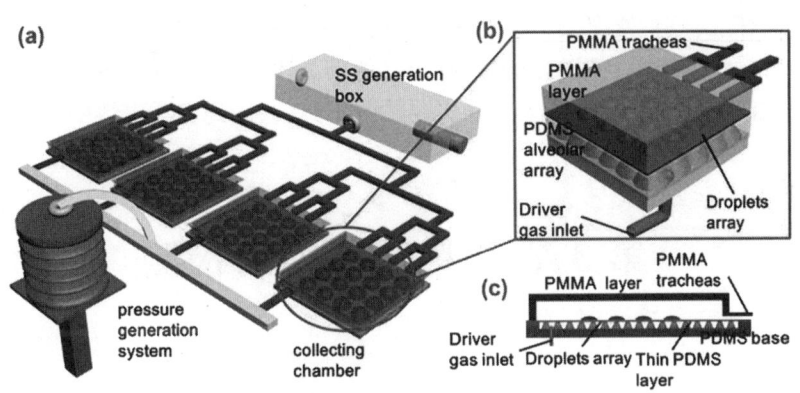

图 9-11 Hu 等人设计的针对吸入性空气污染分析的微流体检测气体收集平台

9.2.4 挥发性有机污染物

　　挥发性有机化合物(VOCs)主要是烷类、芳烃类、卤代烃类、酯类、烯类、醛类、酮类等有机化合物。VOCs 的来源有汽车尾气、垃圾焚烧、装修装饰材料以及化工医药厂的排放等,其中在新装修的房屋中挥发性有机物的种类可达 50 多种。在室内空气污染中,挥发性有机污染物的种类也较多,其检测也相对烦琐,因此,开发基于微流体检测芯片的检测装置发展相对缓慢。Hashimoto 等人[59]研制了一套便携式自动测量微流体检测系统,进一步提高检测限,在 30 min 内检测得到甲苯气体检测限为 50 μg/L。Dossi 等人[60]建立了一种基于微流体检测芯片的检测方法,可以同时测定大气中的甲醛、乙醛和 2-丙烯醛等小链醛。Zhang 等人[61]研发了一种基于微流体检测芯片的恶臭气体检测系统,实现丙酮、甲苯和二甲苯的分离与检测,为实现恶臭气体的自动、连续、智能化检测奠定基础。Warden 等人[62]设计了开放微通道的微流体检测装置进行气体收集,然后利用气相色谱-质谱联用技术检测 VOCs,为其在生活中的应用奠定了基础。Janfaza 等人[63]设计的 3D 打印微流体检测装置,可提高对 VOCs 的选择和检测。目前,基于微流体检测芯片的检测装置在复杂气体的分离浓缩方面还有待加强。气体的浓缩和预处理可以提高气体的浓度,加强检测装置的检测能力,提高检测结果的准确性。目前,国内外已有多个产品的研发,但从实验室产品到实际生活的应用,还有很多集成化的问题要解决。

对空气中有害气体进行检测时通常需要实地取样,然后拿回实验室进行检测分析,在样品转移过程中可能会有部分待测物挥发,引起实验误差,因此,需研发出一种快速实时移动检测装置。微流体检测芯片由于操作简单、便于携带、结果快速准确等优点,具有广阔的市场前景,因此,也成为环境中空气检测的研究热点。目前,微流体检测芯片在气体检测中的研究以及专利申请方面都在逐年增加,但具体的应用还相对较少。由于微型化、集成化和智能化是现代检测发展的一个趋势,因此,应从以下几个方面加强:

(1)研发合适的气体采集器,良好的气体采集器能保证气体样品被充分吸收,且能排除干扰组分,有利于灵敏度的提高;

(2)研发高度集成的便携化微流体检测设备,可用于一些现场快速检测事件,比如新装修办公室的空气检测、大型环境污染事件、某区域空气状况监测等;

(3)提高微流体检测芯片气体检测的准确度,微流体检测设备在准确度以及抵抗外界干扰等方面与传统设备仍有差距,还需加强;

(4)研发基于智能手机的微流体检测芯片及基于纸基微流体检测芯片的检测方法,这样所需试剂少、快速、高效且便携,适合家庭化,将会成为今后微流体检测技术研究的新趋势。

因此,随着微流体检测技术的发展以及与其他新技术、新材料的集成融合,可以预见在气体检测方面,微流体检测芯片将成为一种主要检测工具,应用到实际生活中。

第3节　其他污染物检测

本章的前面部分已经向读者简单介绍了微流体检测芯片在水质污染物监测以及在空气污染物监测中的应用,其中纸基微流体检测芯片在环境污染物的检测中优势突出、应用广泛,现有研究证明其能够更加快捷迅速地检测出不同种类的污染物。但是除此之外在自然界中还有很多种类的污染物,它们广泛存在于空气、土壤与水源中,上述的分类方法无法对其做充分介绍,因此将在本节为读者说明。

9.3.1　农药检测

中国作为农业大国,在农业的发展进程中,果蔬的生产量和消费量不断增加。然而,随着现代农业的快速发展,人们对果蔬的质量要求越来越高,农药残留成为潜伏在农产品中的最大健康隐患。目前,全球约50%的粮食受到昆虫和其他虫害的影响,对作物喷洒农药是确保农产品可持续生产的最有效的虫害控制和管理策略。然而,喷洒后的农药不仅附着在水果、蔬菜和叶子的表面难以降解,且随食物链进入周围环境,导致生物积累和生物放大,对人体健康造成极大的威胁。

液相色谱、液相色谱–质谱(LC-MS)等方法是测定农药的常用技术,但这些方法大都需要借助仪器,成本高,操作难度大,测试时间长,不适于现场测定。纸芯片是一种行之有效的解决方案,无须借助大型仪器,能够进行快速现场测定,更重要的是对测试人员的要求不高,生产成本也更低,对经济不发达地区农药污染的监测与治理意义重大。

目前已开发出多种测定环境中农药的纸芯片,如 Zhou 等人[64]将 SERS 结合纸基微流体检测芯片对福美双进行高灵敏度检测(见图 9-12);Nagatani 等人[65]则开发出监测环境中有机磷酸酯农药的纸芯片。相信随着更加深入的研究,纸芯片将能够对更多种类的农药进行分析测定,为农药污染治理提供更有力的工具。Jin 等人[66]开发了基于比色法的纸基微流体检测芯片来检测氨基甲酸酯和有机磷农药,该芯片结合了农药对乙酰胆碱酯酶(AChE)抑制的方法和有机溶剂萃取的样品预处理方法。以乙酸吲哚苯酯(IPA)为显色剂,当乙酰胆碱酯酶的活性被氨基甲酸酯和有机磷农药选择性抑制后,少量 AChE 与 IPA 反应,在纸设备上形成蓝色物质。由于样品前处理中使用有机溶剂会导致酶活性的抑制,将含有乙腈的样品事先滴加至检测区域会消除有机溶剂对酶的抑制作用。通过对 6 种有机磷和氨基甲酸酯类化合物测定,证明了纸基微流体检测芯片操作的多样性,在检测步骤中涉及酶分析时,即使使用有机溶剂的样品制备也可以用于纸基应用。Zhang 等人[67]将绿色荧光 3-氨基丙基三乙氧基硅烷–硝基苯并恶二唑(APTES-NBD)和红色荧光碲化镉量子点(CdTe-QDs)结合,建立了基于荧光纸芯片的2,4-二氯苯氧基乙酸(2,4-D)检测传感器。其通过分子印迹聚合物技术实现对单一农药的选择性分析,当2,4-D 浓度较低时,APTES-NBD 展现出强度较高的浅绿色荧光,CdTe-QDs 红色荧光较弱。随着2,4-D 浓度的增大,APTES-NBD 通过荧光共振能量转移机制将能量转移到CdTe-QDs,并与2,4-D 的羧基之间形成氢键,导致绿色荧光强度下降,红色荧光强度升高。

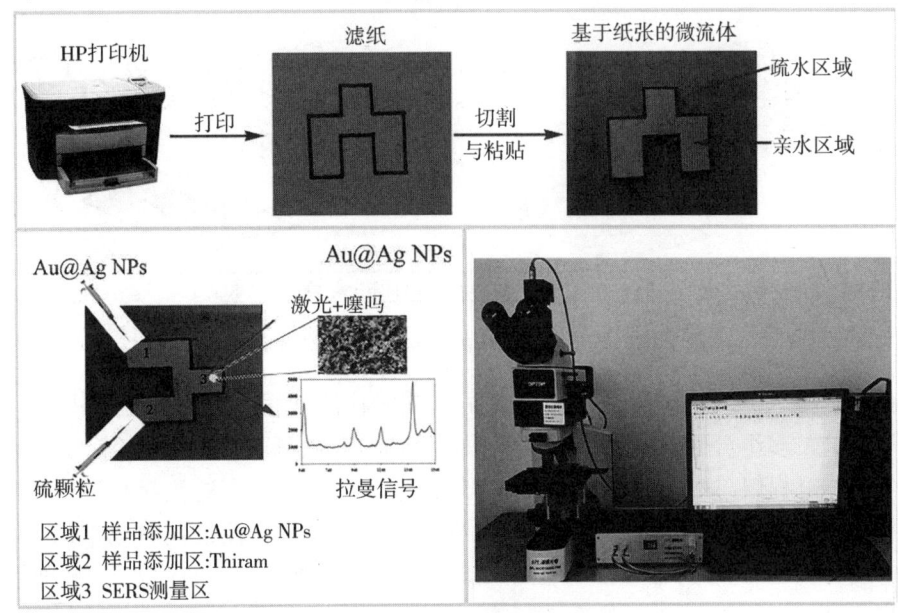

图 9-12　检测福美双纸基微流体检测芯片

9.3.2　抗生素与新型污染物检测

随着现代科技的发展,环境中污染物的种类与数量也在与日俱增。这其中,就包括在医疗领域广为使用的抗生素。抗生素自被发现和使用后,在医学方面为人类带来巨大福祉的同时,其滥用对环境造成的污染也一直是环境研究中的重点问题。抗生素通常在畜牧业和水产养殖行业中,作为促进生长或预防细菌感染的药剂添加在动物的饲料和饮水中。这种使用方式极大地促进了细菌耐药性的增长,而且过度使用会造成基因污染,很有可能催生出"超级细菌"。因此,对环境中的抗生素进行检测意义重大。传统方法通常采用 LC-MS/MS[68] 对抗生素进行检测,此方法需借助大型仪器,对测试人员的操作要求高,需要对大量样品进行净化、浓缩。Nilghaz 等人[69] 开发了基于金属络合的 3D 纸基微流体检测装置,如图 9-13 所示,用于检测猪肉中诺氟沙星和土霉素残留量。通过使用多层疏水纸进行设备设计,区分分析物的检测区域,将五水硫酸铜、氢氧化钠和纳米硝酸铁溶液结合形成过渡金属氢氧化物,滤纸表面出现固体沉淀,当样品中含有诺氟沙星或土霉素时,金属离子将通过配位化学捕获相应的抗生素,形成彩色的金属配合物,产生肉眼容易观察到的视觉颜色变化。Trofimchuk 等人[70] 将纸基微流体检测芯片与智能手机结合,测定肉类样品中诺氟沙星残留量。诺氟沙星与铁离子反应,产生一种肉眼可见的橙色金属离子抗生素复合物。该装置的选择性是通过测试 4 种可能干扰铁(Ⅲ)比色反应的抗生素来确定的,其检出限为 50 mg/L。

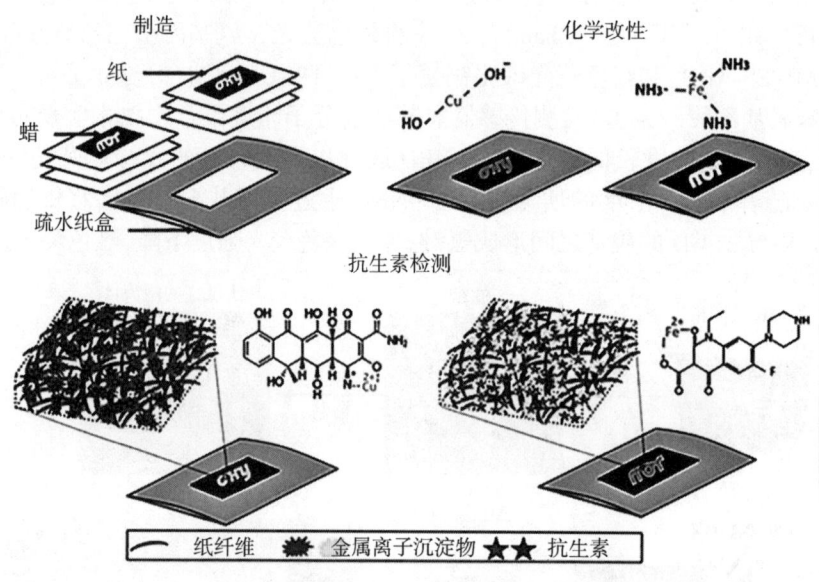

图 9-13 基于金属络合的 3D 纸基微流体检测装置

近期,Xing 等人[71] 就制作出一种纸芯片可以同时检测饮用水中 5 种化学物质,利用基于抗体−抗原反应的多组分侧向流动检测技术,同时检测铅、微囊藻毒素、氯霉素、睾丸激素和百菌清,整个检测过程仅需 20 min 即可完成,高效便捷。关于抗生素这类新兴污染物的检测方法,发展初期大部分还是采用大型仪器联用,在实现了高精度检测的同时也带来了高昂的成本,这其中既有仪器的费用,也包括不菲的人工成本。运用纸芯片对抗生素检测,则无须考虑上述问题。

许多炸药的成分如 2、4、6−三硝基甲苯(TNT)都具有高毒性,而且可在环境中长期存在,不合理的处置方式会使炸药对空气、土壤、水体产生污染,对环境造成严重危害。目前用于炸药检测的方法有很多,如荧光法[72]、LC-MS[73]、CE-MS[74] 等。这些方法在具有高灵敏度和特异选择性等优点的同时,也存在成本高、操作难度大、便携性差等缺陷,使得其在实际应用中无法完全发挥作用。而纸芯片的高度便携性可以对爆炸前后进行即时检测,快速得到结果,不仅对环境检测具有重要作用,对机场、火车站等场所的公共安全也具有重要意义。目前已开发出多种基于化学发光法、SERS 法、荧光法、比色法的微流体检测纸芯片,用以检测环境中的污染物,图 9-14 就展示了一种检测爆炸物的纸基微流体检测芯片。Pesentia 等人[75]设计出的基于比色法的纸芯片,可同时检测 3 种三硝基芳族炸药 TNT、三硝基苯(TNB)和三硝基苯甲硝胺(Tetryl)。

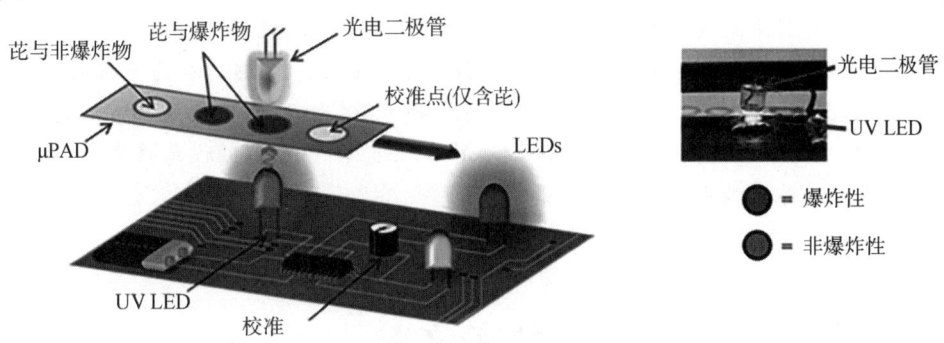

图 9-14 一种检测爆炸物的纸基微流体检测芯片

在本章所介绍的各种污染物的检测中,纸基微流体检测芯片的身影多次出现,这当然是因为其无可比拟的优势与在环境污染物检测方面的广阔应用前景。微流体检测纸芯片良好的兼容性使得其能够对环境中的多种污染物进行检测,这在相当大的程度上扩展了纸芯片在环境监测领域中的应用范围。而且纸芯片与其他技术联用,表现出更加优异的性能,表明了纸芯片具有巨大的创新性与发展潜力。同时,适当的样品预处理方式也会对纸芯片检测环境样品的过程产生积极作用。

环境中的污染物会以多种形式存在,这就造成了测试样品的繁杂种类,不同形态的样品都有可能出现在测试过程中,针对不同样品进行不同的预处理会使检测过程更加高效便捷。对于成分比较复杂的样品,分离与提纯是必要的预处理过程,可以在纸芯片外完成,也可以在纸芯片上进行。纸芯片自身的材质使得其具有一定的过滤作用,可以设计通道使样品在通往测试区域时就已完成过滤,也可以在纸芯片上利用纸张纤维素的毛细作用设计专门区域进行分离提纯,减少预处理时间。检测浓度极低的样品则可以在纸芯片上开发出富集与浓缩区域,以提高检测的灵敏度。若进一步将这些预处理区域与测试区域集成,则测试所需时间相应缩短,整体的检测效率随之提升。

本章小结

本章分别以下列几个方面聚焦于微流体检测芯片在环境检测中的应用:

(1)水被称为生命之源,对于水中的污染物,从重金属、富营养化元素、有机污染物以及微生物几个方面总结了前人已经做的工作,展示了具有较高应用价值的实际研究案例。不仅介绍了传统基材制成的微流体检测芯片在检测上述水质污染物时的结构设计与检测效果,还对具有广阔应用前景的纸基微流体检测芯片在水质检测中的应用做一定说明。

（2）生物的生存离不开空气,对于空气中的污染物,从含氮气体、甲醛、烟雾以及其他挥发性有机污染物几个方面介绍了微流体检测芯片在对空气中污染物检测中的应用,首先阐述了这些污染物气体对人体健康产生的不利影响,在此之后说明了微流体检测芯片在检测上述元素的优势所在,即:快速性与实时性。同样地,也介绍了前人针对不同空气污染物所设计的微流体检测芯片,可以看到其检测灵敏度以及上下限已经能够满足对空气中污染物的检测要求。

（3）除上文提及的环境污染物之外,还存在一些其他的污染物如农药与抗生素等,它们同样对环境影响很大。纸基微流体检测芯片在对这些污染物的检测中应用非常广泛。相信随着制作方法与分析技术的提高,以及预处理方法的合理选择,纸芯片的设计将得到不断优化与发展,呈现出更加卓越的效果和更加强大的功能。

参考文献

[1] WOOD, GREENWAY G M. Sample Manipulation in Micro Total Analytical Systems [J]. Trac-trends in analytical chemistry, 2002, 21(11): 726-740.

[2] ALVES S R, IBANEZ G N, BAEZA M, et al. Towards a Monolithically Integrated Microsystem Based on the Green Tape Ceramics Technology for Spectrophotometric Measurements. Determination of chromium (VI) in water [J]. Microchimica acta, 2011, 172(1-2): 225-232.

[3] APILUXA, DUNG H W, SIANGPROH W, et al. Lab-on-Paper with Dual Electrochemical/Colorimetric Detection for Simultaneous Determination of Gold and Iron [J]. Analytical chemistry, 2010, 82(5): 1727-1732.

[4] LIU B Y, ZHANG Y, MAYER D, et al. A Simplified Poly(dimethylsiloxane) Capillary Electrophoresis Microchip Integrated with a Low-noise Contactless Conductivity Detector [J]. Electrophoresis, 2011, 32(6-7): 699-704.

[5] HOSSAIN SM, BRENNAN J D. Beta-Galactosidase Based Colorimetric Paper Sensor for Determination of Heavy Metals [J]. Analytical chemistry, 2011, 83(22): 8772-8778.

[6] 郑玉竹,曹慧,徐斐,等.基于功能核酸的纸基微流控芯片测定重金属离子的研究进展[J].理化检验:化学分册, 2021, 57(6):9.

[7] MENTELE M M, Cunningham J, Koehler K, et al. Microfluidic paper-based analytical device for particulate metals[J]. Analytical chemistry, 2012, 84(10): 4474-4480.

[8] DEVADHANSAN JP, KIM J A. Chemically Functionalized Paper-based Microfluidic Platform for Multiplex Heavy Metal Detection [J]. Sensors and actuators b-chemical, 2018, 273: 18-24.

[9] 石岩.食品中亚硝酸盐过量的危害与防治[J].食品与健康, 2006(2):1.

[10] 魏玲红,李俊国,张玉柱.新型钢渣水处理剂去除水体污染物的研究现状[J].环境科学与技术, 2012, 35(2):7.

［11］ MOLINS L C, MESEGUER L S ,MOLINER M Y ,et al.A guide for selecting the most appropriate method for ammonium determination in water analysis［J］. TrAC trends in anal chem, 2006,25(3):282.

［12］ SHOLIHAHW , LISTYARINI A , FITRIANA R ,et al.A paper-based visual indicator for detection of ammonia using ruellia simplex［J］.IOP conference series：materials science and engineering, 2019,41(1):77-79.

［13］ PEARTON S J, ABERNATHY C R , NORTON D P ,et al.Advances in wide bandgap materials for semiconductor spintronics［J］.Materials science and engineering r reports, 2003, 40 (4):137-168.

［14］ CAI H L, XIAO P F , SI Y W ,et al.The current research status of replacing nitrite to produce safe cured meat products［J］.Journal of food safety & Quality, 2015,25(1):65.

［15］ LAILAK , IDRISSI D , AZIZ R , et al. Electrochemical detection of nitrite based on reaction with 2,3 - diaminonaphthalene［J］. Analytical letters, 2007, 38(12):1943.

［16］ SHARI FM , RAMEZANPOUR Z , IMANPOUR J ,et al.Water quality assessment of the zarivar lake using physico-chemical parameters and nsf- wqi indicator, kurdistan province-iran ［J］. International journal of advanced biological & Biomedical research, 2013, 1(3): 302-312.

［17］ CHARBA J A, HEIDARI B H ,ANAGNOSTO P C,et al.A new paper-based microfluidic device for improved detection of nitrate in water［J］.Sensors,2020,21(1):102.

［18］ JAYWARDANE B M, WEI S ,MCKELVIE I D ,et al.Microfluidic paper-based analytical device for the determination of nitrite and nitrate ［J］.Analytical chemistry, 2014, 86(15): 7274-7279.

［19］ 徐榕,杨叶欣,林敏,等.基于显色法的纸基微流控芯片用于水中的三氮检测［J］.分析化学,2020,48(9):1202-1209.

［20］ DOSTÁLEKJ ,PRIBY I, HOMOLA J, et al. Multichannel SPR biosensor for detection of endocrine-disrupting compounds ［J］. Analytical & Bioanalytical chemistry, 2007, 389(6): 1841-1847.

［21］ FAGERIA N K , BALIGAR V C , LI Y C .The role of nutrient efficient plants in improving crop yields in the twenty first century［J］.Journal of plant nutrition, 2008, 31(6):1121-1157.

［22］ MORBIOLI G G, MAZZU T, STOCKTON A M ,et al.Technical aspects and challenges of colorimetric detection with microfluidic paper-based analytical devices (μPADs) - A review［J］. Analytica chimica acta, 2017, 970:1-22.

［23］ JING W , MENG Z , XIANGYING M ,et al.A new method for in-situ measurement of internal solitary waves based on the stimulated raman scattering in optical fibers［J］.中国海洋大学学报,2023, 22(3):658-664.

［24］ BAIJ , ZHOU B X. Titanium dioxide nanomaterials for sensor applications ［J］. Chemical reviews,2014,114(19):10131-10176.

［25］ LIANG L Q, YIN J ,BAO J P ,et al.Preparation of au nanoparticles modified TiO_2 nanotube array sensor and its application as chemical oxygen demand sensor ［J］. Chinese chemical Letters,2019,30(1):167-170.

［26］ MU QH ,LI Y G ,ZHANG Q H ,et al.TiO$_2$ nanofibers fixed in a microfluidic device for rapid determination of chemical oxygen demand via photoelectrocatalysis［J］.Sensors and actuators B：chemical,2011,155(2)：804-809.

［27］ HENG WX ,ZHANG W, ZHANG Q H, et al. Photoelectrocatalytic microfluidic reactors utilizing hierarchical TiO$_2$ nanotubes for determination of chemical oxygen demand［J］.RSC advances,2016,6(55)：49824-49830.

［28］ FOANL,E SABAHY J,RICOUL F,et al.Development of a new phase for lab-on-a-chip extraction of polycyclic aromatic hydrocarbons from water［J］.Sensors and actuators B：chemical, 2018,255：1039-1047.

［29］ LEE JC,KIM W,CHOI S.Fabrication of a SERS-encoded microfluidic paper-based analytical chip for the point-of-assay of wastewater［J］.International journal of precision engineering and manufacturing-green technology,2017,4(2)：221-226.

［30］ BENHABIB M, CHIESL T N, STOCKTON AM , et al. Multi channel capillary electrophoresis microdevice and instru mentation for in situ planetary analysis of organic molecules and bio-markers［J］.Analytical chemistry, 2010, 82：2372-2379.

［31］ NIE D, LI P, ZHANGD , et al. Simultaneous determination of nitroaromatic with a mesoporous nanostructured carbon material［J］. Electrophoresis, 2010, 31：2981-2988.

［32］ SHEN S, LI Y, WAKIDAS.Characterization of dissolved organic carbon at low levels in environmental waters by microfluidic-chip-based capillary gel electrophoresis with a laserinduced fluorescence detector［J］.Environmental monitoring and assessment, 2010, 166：573-580.

［33］ HAK , JOO G , JHA S K, et al. Monitoring of endocrine disruptors by capillary electrophoresis amperometric detector ［J］.Microelectronic engineering, 2009, 86：1407 -1410.

［34］ JAEUE L L, CHOI S.Fabrication of a SERS-encoded microfluidic paper-based analytical chip for the point-of-assay of wastewater［J］.International journal of precision engineering and manufacturing-green technology,2017,4(2)：221-226.

［35］ SANTHI M, HENRY C S, KUBOHE L T.Simple three dimensional electrochemical paper-based analytical device for determination of p-nitrophenol［J］.Electrochimica acta,2014,130：771-777.

［36］ BADU A K, LATHWAL S,KAASTRUP K,et al.Polymerization-based Signal Amplification for Paper-based Immunoassays［J］.Lab on a chip,2015,15(3)：655-659.

［37］ ALTINTAZ,AKGUN M ,KOKTURK G , et al. A fully automated microfluidic-based electrochemical sensor for real-time bacteria detection［J］.Biosensors and bioelectronics,2018,100：541-548.

［38］ KHAN M S, MISRA S K ,DIGHE K , et al.Electrically-receptive and rhermally-responsive paper-based sensor chip for rapid detection of bacterial cells［J］.Biosensors and bioelectronics, 2018,110：132-140.

［39］ XU P F, ZHANG R B ,YANG N,et al. High-precision extraction and concentration detection of airborne disease microorganisms based on microfluidic chip［J］.Biomicrofluidics,2019 ,13 (2)：024110

［40］ 刘溢,王英,姜钰婷,等.纸基微流控芯片检测方法研究进展［J］.化工科技, 2021,29(2)：

72-85.

[41] TANJ , DROLIA U , MARTINS R , et al.Short paper：CHIPS：content-based heuristics for improving photo privacy for smartphones[J].Association for computing machinery，2014：213-218.

[42] YOSHIO K T, SHIN T, KOORIYA MH,et al.A case of listeria monocytogenes meningitis in a man in the prime of life with a history of frequent consumption of cheese and dry-cured ham [J].Kansenshogaku zasshi，2022，96(3):91-95.

[43] AREY P H, BARYGEG,et al. Diabetic retinopathy screening using a gold nanoparticle‐based paper strip assay for the at-home detection of the urinary biomarker 8-hydroxy-2′-deoxyguanosine[J].American journal of ophthalmology，2020，213:306-319.

[44] BLEDAR B, JACLYN,et al.Colorimetric paper-based detection of escherichia coli, salmonella spp. and listeria monocytogenes from large volumes of agricultural water[J].Journal of visualized Experiments，2014(88).

[45] 张凤娟,侯繁云,伊芳萱,等.纸基微流控芯片刻蚀法条件优化及其在沙门氏菌检测中的应用[J].食品安全质量检测学报，2022，13(22):8.

[46] 郭敏,陈卫东,金庆忍.电能质量监测装置在线检测方法研究及系统设计[J].供用电，2018，35(10):6.

[47] SONGQ , SUN J , MU Y ,et al.A new method for polydimethylsiloxane (PDMS) microfluidic chips to maintain vacuum-driven power using parylene C[J].Sensors and actuators b chemical，2018:S0925400517318865.

[48] TIMMER B H, VAN DELFT M, KOELMANS W W, et al. Selective low concentration ammonia sensing in a microfluidic lab‐on‐a‐chip[J]. IEEE sensors journal，2006，6(3):829-835.

[49] HIKI S, MAWATARI K, AOTA A, et al. Sensitive gas analysis system on a microchip and application for on‐site monitoring of NH3 in a clean room[J]. Analytical chemistry，2011，83(12): 5017-5022.

[50] PANG X, LEWIS A C. A microfluidic lab-on-chip derivatisation technique for the measurement of gas phase formaldehyde[J]. Analytical methods，2012，4(7):2013-2020.

[51] XU Y Y, ZHANG X, LIN Z. A determination method for formaldehyde based on micro-fluidic chip[J]. Advanced materials research,2014，864-867;945-948.

[52] 张潇,徐远远,吴晨帆.基于微流控芯片技术的室内空气甲醛检测方法[J].中国石油和化工标准与质量，2014(7):14-15.

[53] GUO X L, CHEN Y, JIANG H L, et al. Smartphone-based Microfluidic Colorimetric Sensor for Gaseous Formaldehyde Determination with High Sensitivity and Selectivity[J]. Sensors，2018，18(9):1-11.

[54] SERRA D, CHRISTO P.et al. On-line gaseous formaldehyde detection by a microfluid canalytical method based on simultaneous uptake and derivatization in a temperature controlled annular flow[J].Talanta:the international journal of pure and applied analytical chemistry，2017，172:102-108.

[55] YANG K, ZONG S, ZHANG Y, et al. Array-assisted SERS microfluidic chips for highlysensi-

tive and multiplex gas sensing［J］. ACS applied materials&Interfaces, 2020, 12（1）: 1395-1403.

［56］程锴萍. 基于微流控芯片的环境污染物快速免疫检测技术［D］.上海:复旦大学,2013.

［57］OHIRA SI , SOMEYA K , TODA K . In situ gas generation for micro gas analysis system［J］. Analytica chimica acta, 2007, 588（1）:147-152.

［58］HU S W, XU B Y, QIAO S, et al. A microfluidic cigarette smoke collecting platform for simultaneous sample extraction and multiplex analysis［J］. Talanta: the international journal of pure and applied analytical chemistry, 2016, 150:455-462.

［59］HASHIMOTO K, KUMAGAI T, NOMURA K, et al. Validation of an on-chip p16ink4a/Ki-67 dual immunostaining cervical cytology system using microfluidic device technology［J］. Scientific reports, 2023, 13（1）: 17052.

［60］DOSSI N, SUSMEL S, TONIOLO R, et al. Application of microchip electrophoresis with electrochemical detection to environmental aldehyde monitoring［J］. Electrophoresis, 2010, 30（19）:3465-3471.

［61］ZHANG X, ZHOU W, ZHANG S X, et al. Research of odor detecting method using microfluid chip and its experiments［J］. Advanced materials research, 2014, 1010-1012:446-451.

［62］WARDEN A C, TROWELL S C, GEL M. A miniature gas sampling interface with open microfluidic channels: characterization of gas-to liquid extraction efficiency of volatile organic compounds［J］.Micromachines, 2019, 10（7）.

［63］JANFAZA S, KIM E, O'BRIEN A, et al. A nanostructured microfluidic artificial olfaction for organic vapors recognition［J］. Scientific reports, 2019, 9（1）:1-8.

［64］ZHOU J, REN K, ZHAOY, et al.Convenient formation of nanoparticle aggregates on microfluidic chips for highly sensitive SERS detection of biomolecules［J］.Analytical and bioanalytical chemistry, 2012（4）:402.

［65］NAGATANI N, TAKEUCHI A, HOSSAIN M A, et al.Rapid and sensitive visual detection of residual pesticides in food using acetylcholinesterase-based disposable membrane chips［J］. Food control, 2007, 18（8）:914-920.

［66］WANG JIN. Study on the development of electrochemical microdevice for the detection of organophosphate pesticides［D］. University of tsukuba,2015.

［67］ZHANG, X, et al. Fluorescent paper-based sensor for environmental monitoring of pesticide residues［J］. Journal of environmental science & Technology,2021,15（2）, 120-130.

［68］NGUMBA E, KOSUNEN P, GACHANJA A, et al. A multiresidue analytical method for trace level determination of antibiotics and antiretroviral drugs in wastewater and surface water using SPE-LC-MS/MS and matrix-matched standards ［J］. Analytical methods, 2016, 8（37）: 6720-6729.

［69］NILGHAZ A, LULANN.Detection of antibiotic residues in pork using paper-based microfluidic device coupled with filtration and concentration ［J］. Analytica chimica acta, 2019, 1046: 163-169.

［70］TROFIMCHUK E. Detection of norfloxacin and nitrite in foods using a paper-based microfluidic device coupled with smartphone application software ［D］. University of British

Columbia, 2019.

[71] XING C R, LIU L Q, SONG S, et al. Ultrasensitive immuno chromatographic assay for the simultaneous detection of five chemicals in drinking water [J]. Biosensors & Bioelectronics, 2015, 66: 445-453.

[72] 李来生,黄伟东,王瑞琼,等.荧光法研究抗癌药物更生霉素 D 与小牛胸腺 DNA 的作用机理[J].化学学报, 1999, 57(6):572-577.

[73] SENVER H, ANILANMERT B, CENGIZ S. A fast method for monitoring of organic explosives in soil: a gas temperature gradient approach in LC-APCI/MS/MS [J]. Chemical papers, 2017, 71(5): 971-979.

[74] BRENSINER K, ROLLMAN C, COPPER C, et al. Novel CE-MS technique for detection of high explosives using perfluorooctanoic acid as a MEKC and mass spectrometric complexation reagent [J]. Forensic science international, 2016, 258: 74-79.

[75] PESENTIA A, TAUDTE V, MCCORD B, et al. Coupling paper-based microfluidics and lab on a chip technologies for confirmatory analysis of trinitro aromatic explosives [J]. Analytical chemistry, 2014, 86(10): 4707-4714.

附录 I

部分术语及中英对照

术语	Terminology
DNA 分析	DNA Analysis
PDMS 制备	PDMS Fabrication
被动式混合	Passive Mixing
表面等离子体共振	Surface Plasmon Resonance（SPR）
表面张力	Surface Tension
侧向偏移分选	Deterministic Lateral Displacement（DLD）
层流状态	Laminar Flow
传感器阵列	Sensor Array
磁驱动泵	Magnetically Driven Pump
单分子检测	Single Molecule Detection
单细胞捕获	Single-cell Capture
单细胞捕获芯片	Single-cell Capture Chip
单细胞操控	Single-cell Manipulation
单细胞分析	Single-cell Analysis
单相流体	Single-phase Fluid
等电聚焦	Isoelectric Focusing（IEF）
流式细胞术	Flow Cytometry（FC）
等速电泳	Isotachophoresis（ITP）
低雷诺数流体	Low Reynolds Number Flow

续表

术语	Terminology
低通量检测	Low-throughput Detection
电场力驱动泵	Electrokinetic Pump
电磁微泵	Electromagnetic Micropump
电导检测	Conductivity Detection
电化学传感器	Electrochemical Sensor
电化学传输	Electrochemical Transport
电化学分离	Electrochemical Separation
电化学检测	Electrochemical Detection
电化学检测芯片	Electrochemical Detection Chip
电化学显微镜	Electrochemical Microscope
电极阵列	Electrode Array
电流传感器	Current Sensor
电流驱动	Current-driven
电润湿技术	Electrowetting Technology
电润湿现象	Electrowetting Phenomenon
电渗泵	Electroosmotic Pump
电渗控制	Electroosmotic Control
电泳分离	Electrophoretic Separation
电泳流体操控	Electrophoretic Fluid Manipulation
电泳芯片	Electrophoresis Chip
电子输运	Electronic Transport
电阻检测器	Resistive Detector
电阻式传感器	Resistive Sensor
多相流体	Multiphase Fluid
仿生流体力学	Biomimetic Fluid Mechanics
非机械式微泵	Non-mechanical Micropump
非均匀电场	Non-uniform Electric Field
非牛顿流体	Non-Newtonian Fluid

续表

术语	Terminology
分子比色法	Molecular Colorimetry
分子传感技术	Molecular Sensing Technology
分子光谱检测	Molecular Spectroscopic Detection
分子检测	Molecular Detection
分子生物学芯片	Molecular Biology Chip
分子诊断	Molecular Diagnostics
封装技术	Packaging Technology
高分子聚合物芯片	Polymer Chip
高通量检测	High-throughput Detection
固相萃取	Solid Phase Extraction (SPE)
光导检测器	Photoconductive Detector
光电检测器	Photodetector
光电流效应	Photoelectric Effect
光刻	Photolithography
光学传感器	Optical Sensor
光学分离	Optical Separation
光学分离技术	Optical Separation Technology
光学显微检测	Optical Microscopy Detection
光学显微镜	Optical Microscope
核酸检测	Nucleic Acid Detection
核酸检测芯片	Nucleic Acid Detection Chip
核酸扩增	Nucleic Acid Amplification
核酸芯片	Nucleic Acid Chip
滑移效应	Slip Effect
化学传感器	Chemical Sensor
化学发光	Chemiluminescence
环境检测领域	Environmental Monitoring Field
机械式微泵	Mechanical Micropump

续表

术语	Terminology
基因分型	Gene Typing
基因突变检测	Gene Mutation Detection
激光诱导荧光	Laser-induced Fluorescence (LIF)
集成电路	Integrated Circuit (IC)
介电电泳	Dielectrophoresis (DEP)
介电泳分离	Dielectrophoretic Separation
介质阻挡放电	Dielectric Barrier Discharge (DBD)
静电力	Electrostatic Force
静电驱动	Electrostatic Drive
静电微泵	Electrostatic Micropump
静电作用力	Electrostatic Force
聚二甲基硅氧烷	Polydimethylsiloxane (PDMS)
聚合酶链式反应	Polymerase Chain Reaction (PCR)
绝缘诱导介电泳	Insulator-based Dielectrophoresis (iDEP)
库仑静电力	Coulombic Force
离心力微泵	Centrifugal Micropump
粒子跨界扩散	Particle Cross-diffusion
量子点标记	Quantum Dot Labeling
量子点传感器	Quantum Dot Sensor
流动分离单元	Flow Separation Unit
流动控制单元	Flow Control Unit
流体边界层	Fluid Boundary Layer
流体动力学	Fluid Dynamics
流体分配系统	Fluid Distribution System
流体控制器	Fluid Controller
流体压力检测	Fluid Pressure Detection
流体压力控制	Fluid Pressure Control
螺旋分选	Spiral Sorting

续表

术语	Terminology
螺旋微混合器	Spiral Micromixer
毛细电动效应	Capillary Electrokinetic Effect
毛细电泳	Capillary Electrophoresis
毛细管电泳	Capillary Electrophoresis（CE）
毛细管流动	Capillary Flow
毛细管作用	Capillary Action
毛细力分离	Capillary Force Separation
毛细现象	Capillarity
毛细作用微泵	Capillary Action Pump
免疫测定	Immunoassay
免疫检测	Immuno Detection
膜分离技术	Membrane Separation Technology
纳米尺度传感	Nanoscale Sensing
纳米传感器	Nanosensor
纳米传感器技术	Nano-sensor Technology
纳米传感装置	Nano-sensing Device
纳米传输	Nano Transport
纳米管道	Nanotube
纳米管结构	Nanotube Structure
纳米级别检测	Nanoscale Detection
纳米级传感器	Nano-level Sensor
纳米结构	Nanostructure
纳米结构表面	Nanostructured Surface
纳米颗粒操控	Nanoparticle Manipulatio
纳米颗粒操控器	Nanoparticle Manipulator
纳米颗粒检测	Nanoparticle Detection
纳米颗粒聚集	Nanoparticle Aggregation
纳米孔道	Nanopore Channel

续表

术语	Terminology
纳米孔阵列	Nanopore Array
纳米粒子	Nanoparticles
纳米流控	Nanofluidics
纳米流体检测	Nanofluidic Detection
纳米流体力学	Nanofluid Mechanics
纳米通道	Nanochannel
纳升至皮升级液滴	Nanoliter to Picoliter Droplets
凝胶电泳	Gel Electrophoresis
气动控制	Pneumatic Control
热电效应	Thermoelectric Effect
热动力驱动	Thermopneumatic Drive
热动力微泵	Thermopneumatic Micropump
热流体学	Thermofluidics
热毛细管效应	Thermocapillary Effect
热毛细流动	Thermocapillary Flow
生物传感器	Biosensor
生物传感器芯片	Biosensor Chip
生物反应单元	Biological Reaction Unit
生物反应检测	Biological Reaction Detection
生物反应控制	Biological Reaction Control
生物模拟实验室	Biomimetic Laboratory
生物微流体	Biological Microfluidics
生物微流体器件	Bio-microfluidic Device
生物芯片	Biochip
生物样品处理	Biological Sample Processing
生物样品分离	Biological Sample Separation
生物医疗领域	Biomedical Field
生物作用微泵	Bio-micropump

续表

术语	Terminology
声波分选	Acoustic Sorting
石英玻璃	Fused Silica Glass
数字 PCR 芯片	Digital PCR Chip
数字微反应器	Digital Microreactor
数字微流控	Digital Microfluidics (DMF)
数字微流体检测技术	Digital Microfluidic Detection Technology
数字液滴生成	Digital Droplet Generation
数字液滴微流控	Digital Droplet Microfluidics
双电层	Electric Double Layer (EDL)
双电层结构	Double Layer Structure
体外诊断	In Vitro Diagnosis (IVD)
微泵控制	Micropump Control
微尺度流动	Microscale Flow
微滴分析系统	Microdroplet Analysis System
微滴合成	Microdroplet Synthesis
微滴生成器	Microdroplet Generator
微电化学传感	Micro Electrochemical Sensing
微电化学传感器	Microelectrochemical Sensor
微电化学检测	Microelectrochemical Detection
微电子机械系统	Micro-electro-mechanical Systems (MEMS)
微电阻检测	Micro-resistive Detection
微阀	Microvalve
微阀控制	Microvalve Control
微分选技术	Micro Sorting Technology
微管道系统	Microchannel System
微混合单元	Micromixing Unit
微混合反应器	Micromixing Reactor
微混合器	Micromixer

续表

术语	Terminology
微接触印刷	Micro-contact Printing（MCP）
微结构过滤	Microstructure Filtration
微结构阵列	Microstructure Array
微结构制造	Microstructure Fabrication
微孔过滤	Micropore Filtration
微粒操控	Microparticle Manipulation
微粒分离	Microparticle Separation
微量电化学分析	Micro Electrochemical Analysis
微量分析	Microanalysis
微量分析技术	Microanalysis Technology
微量光学检测	Micro Optical Detection
微量流体操控	Microliter Fluid Manipulation
微量流体分析	Microfluidic Analysis
微量液体处理	Micro Volume Liquid Handling
微量液体处理器	Microliter Liquid Processor
微流道	Microchannel
微流道设计	Microchannel Design
微流道系统	Microchannel System
微流道阵列	Microchannel Array
微流控芯片	Microfluidic Chip
微流控样品前处理	Microfluidic Sample Preparation
微流体泵	Microfluidic Pump
微流体传感	Microfluidic Sensing
微流体传感装置	Microfluidic Sensing Device
微流体传输系统	Microfluidic Transport System
微流体分离技术	Microfluidic Separation Technology
微流体混合技术	Microfluidic Mixing Technology
微流体检测技术	Microfluidic Detection Technology

续表

术语	Terminology
微流体控制系统	Microfluidic Control System
微流体控制芯片	Microfluidic Control Chip
微流体系统集成	Microfluidic System Integration
微流体芯片封装	Microfluidic Chip Packaging
微流体样品处理	Microfluidic Sample Handling
微流体注射	Microfluidic Injection
微流体装置	Microfluidic Device
微纳米分离	Micro-nano Separation
微纳米检测	Micro-nano Detection
微纳米结构制造	Micro-nano Structure Fabrication
微乳液	Microemulsion
微乳液分离	Microemulsion Separation
微生物操控	Microorganism Manipulation
微生物操控技术	Microorganism Manipulation Technology
微生物反应器	Microbial Reactor
微生物分选	Microorganism Sorting
微生物检测	Microbial Detection
微通道板	Microchannel Plate（MCP）
微通道流动	Microchannel Flow
微通道流体力学	Microchannel Fluid Dynamics
微型传感器系统	Micro-sensor System
微型传感芯片	Micro-sensing Chip
微型电化学检测器	Microelectrochemical Detector
微型反应器	Microreactor
微型反应芯片	Microreaction Chip
微型反应装置	Microreaction Device
微型核酸扩增器	Micro Nucleic Acid Amplifier
微型热交换器	Micro Heat Exchanger

续表

术语	Terminology
微型生物反应器	Micro-bioreactor
微型荧光检测	Micro Fluorescence Detection
微型重力驱动泵	Microgravity-driven Pump
微液滴分离	Microdroplet Separation
微液滴技术	Microdroplet Technology
微液滴生成器	Microdroplet Generator
微液滴芯片	Microdroplet Chip
微针阵列	Microneedle Array
微柱阵列	Micropillar Array
涡旋混合	Vortex Mixing
细胞捕获	Cell Capture
细胞操控	Cell Manipulation
细胞分离	Cell Separation
细胞分选芯片	Cell Sorting Chip
细胞培养	Cell Culture
芯片实验室	Lab-on-a-Chip（LOC）
形状记忆合金	Shape Memory Alloy（SMA）
血液分析	Blood Analysis
样品分离	Sample Separation
样品分离芯片	Sample Separation Chip
样品检测芯片	Sample Detection Chip
样品前处理技术	Sample Preparation Techniques
样品前处理芯片	Sample Preparation Chip
样品注射	Sample Injection
液滴操控芯片	Droplet Manipulation Chip
液滴操作	Droplet Manipulation
液滴分离	Droplet Separation
液滴分析	Droplet Analysis

续表

术语	Terminology
液滴光学分析	Droplet Optical Analysis
液滴检测芯片	Droplet Detection Chip
液滴聚集	Droplet Aggregation
液滴前驱线	Droplet Contact Line
液滴生成	Droplet Generation
液滴生成技术	Droplet Generation Technology
液滴生成芯片	Droplet Generation Chip
液滴蒸发	Droplet Evaporation
液体操控	Liquid Manipulation
液体操作平台	Liquid Handling Platform
液体分配系统	Liquid Dispensing System
液体分散	Liquid Dispersion
液体流动控制	Liquid Flow Control
液体输运	Liquid Transport
液体输运系统	Liquid Transport System
液体样品处理	Liquid Sample Handling
液体样品分离	Liquid Sample Separation
荧光标记	Fluorescent Labeling
荧光定量 PCR	Quantitative Fluorescence PCR
荧光检测	Fluorescence Detection
油样制备	Oil Sample Preparation
油液检测	Oil Analysis
质谱检测	Mass Spectrometry（MS）
主动式混合	Active Mixing
紫外吸收	UV Absorption
自组装单分子层	Self-assembled Monolayers（SAMs）
阻塞效应	Blocking Effect

附录Ⅱ

推荐的参考书籍

[1] Fundamentals and Applications of Microfluidics. https://hoclai.wordpress.com/wp-content/uploads/2015/09/fundamentals-and-applications-of-microfluidics-by-nam-trung-nguyen.pdf.

[2] Microfluidics：Fundamental，Devices and Applications：Fundamentals and Applications. https：Bonlinelibrary.wiley.com/doi/book/10.1002/9783527800643.

[3] Introduction to Microfluidics-patrick Tabeling. https：Bbooks.google.co.jp/books？id＝wysKAw AAQBAJ&printsec＝frontcover&redir_esc＝y#v＝onepage&q&f＝false.

[4] Theoretical Microfluidics. https：//www.researchgate.net/publication/305689093_Theoretical_Microfluidics.

[5] 微流控芯片技术与建模分析. https：//books.google.co.jp/books/about/％E5％BE％AE％E6％B5％81％E6％8E％A7％E8％8A％AF％E7％89％87％E6％8A％80％E6％9C％AF％E4％B8％8E％E5％BB％BA％E6％A8％A1％E5％88％86％E6％9E％90.html？id＝y－_1zgEACAAJ&redir_esc＝y.